蓝　丰

公　爵

雷弋西

北　蓝

北　村

圣　云

蓝　金

美　登

2

黑树莓

紫树莓

黄树莓

红树莓

3

全明星

红　颊

佐贺清香

章　姬

4

草莓露地栽培

草莓小拱棚栽培

草莓塑料大棚
栽培(有支架)

草莓塑料大棚
栽培(无支架)

草莓日光
温室栽培

草莓高架
无土栽培

利桑佳

亚德列娜娅

6

奥依宾

白穗醋栗

黑珍珠

黛 莎

五味子小
棚结果状

1 年生五味子植株

黄果五味子

五味子优系－早红

8

小浆果栽培技术

主　编

李亚东

副主编

高庆玉　　雷家军　　吴　林

王彦辉　　艾　军　　霍俊伟

编著者

李亚东　　高庆玉　　雷家军

吴　林　　王彦辉　　艾　军

霍俊伟　　代汉萍　　刘庆忠

於　虹　　戴志国　　魏海荣

睢　薇　　张志东　　刘海广

金盾出版社

内 容 提 要

本书由吉林农业大学李亚东教授等编著。主要介绍了越橘、草莓、树莓、黑莓、穗醋栗、醋栗、沙棘、五味子、蓝果忍冬、软枣猕猴桃等小浆果的栽培技术。内容丰富，语言通俗易懂，技术实用，适合广大果农和基层农业科技人员阅读使用，亦可供农林院校相关专业师生参考。

图书在版编目(CIP)数据

小浆果栽培技术/李亚东主编 . -- 北京 ：金盾出版社，2010.12
ISBN 978-7-5082-6567-4

Ⅰ.①小… Ⅱ.①李… Ⅲ.①浆果类果树—果树园艺 Ⅳ.①S663

中国版本图书馆 CIP 数据核字(2010)第 149966 号

金盾出版社出版、总发行
北京太平路 5 号(地铁万寿路站往南)
邮政编码:100036 电话:68214039 83219215
传真:68276683 网址:www.jdcbs.cn
封面印刷:北京蓝迪彩色印刷有限公司
彩页正文印刷:北京金盾印刷厂
装订:永胜装订厂
各地新华书店经销
开本:850×1168 1/32 印张:10.75 彩页:8 字数:250 千字
2010 年 12 月第 1 版第 1 次印刷
印数:1~8 000 册 定价:19.00 元

序　言

自 21 世纪初以来,由于国外劳动力成本和生产成本的增加以及农业产品的国际化生产,浆果产业,特别是新兴的小浆果产业(越橘、树莓等)已成为我国最具发展潜力的新型果树产业之一。我国的小浆果类果树栽培面积从 20 世纪 80 年代以前,黑龙江省尚志市单一树莓树种的不足 34 公顷,发展到纵横 10 多个省市,以树莓、越橘和黑穗醋栗三大主栽树种为主的 1.3 万公顷。尤其是越橘,自 1999 年商业化栽培以来,栽培面积由最初的 10 公顷发展到 2009 年的 3 300 多公顷。栽培区域北起我国最北端的黑龙江漠河,南至广东和福建沿海地区,成为目前我国发展最快的新兴果树产业之一。预计未来 5~10 年内,我国越橘栽培面积将会达到 6.7 万公顷,届时,必将在世界越橘产业格局中起到举足轻重的作用。除此之外,沙棘、五味子、蓝果忍冬、软枣猕猴桃等小树种也正在成为各地区的新型经济树种而得到长足发展。自 20 世纪 80 年代初期,我国小浆果研究的创始人郝瑞、周恩、贺善安、张清华和黄庆文先生率先开展小浆果研究以来,历经近 30 年,小浆果以其较高的经济效益、强大的国际市场竞争力和巨大的国内市场潜力,正在成为我国各地农业发展的一个主导产业。但是,由于缺少权威性的著作,生产者和农户对小浆果类的生产现状、品种、栽培技术以及采收加工等问题认识不足。为此,根据生产的需求,我们组织国内小浆果行业的权威专家编写此书,以满足生产推广的需求。

本书的编者是来自于全国各地在本领域的权威专家。第一章由李亚东执笔,第二章由代汉萍、雷家军执笔,第三章由王彦辉、代汉萍执笔，第四章由高庆玉、戴志国和睢薇执笔，第五章由吴林执笔，第六章由艾军执笔，第七章由霍俊伟、张志东执笔，第八章由艾军执笔。全书由李亚东统稿。

本书的出版得到了农业部行业科技和948项目（公益性行业科研专项项目nyhyzx07-028，2006-G25）的支持，书中的内容也汇聚了项目执行过程中的最新科研成果。在编写过程中，贺善安、张清华和顾姻先生提供资料和提出修改意见，焦培娟和郭太君为全书审稿、校稿，在此一并致谢。由于时间仓促，书中难免有不足之处，敬请各位读者批评指正。

李亚东

2010年8月与长春

目 录

第一章 越橘……………………………………………（1）

第一节 概述…………………………………………（1）

一、栽培历史………………………………………（1）

二、经济意义………………………………………（2）

第二节 优良品种……………………………………（4）

一、兔眼越橘品种群………………………………（4）

二、南高丛越橘品种群……………………………（6）

三、北高丛越橘品种群……………………………（7）

四、半高丛越橘品种群……………………………（9）

五、矮丛越橘品种群………………………………（10）

六、红豆越橘品种群………………………………（11）

七、蔓越橘品种群…………………………………（11）

第三节 生物学特性…………………………………（12）

一、树体形态特征…………………………………（12）

二、根、根状茎和菌根……………………………（13）

三、芽、枝、叶……………………………………（13）

四、开花坐果………………………………………（14）

五、果实的生长发育与成熟………………………（16）

六、越橘的生命周期和物候期……………………（19）

第四节 对环境条件的要求…………………………（20）

一、温度……………………………………………（20）

二、光照……………………………………………（23）

三、水分……………………………………………（23）

四、土壤……………………………………………（24）

第五节　育苗与建园 ……………………………………（26）

一、育苗 ………………………………………………（26）

二、苗木抚育和出圃 …………………………………（31）

三、果园的建立 ………………………………………（31）

四、蔓越橘园的建立 …………………………………（33）

第六节　栽培管理 ………………………………………（35）

一、土壤管理 …………………………………………（35）

二、施肥 ………………………………………………（39）

三、水分管理 …………………………………………（40）

四、修剪 ………………………………………………（42）

五、遮荫 ………………………………………………（45）

六、除草 ………………………………………………（45）

七、果园其他管理 ……………………………………（46）

第七节　果实采收与采后处理 …………………………（47）

一、果实采收 …………………………………………（47）

二、果实采后处理 ……………………………………（48）

第二章　草莓 ……………………………………………（50）

第一节　概述 ……………………………………………（50）

一、栽培意义 …………………………………………（50）

二、世界与我国草莓生产现状 ………………………（52）

三、世界草莓销售与流通现状 ………………………（57）

第二节　品种 ……………………………………………（58）

一、国外引进品种 ……………………………………（58）

二、我国培育品种 ……………………………………（66）

第三节　生物学特性 ……………………………………（70）

一、根 …………………………………………………（71）

二、茎 …………………………………………………（71）

三、叶 …………………………………………………（73）

四、花 …………………………………………… (74)

五、果实 ………………………………………… (75)

六、花芽分化 …………………………………… (76)

七、休眠 ………………………………………… (77)

第四节　对环境条件的要求 …………………… (77)

一、温度 ………………………………………… (78)

二、光照 ………………………………………… (78)

三、水分 ………………………………………… (79)

四、土壤 ………………………………………… (79)

五、养分 ………………………………………… (80)

第五节　繁殖与育苗 …………………………… (80)

一、繁殖方法 …………………………………… (81)

二、育苗措施 …………………………………… (84)

第六节　栽培管理 ……………………………… (86)

一、露地栽培 …………………………………… (87)

二、小拱棚栽培 ………………………………… (89)

三、塑料大棚栽培 ……………………………… (91)

四、日光温室栽培 ……………………………… (93)

五、抑制栽培 …………………………………… (95)

第七节　果实采收 ……………………………… (96)

一、采收标准 …………………………………… (96)

二、采收方法 …………………………………… (96)

三、分级包装 …………………………………… (97)

第三章　树莓与黑莓 …………………………… (99)

第一节　概述 …………………………………… (99)

一、栽培意义 …………………………………… (99)

二、生产现状 …………………………………… (100)

三、存在问题及发展方向 ……………………… (102)

第二节　生物学特性 …………………………………………… (103)

一、形态特征及生长发育特性 ……………………… (103)

二、花芽分化和结果习性 …………………………… (111)

第三节　对环境条件的要求 ………………………………… (118)

一、温度 ……………………………………………… (118)

二、土壤 ……………………………………………… (120)

三、水分 ……………………………………………… (120)

四、湿度 ……………………………………………… (120)

五、光照 ……………………………………………… (121)

六、风 ………………………………………………… (121)

七、地形 ……………………………………………… (121)

第四节　种类和品种 ………………………………………… (122)

一、主要种类 ………………………………………… (122)

二、主要栽培品种 …………………………………… (124)

三、品种选择与栽培区域化 ………………………… (129)

第五节　育苗与建园 ………………………………………… (132)

一、育苗 ……………………………………………… (132)

二、果园的建立 ……………………………………… (136)

第六节　果园管理技术 ……………………………………… (140)

一、土壤管理 ………………………………………… (140)

二、施肥管理 ………………………………………… (141)

三、水分管理 ………………………………………… (144)

四、修剪与支架 ……………………………………… (145)

第七节　果实采收与采后处理 ……………………………… (153)

一、果实采收 ………………………………………… (153)

二、果实保鲜 ………………………………………… (155)

第四章　穗醋栗与醋栗 ……………………………………… (157)

第一节　概述 ………………………………………………… (157)

一、营养与经济价值 …………………………………（157）

二、国内外栽培历史与现状 ………………………（159）

第二节　主要栽培品种 ……………………………（160）

一、穗醋栗 …………………………………………（160）

二、醋栗 ……………………………………………（166）

第三节　生物学特性 ………………………………（166）

一、株丛特点 ………………………………………（166）

二、器官特征、特性 ………………………………（167）

第四节　育苗与建园 ………………………………（172）

一、育苗 ……………………………………………（172）

二、果园的建立 ……………………………………（177）

第五节　栽培管理技术 ……………………………（180）

一、土壤管理 ………………………………………（180）

二、水分管理 ………………………………………（180）

三、施肥管理 ………………………………………（181）

四、修剪技术 ………………………………………（182）

五、越冬管理 ………………………………………（184）

第六节　果实采收与采后处理 ……………………（186）

一、果实采收 ………………………………………（186）

二、果实采后处理 …………………………………（186）

第五章　沙棘 ………………………………………（188）

第一节　概述 ………………………………………（188）

一、特点与经济价值 ………………………………（188）

二、研究与生产现状 ………………………………（189）

三、存在问题及发展方向 …………………………（191）

第二节　种类和品种 ………………………………（192）

一、主要种类 ………………………………………（192）

二、主要优良品种 …………………………………（193）

第三节 生物学特性……………………………………（198）

一、植物学特征………………………………………（198）

二、生长结果习性……………………………………（203）

第四节 对环境条件的要求……………………………（204）

一、温度………………………………………………（204）

二、光照………………………………………………（204）

三、水分………………………………………………（205）

四、土壤………………………………………………（205）

第五节 育苗与建园……………………………………（205）

一、育苗………………………………………………（205）

二、果园建立…………………………………………（213）

第六节 栽培管理技术…………………………………（217）

一、土壤管理…………………………………………（217）

二、水分管理…………………………………………（218）

三、除草………………………………………………（218）

四、施肥管理…………………………………………（219）

五、整形修剪技术……………………………………（219）

六、果园其他管理……………………………………（221）

第七节 果实采收………………………………………（222）

一、采收时间…………………………………………（222）

二、采摘方法…………………………………………（223）

第六章 五味子…………………………………………（225）

第一节 概述……………………………………………（225）

一、特点及经济价值…………………………………（225）

二、生产现状…………………………………………（226）

三、存在问题及发展方向……………………………（226）

第二节 优良品种（品系）……………………………（227）

一、红珍珠……………………………………………（227）

二、早红（优系)…………………………………（228)

第三节 生物学特性……………………………（228)

一、植物学特征…………………………………（228)

二、生长结果习性………………………………（233)

三、对环境条件的要求…………………………（239)

第四节 育苗与建园……………………………（241)

一、育苗…………………………………………（241)

二、五味子园的建立……………………………（247)

第五节 栽培管理技术…………………………（255)

一、架式及栽植密度……………………………（255)

二、园地管理……………………………………（261)

三、果实采收及采后处理………………………（263)

第七章 蓝果忍冬………………………………（265)

第一节 概述……………………………………（265)

一、栽培特点与经济价值………………………（265)

二、国内研究、开发和利用现状………………（268)

三、存在问题及发展方向………………………（269)

第二节 主要品种………………………………（269)

一、托米奇卡……………………………………（270)

二、蓝鸟…………………………………………（270)

三、蓝纺锤………………………………………（270)

四、贝瑞尔………………………………………（271)

第三节 生物学特性……………………………（271)

一、植物学特征…………………………………（271)

二、生长结果习性………………………………（273)

第四节 对环境条件的要求……………………（275)

一、温度…………………………………………（276)

二、光照…………………………………………（276)

三、水分 ……………………………………… (277)

四、土壤 ……………………………………… (277)

第五节　育苗与建园 ………………………… (277)

一、育苗 ……………………………………… (277)

二、果园建立 ………………………………… (281)

第六节　栽培管理技术 ……………………… (283)

一、土壤管理 ………………………………… (283)

二、水分管理 ………………………………… (283)

三、除草 ……………………………………… (284)

四、施肥管理 ………………………………… (284)

五、修剪技术 ………………………………… (284)

第七节　果实采收与采后处理 ……………… (285)

一、果实采收 ………………………………… (285)

二、果实采后处理 …………………………… (286)

第八章　软枣猕猴桃 ………………………… (287)

第一节　概述 ………………………………… (287)

一、经济价值 ………………………………… (287)

二、研究及栽培现状 ………………………… (288)

第二节　优良品种 …………………………… (288)

一、魁绿 ……………………………………… (288)

二、丰绿 ……………………………………… (289)

第三节　生物学特性 ………………………… (290)

一、形态特征 ………………………………… (291)

二、物候期 …………………………………… (293)

三、生长和结果习性 ………………………… (294)

第四节　苗木生产技术 ……………………… (296)

一、苗木繁殖方法 …………………………… (296)

二、苗木分级与贮藏 ………………………… (302)

目 录

第五节　果园的建设与规划…………………………（304）

一、园地选择……………………………………（304）

二、小区设施的安排……………………………（305）

三、水土保持与土壤改良………………………（306）

四、设置防风林…………………………………（307）

五、授粉树的选择与配置………………………（307）

六、种苗的定植…………………………………（307）

第六节　栽培模式及架面管理技术………………（308）

一、架式…………………………………………（308）

二、整形…………………………………………（311）

三、修剪…………………………………………（313）

第七节　果园的管理………………………………（316）

一、土壤管理……………………………………（316）

二、施肥…………………………………………（317）

三、水分管理……………………………………（318）

四、果实采收与贮运……………………………（318）

第一章　越　橘

第一节　概　述

越橘为杜鹃花科越橘属植物,是具有较高经济价值和广阔开发前景的新兴小浆果树种。越橘果实为蓝色或红色,其中的蓝果类型俗称蓝莓(Blueberry)。其果实大小因种类不同而异,一般单果重为 0.5～2.5 克。果实肉质细腻,种子极小,甜酸适口,有清爽宜人的香气,富含多种维生素及微量元素等营养物质。越橘鲜果既可生食,又可作加工果汁、果酒的原料,还具有较高的保健作用和药用价值,在国内外极受欢迎,并已被国际粮农组织列为人类五大健康食品之一。

一、栽培历史

越橘在全世界的栽培历史不到 1 个世纪,最早始于美国。1906 年,F．V．Coville 首先开始了野生选种工作,1937 年将选出的 15 个品种进行商业化栽培。到 20 世纪 80 年代,已选育出适应各地气候条件的优良品种 100 多个,形成了缅因州、佐治亚州、佛罗里达州、新泽西州、密歇根州、明尼苏达州、俄勒冈州主要经济产区,总面积 1.9 万 公顷。目前,越橘已成为美国主栽果树树种。继美国之后,世界各国竞相引种栽培,并根据气候特点和资源优势开展了具有本国特色的研究和栽培工作。荷兰、加拿大、德国、奥地利、丹麦、意大利、芬兰、英国、波兰、罗马尼亚、澳大利亚、保加利亚、新西兰和日本等国相继进入商业化栽培。据统计,全球已有 30 多个国家和地区开始蓝果越橘产业化栽培,总面积达到 12 万公顷,产量超过 30 万吨,但市场上仍供不应求。

我国的越橘研究由吉林农业大学开始。1979 年,吉林农业大学的郝瑞教授开始系统地调查长白山区的野生笃斯越橘资源。国内越橘的商业化栽培起步较晚,但发展速度较快。20 世纪 80 年代初,吉林省和黑龙江省采集野生资源加工果酒、饮料。吉林省安图县山珍酒厂生产的越橘酒曾获农业部银质奖,在市场上很畅销,但由于依靠野果原料供应不稳及果酒市场的衰退,未能形成一个稳定的产业。在采集野生资源基础上,林业部门曾进行野生笃斯越橘的驯化栽培,但由于产量及产值低,栽培效益差,生产上难于推广。针对这一问题,吉林农业大学于 1983 年率先在我国开展了越橘引种栽培工作。到 1997 年,先后从美国、加拿大、芬兰、德国引入抗寒、丰产的越橘优良品种 70 余个,其中包括兔眼越橘、高丛越橘、半高丛越橘、矮丛越橘、红豆越橘和蔓越橘六大类型。1989年,解决了越橘组织培养工厂化育苗技术,并在长白山建立了 5 个蓝果越橘引种栽培基地。1995 年,初步选出适宜长白山区栽培的 4 个优良蓝果越橘品种,并开始向生产推广。对一些基本的栽培育苗技术和土壤管理等也做了研究。南京植物研究所于 1988 年从美国引入 12 个兔眼越橘优良品种,并在南京和溧水两地试栽,证实兔眼越橘适宜于我国南方红壤区栽培。

2000 年开始,辽宁、山东、黑龙江、北京、江苏、浙江、四川等地相继开展引种试栽。2004 年,吉林、辽宁和山东省栽培面积达 300公顷,总产量 300 吨,产品 80% 出口日本。到 2009 年,越橘栽培已经遍布全国十几个省、市,总面积已近 3 000 公顷,总产量超过1 000 吨。

二、经济意义

(一)营养及医学价值

1. 丰富的营养成分　越橘果实不仅颜色极具吸引力,而且风味独特,既可鲜食,又可加工成多种老少皆宜的食品,深受消费

者喜爱。据分析,每 100 克越橘果肉中含蛋白质 0.5 克、脂肪 0.1
克、碳水化合物 12.9 克、钙 8 毫克、铁 0.2 毫克、磷 9 毫克、钾 70
毫克、钠 1 毫克、锌 0.26 毫克、硒 0.1 克、维生素 A 9 微克、维生素
C 9 毫克、维生素 E 1.7 毫克以及丰富的果胶物质、SOD、黄酮等。

2. 医疗保健价值　美国农业部(USDA)人类营养中心研究
表明,与所测定的 40 种水果和蔬菜相比较,越橘的抗氧化活性最
高。越橘的强抗氧化能力可减少人体代谢副产物自由基的生成,
自由基与人类衰老和癌症的发生相关。除此之外,越橘果实还有
解除眼睛疲劳,改善视力,延缓脑神经衰老,增强记忆力和抗癌的
功能。

(二)经济价值　正是由于越橘独特的风味及营养保健价值,
其果实及产品风靡世界,供不应求,在国际市场上售价昂贵。越橘
鲜果大量收购价为 3.0~3.5 美元/千克,市场鲜果零售价格高达
10~20 美元/千克。越橘冷冻果国际市场价格为 2 600~4 000 美
元/吨。在日本,越橘鲜果作为一种高档水果供应市场,只有 20%
的富有阶层才能消费食用。尽管日本现有 600 公顷栽培面积,但
远远满足不了市场需求,需每年从美国大量进口。日本从美国进
口到口岸价位高达 6~8 美元/千克,市场零售价格达 10~15 美
元/千克。越橘果实的加工品浓缩果汁国际市场价为 3 万~4 万
美元/吨,是苹果浓缩果汁售价(1 000 美元/吨)的 30~40 倍。
1998~2000 年,我国外贸部门从长白山、大小兴安岭收购的野生
越橘加工冷冻果的出口价也达 2 000 美元/吨。

(三)越橘的开发和利用　越橘果实是加工的上好原料,在美
国,越橘常与其他果品加工成复合饮料,如越橘橘子汁、越橘葡萄
汁、越橘苹果汁等。蓝果越橘可供鲜食或加工,蔓越橘则主要用于
加工,加工品有饮料、果酱、罐头食品、糕点馅、果干和冷饮食品等。
深度加工可以大大提高经济效益,这也是大多数小果类果树的独
特优势。

我国目前还没有形成越橘等小浆果完善的产品市场。越橘产品主要有四大类，鲜果、冷冻果、越橘色素和加工果酒。鲜果90%出口日本，10%供应北京和上海等大城市市场；冷冻果大约80%出口，以欧洲市场为主，20%供应国内食品企业用作加工原料；越橘果酒主要供应国内市场，小部分外销日本；越橘色素提取物几乎100%出口欧美市场。目前，我国越橘销售的主要难点是国内市场尚未培育，越橘种植企业产品以外销为主，不重视国内市场的培育。我国消费市场对越橘的认知程度较低，但这同时意味着国内越橘产品开发具有巨大的潜力空间。

第二节　优良品种

越橘为杜鹃花科(Ericaceae)越橘属(Vaccinium)多年生灌木，是一种古老的具经济价值的小浆果。全世界越橘属植物约有400个种，广泛分布于北半球，从北极到热带的高山、河谷、沿海地区。其中有40%的种分布在东南亚地区，25%分布在北美地区，10%分布在美国的南部或中部地区，其余25%分散在世界各地。我国约有91个种、28个变种，分布于东北和西南地区。

越橘树体差异显著，兔眼越橘可高达7米以上，生产上控制在3米以下；高丛越橘多为2～3米，生产上控制在1.5米以下；矮丛越橘一般为15～50厘米；红豆越橘一般为15～30厘米；而蔓越橘只有5～15厘米。单果重0.5～2.5克，多为蓝色、蓝黑色或红色。从生态分布上，从寒带到热带都有分布。根据其树体特征、果实特点及区域分布将越橘品种划分为7个品种群。

一、兔眼越橘品种群

该品种群树体高大，寿命长，抗湿热，且抗旱，但抗寒能力差，−27℃低温可使许多品种受冻，对土壤条件要求不严。适应于我国长江流域以南、华南等地区的丘陵地带栽培。向南方发展时要考虑栽培地区是否能满足 450～850 小时小于 7.2℃的冷温需要量;向北发展时要考虑花期霜害及冬季冻害。主要优良品种如下。

(一)梯芙蓝(Tifblue)　1955 年美国佐治亚州选育,亲本为 Ethel×Claraway,中晚熟品种。是兔眼越橘中选育最早的一个品种,由于其丰产性强,采收容易,果实质量好,一直到现在仍在广泛栽培。植株生长健壮、直立,树冠中大,易产生基生枝,对土壤条件适应性强。果实中大,淡蓝色,质极硬,果蒂痕小且干,风味佳。果实完全成熟后可在树上保留几天。

(二)布莱特蓝(Briteblue)　1969 年美国佐治亚州选育,亲本为 Callaway×Ethel,中晚熟品种。植株中等健壮,开张。栽培前几年生长较慢,需轻剪。果实大,质硬,被蜡质,呈亮蓝色。充分成熟前果实风味偏酸,因此需等到完全成熟后采收。果蒂痕干,果实成串生长,易于采收,并且成熟后可在树上保留相对较长时间。此品种耐贮运,可作为鲜果远销品种栽培。

(三)顶峰(Climax)　1974 年美国佐治亚州选育,亲本为 Callaway×Ethel,早熟品种。植株中等健壮、直立,树冠开张,枝条抽生局限于相对较小的区域内,因此,重剪或剪取插条对生长不利。果实中等大,蓝色至淡蓝色,硬度中等,果蒂痕小,具芳香味,风味佳。果实成熟期比较集中。晚成熟的果实小且果皮粗。此品种适宜机械采收,为鲜果市场销售栽培品种。

(四)粉蓝(Powderblue)　1978 年美国北卡罗来纳州选育,亲本为梯芙蓝×Menditoo,晚熟品种。植株生长健壮,枝条直立,树冠中小。果实中大,比梯芙蓝略小,肉质极硬,果蒂痕小且干,淡蓝色,品质佳。

(五)杰兔(Premier)　1978 年美国北卡罗来纳州选育,亲本为梯芙蓝×Homebell,早熟品种。植株很健壮,树冠开张,中大,极丰产。耐高 pH 值,土壤适宜各种类型土壤栽培。能自花授粉,但配置授粉树可大大提高坐果率。果实大至极大,悦目蓝色,质硬,果蒂痕干,具芳香味,风味极佳。适于鲜果销售栽培。

(六)灿烂(Brightwell) 1983年美国佐治亚州育成,亲本为梯芙蓝×Menditoo。早熟品种。植株健壮、直立,树冠小,易生基生枝,由于开花晚,所以比兔眼越橘等其他品种抗霜冻能力强。丰产性极强,由于浆果在果穗上排列疏松,极适宜机械采收和作鲜果销售。果实中大,质硬,淡蓝色,果蒂痕干,风味佳。雨后不裂果。此品种是鲜果市场最佳品种。

二、南高丛越橘品种群

南高丛越橘喜湿润、温暖气候条件,冷温需要量低于600小时,抗寒力差,适于我国黄河以南地区如华东、华南地区发展。与兔眼越橘品种相比,南高丛越橘具有成熟期早、鲜食风味佳的特点。在山东青岛5月底至6月初成熟,南方地区成熟期更早。这一特点使南高丛越橘在我国南方的江苏、浙江等省具有重要的栽培价值。

(一)夏普蓝(Sharpblue) 1976年美国佛罗里达大学选育,亲本为Florida 61-5×Florida 62-4。果实及树体主要特性与佛罗达蓝极相似,但果实为暗蓝色。为佛罗里达中部和南部地区栽培最为广泛的品种。树体中等高度,树冠开张。冷温需要量是所有南高丛越橘品种中最低的。早期丰产性强。需要配置授粉树。

(二)奥尼尔(O'Neal) 树体半开张,分枝较多。早期丰产性强。开花早且花期长,由于开花较早,易遭受晚霜危害。极丰产。果实中大,果蒂痕很干,果肉硬,鲜食风味佳。适宜机械采收。冷温需要量为400~500小时。抗茎干溃疡病。

(三)佐治亚宝石(Georgiagem) 树体半开张,高产且连续丰产。果实中大,果肉硬,果蒂痕小且干。配置授粉树可提高产量和品质。冷温需要量为359小时。抗霜能力差。

(四)南月(Southmoon) 1995年由佛罗里达大学杂交选育。

为美国专利品种,专利号为 PP9834。是由多个亲本自然混合授粉的实生后代中选出,其亲本包括夏普蓝、佛罗里达蓝、艾文蓝和 FL4-76、FL80-46。早熟品种,比夏普蓝早熟 8 天左右。树体生长健壮、直立,在较好的土壤条件下栽培树高可达 2 米,树冠直径达 1.3 米。冷温需要量为 400 小时。由于开花比较早,易遭受晚霜危害。果实大,平均单果重 2.3 克,略扁圆形,暗蓝色,果蒂痕小且干,果肉硬,风味甜略有酸味。栽培时需配置授粉树,夏普兰和佛罗里达蓝均可作授粉树。

(五)比乐西(Biloxi) 1998 年美国农业部 ARS 小浆果研究站杂交选育的品种,亲本为 Sharpblue×US329。树体生长直立健壮。丰产性强。果实颜色佳,果蒂痕小,果肉硬,果实中等大小,平均单果重 1.47 克,鲜食风味佳。该品种的突出特点是果实成熟期早,比顶峰早熟 14～21 天。可以早期供应鲜果市场。栽培时需要配置授粉树。另外,由于开花期早,易受晚霜危害。

三、北高丛越橘品种群

北高丛越橘喜冷凉气候,抗寒力较强,有些品种可抵抗－30℃低温,适于我国北方沿海湿润地区及寒地发展。此品种群果实较大,品质佳,鲜食口感好,可以作鲜果市场销售品种栽培,也可以加工或庭院栽培,是目前世界范围内栽培最为广泛、栽培面积最大的品种类群。

(一)蓝丰(Bluecrop) 1952 年美国用(Jersey×Pioneer)×(Stanley×June)杂交选育,中熟品种,是美国密歇根州主栽品种。树体生长健壮,树冠开张,幼树时枝条较软。抗寒力强,抗旱能力是北高丛越橘中最强的一个。极丰产且连续丰产能力强。果实大,淡蓝色,果粉厚,果肉硬,果蒂痕干,具清淡芳香味,未完全成熟时略偏酸,风味佳,是鲜果销售的优良品种。

(二)晚蓝(Lateblue) 1967 年美国农业部和新泽西州农业试

验站合作选育,晚熟品种。树体生长健壮、直立,连续丰产性强,果实成熟期较集中,适于机械采收。果实中大,淡蓝色,质硬,果蒂痕小,风味极佳。果实成熟后可保留在树体上。

(三)埃利奥特(Elliott) 1974年美国农业部选育,由Burlington×〔Dixi×(Jersey×Pioneer)〕杂交育成,为极晚熟品种。树体生长健壮、直立,连续丰产,果实成熟期较集中。果实中大,淡蓝色,肉质硬,风味佳。此品种在寒冷地区栽培成熟期过晚。

(四)北卫(Patroit) 1976年美国选育,亲本为Dixi×Michigan LB-1,中早熟品种。树体生长健壮、直立,极抗寒(-29℃),抗根腐病。果实大,略扁圆形,质硬,悦目蓝色,果蒂痕极小且干,风味极佳。此品种为北方寒冷地区鲜果市场销售和庭院栽培的首选品种。

(五)公爵(Duke) 1986年美国农业部与新泽西州农业试验站合作选育,亲本为(Ivanhoe×Eariblue)×(E-30×E-11),早熟品种。树体生长健壮、直立,连续丰产。果实中大,淡蓝色,质硬,清淡芳香风味。

(六)达柔(Darrow) 1965年美国选育品种,亲本为(Wareham×Pioneer)×Bluecrop,晚熟品种。树体生长健壮,直立,连续丰产。果实大,淡蓝色,质硬,果蒂痕中,略酸,风味好。

(七)早蓝(Eariblue) 1952年美国选育品种,亲本为Stanley×Weymouth,早熟品种。树体生长健壮,树冠开张,丰产。果实大,悦目蓝色,质硬,宜人芳香,风味佳,果实成熟后不落果。

(八)伯吉塔蓝(Brigita Blue) 1980年澳大利亚农业部维多利亚园艺研究所选育。由晚蓝自然授粉的后代中选出,树体生长极健壮,直立。果实大,蓝色,果蒂痕小且干,风味甜。适宜于机械采收。

(九)雷戈西(legacy) 树体生长直立,分枝多,内膛结果多。丰产,早熟品种,比蓝丰早熟1周。果实大,蓝色,质地很硬,果蒂痕小且干。果实含糖量很高,汁甜,鲜食风味极佳,被认为是目前鲜果食品质最好的品种之一。

四、半高丛越橘品种群

半高丛越橘是由高丛越橘和矮丛越橘杂交获得的品种类型。由美国明尼苏达大学和密执安大学率先开展此项工作。育种的主要目标是通过杂交选育果实大、品质好、树体相对较矮、抗寒力强的品种,以适应北方寒冷地区栽培。此品种群的树高一般50～100厘米,果实比矮丛越橘大,但比高丛越橘小,抗寒力强,一般可抗-35℃低温。

(一)北地(Northland) 1968年美国密执安大学农业试验站选育,亲本为Berkeley×(Lowbush×Pioneer实生苗),中早熟品种。树体生长健壮,树冠中度开张,成龄树高可达1.2米。抗寒,极丰产。果实中大,圆形,蓝色,质地中硬,果蒂痕小且干,成熟期较为集中,风味佳。是美国北部寒冷地区主栽品种。

(二)北蓝(Northblue) 1983年美国明尼苏达大学育成,亲本为Mn-36×(B-10×US-3)。晚熟品种,树体生长较健壮,树高约60厘米,抗寒(-30℃),丰产性好。果实大,暗蓝色,肉质硬,风味佳,耐贮。适宜于北方寒冷地区栽培。

(三)北村(Northcountry) 1986年美国明尼苏达大学育成,亲本为B-6×R2P4,中早熟品种。树体中等健壮,高约1米,早产,连续丰产。果实中大,天蓝色,口味甜酸,风味佳。此品种在我国长白山区栽培表现丰产、早产、抗寒,可露地越冬,为高寒山区越橘栽培优良品种。

(四)圣云(St. Cloud) 美国明尼苏达大学选育,中熟品种。树体生长健壮、直立、树高1米左右,抗寒力极强,在我国长白山区可露地越冬。果实大,蓝色,肉质硬,果蒂痕干,鲜食口感好。此品种可作为我国北方寒冷地区鲜果销售栽培品种。该品种是半高丛越橘中抗寒力最强的一个,在东北地区很有发展前途。

(五)奇伯瓦(Chippewa) 1996 年美国明尼苏达大学选育,亲本为(G65Xasworth)×U53。晚熟品种。树体生长健壮,高约 1 米,丰产,可达 1.4～5.5 千克/株。果实中大,天蓝色,果肉质地硬,风味甜。抗寒力强。

(六)蓝金(Bluegold) 1989 年美国明尼苏达大学选育,亲本为(Bluehaven×ME-US55)×('Ashworth'בBluecrop')。中熟品种。树体生长健壮直立,分枝多,高 80～100 厘米。果实中大,天蓝色,果粉厚,果肉质地很硬,有芳香味,鲜食略有酸味。丰产性强,需要重剪增大果个,通过修剪控制产量单果重可达 2 克。此品种适宜北方寒冷地区作鲜果生产栽培。抗寒力极强。

五、矮丛越橘品种群

此品种群的特点是树体矮小,一般高 30～50 厘米。抗旱能力较强,且具有很强的抗寒能力,在-40℃低温地区可以栽培,在北方寒冷山区,30 厘米厚的积雪可将树体覆盖,从而确保安全越冬。对栽培管理技术要求简单,极适宜于东北高寒山区大面积商业化栽培。但由于果实较小,果实主要用作加工原料。因此,大面积商业化栽培应与果品加工能力配套发展。现将已引入吉林农业大学的品种作一介绍。

(一)美登(Blomidon) 1970 年加拿大农业部肯特维尔研究中心从野生矮丛越橘选出的品种 Augusta 与品系 451 杂交后代选育出的品种,中熟品种。树体生长健壮,丰产,在吉林长白山区栽培 5 年生平均株产 0.83 千克,最高达 1.59 千克。果实圆形,淡蓝色,果粉较厚,单果重 0.74 克,风味好,有清淡爽人香味。在长白山 7 月中旬成熟,成熟期一致。抗寒力极强,长白山区可安全露地越冬。为高寒山区发展越橘的首推品种。

(二)芬蒂(Fundy) 1969 年加拿大肯特维尔研究中心从奥古

斯塔自然授粉的实生后代中选出。树体生长极健壮。枝条长可达40厘米。丰产,早产。果穗生长在直立枝条的上端,易采收。果实略小于美登,单果重 0.72 克,果实淡蓝色,被果粉。果实中熟,成熟一致。抗寒力强。

六、红豆越橘品种群

红豆越橘为常绿小灌木,树高 25 厘米左右,果实红色,百果重20 克。果实生食口味差,主要用于加工。抗旱和抗寒能力很强,适宜北方寒地栽培。由于树体常绿,果实红色,并有二次开花结果习性,可以盆栽作观赏之用。红豆越橘商业化栽培集中于德国和波兰。吉林农业大学从德国引入 2 个品种科丽尔(Koralle)和红珍珠(Red Pearl),经长白山区少量试栽,表现早产、丰产。

(一)红珍珠(Red Pearl) 荷兰从欧洲野生群体中选育的品种。树体生长健壮,高约 30 厘米。连续丰产。株丛扩展较快。叶片亮绿色。果实中大。

(二)科丽尔(Koralle) 1969 年德国从野生群体中选育,是目前欧洲栽培最为普遍的品种。树体直立,高 25～30 厘米。与其他品种相比,根状茎扩展缓慢,早产且连续丰产。果实中大,亮红色,如珍珠状,很美观。

七、蔓越橘品种群

此品种群树体矮小,一般高 5～15 厘米,茎匍匐生长,抗寒力极强,适于高寒山区栽培。果实个大,红色,直径 1～2 厘米,主要用于加工蔓越橘汁、酒等。因其栽培管理要求较高,发展受到一定限制。商业化栽培主要集中于美国。目前,我国尚无蔓越橘栽培。吉林农业大学于 2000 年从波兰引入 20 个品种,并在吉林农业大学建立了品种选育试验园进行研究。

(一)早黑(Early Black) 古老的实生苗选择品种。1852～

1895 年在美国马萨诸塞州选出。是美国东部标准的早熟品种,也是美国分布量最大的品种。其生产面积约占北美蔓越橘总面积的1/4。果实铃形,略小于豪斯品种,暗红色极深,近于黑色,有光泽。早熟,成熟期在 9 月。可加工浓缩果汁、蜜饯和作鸡尾酒的果汁,加工品质极好。但在普通条件下贮藏性中等。抗真菌病害,对假花病的抗性强于豪斯品种。

(二)豪斯(Howes) 古老的实生苗选育品种。1843 年由 Eli Howes 在美国马萨诸塞州野生群体中选出。果实卵形,大小一致,深鲜红色,有光泽。坚实,果胶含量很高。成熟迟,耐贮藏。加工品质极好,供应晚季市场,包括感恩节市场。不抗假花病。

(三)麦克法林(McFarlin) 1874 年由 T. H. McFarlin 在美国马萨诸塞州野生群体中选出,是华盛顿和俄勒冈的主栽品种,在威斯康星约占栽培面积的 20%。果大,有蜡质,表面有毛,外形不美观,但加工品质好,贮藏性好。抗假花病。

(四)斯蒂芬(Stevens) 杂交品种。谱系 McFarlin×Pouter。由于产量高,发展速度很快,已经成为栽培面积仅次于早黑的主栽品种。生长势强,果实大而坚硬,色泽鲜艳富光泽。成熟迟。抗猝倒病。

第三节 生物学特性

一、树体形态特征

越橘为丛状灌木果树,各品种群间树高差异悬殊。兔眼越橘树高可达 10 米,栽培中常控制在 3 米左右;高丛越橘树高一般1~3 米;半高丛越橘树高 50~100 厘米;矮丛越橘树高 30~50 厘米;红豆越橘树高 5~25 厘米;蔓越橘匍匐生长,树高只有 5~15厘米。

二、根、根状茎和菌根

（一）根　越橘为浅根系，没有根毛，主要分布在浅土层，向外扩展至行间中部。在一年内越橘根系随土壤温度变化有两次生长高峰。第一次出现在 6 月初，第二次出现在 9 月份。两次生长高峰出现时，土壤温度为 14℃和 18℃。土温低于 14℃、高于 18℃时根系生长减慢，低于 8℃时根系生长几乎停止。根系生长高峰出现时，地上部枝条生长高峰也同时出现。

（二）根状茎　矮丛越橘根系的主要部分是根状茎。据估计，矮丛越橘大约 85％的茎组织为根状茎。不定芽在根状茎上萌发，并形成枝条。根状茎一般为单轴形式，直径 3～6 毫米。根状茎分枝频繁，在地表下 6～25 毫米深的土层内形成紧密（穿插）的网状结构。新发生的根状茎一般为粉红色，而老根状茎为暗棕色并且木栓化。

（三）菌根　越橘根系呈纤维状，没有根毛，但在自然状态下，越橘根系与菌根真菌共生形成菌根。侵染越橘的菌根真菌统称为石楠属菌根，专一寄生于石楠属植物。目前已发现侵染越橘的菌根真菌有 10 余种。值得注意的是，几乎所有越橘的细根都有内生菌根真菌的寄生，从而解决越橘根系由于没有根毛造成的对水分及养分吸收能力下降的问题。近年来，众多的研究已证明，菌根真菌的侵染对越橘的生长发育及养分吸收起着重要作用。

三、芽、枝、叶

（一）芽的生长特性　高丛越橘叶芽着生于 1 年生枝的中下部。在生长前期，当叶片完全展开时叶芽在叶腋间形成。叶芽刚形成时为圆锥形，长度 3～5 毫米，被有 2～4 个等长的鳞片。休眠的叶芽在春季萌动后产生节间很短且叶片簇生的新梢。叶片按2/5 叶序沿茎轴生长。约在盛花期前 2 周叶芽完全展开。

（二）枝的生长特性　越橘新梢在生长季内多次生长，2 次高峰最普遍，一次在春季至夏初，另一次在秋季。叶芽萌发抽生新梢，新梢生长到一定长度停止生长，顶端生长点小叶变黑形成黑尖，黑尖期维持 2 周后脱落并留下痕迹，称为"黑点"。2～5 周后顶端叶芽重新萌发，发生转轴生长，这种转轴生长一年可发生几次。最后一次转轴生长顶端形成花芽，开花结果后顶端枯死，下部叶芽萌发新梢并形成花芽。

新梢的加粗生长与加长生长呈正相关。按照茎粗，新梢可分为 3 类：细梢径小于 2.5 毫米、中梢径 2.5～5 毫米、粗梢径大于 5毫米。茎粗的增加与新梢节数和品种有关。对晚蓝品种调查发现，株丛中 70％新梢为细梢、25％为中梢，只有 5％为粗梢。若要形成花芽，细梢节位数至少为 11 个、中梢 17 个、粗梢 30 个。

（三）叶的生长特性　越橘叶片互生。高丛、半高丛越橘和矮丛越橘在入冬前落叶；红豆越橘和蔓越橘为常绿，叶片在树体上可保留 2～3 年。各品种群间叶片长度不等，叶片长度由矮丛越橘的0.7～3.5 厘米到高丛越橘的 8 厘米。叶片形状最常见的是卵圆形。大部分种类叶片背面被有绒毛，有些种类的花和果实上也被有绒毛，但矮丛越橘叶片很少有绒毛。

四、开花坐果

（一）花器结构　越橘单花形状为坛状，亦有钟状或管状。花瓣联结在一起，有 4～5 个裂片。花瓣颜色多为白色或粉红色。花托管状，并有 4～5 个裂片。花托与子房贴生，并一直保持到果实成熟。子房下位，常 4～5 室，有时可达 8～10 室。每一花中有8～10 个雄蕊。雄蕊嵌入花冠基部围绕花柱生长，雄蕊比花柱短。花药上半部有 2 个管状结构，其作用是散放花粉（图 1-1）。

（二）花芽发育

1. 花芽分化　越橘花芽形成于当年生枝的先端，从枝条顶端

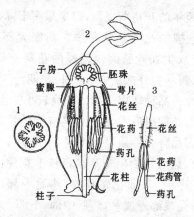

1. 横剖面　2. 纵剖面　3. 单个雄蕊

图 1-1　梯芙蓝兔眼越橘花器结构

(引自 Gough,1994)

开始,以向基的方式进行分化。高丛越橘花序原基 7 月下旬形成,矮丛越橘 6 月下旬形成。花芽与叶芽有明显区别。花芽卵圆形、肥大,长 3.5～7 毫米。花芽在叶腋间形成,逐渐发育,当外层鳞片变为棕黄色时进入休眠状态,但花芽内部在夏季和秋季一直进行各种生理生化变化。当两个老鳞片分开时,形成绿色的新鳞片。花芽沿着枝轴在几周内向基部发育,迅速膨大形成明显的花芽并进入冬休眠。进入休眠阶段后,形成花序轴。

2. 花芽分化与光照　　越橘的花芽分化为光周期敏感型,花芽在短日照(12 小时,以下)下分化。大多数矮丛越橘品种花芽分化要求光周期日照时数在 12 小时以下,有的品种在日照时数为 14～16 小时的条件下也能分化,只是形成的花芽数较少。高丛越橘花芽分化需要的光周期日照时数因品种而不同,有 8 小时、10 小时或 12 小时不等,时间为 8 周。当低温需要量较高的兔眼越橘向南推进时,也会遇到光周期问题。兔眼越橘品种间对日照时数的需要也有差异,例如:Beckyblue 在秋季短日照条件下花芽分化得多,短日照使翌年的开花期提前,但坐果率下降。

3. 开花　越橘的花为总状花序。花序大部分侧生,有时顶生。花芽单生或双生在叶腋间。越橘的花芽一般着生在枝条上端。春季花芽从萌动到开放需 3～4 周,花期约 15 天。由于春季气温常不稳定,晚花品种花期受冻的危险较小。当花芽萌发后,叶芽开始生长,到盛花期时叶芽才长到其应有的长度。一个花芽开放后,单花数量因品种和芽质量而不同,一般为 1～16 朵花。开花时顶花芽先开放,然后是侧生花芽。粗枝上花芽比细枝上花芽开放晚。在一个花序中,基部花先开放,然后中部花,最后顶部花。然而果实成熟却是顶部先成熟,然后中部、下部。花芽开放的时期则因气候条件而异。

五、果实的生长发育与成熟

越橘果实形状由圆形至扁圆形,果实大小、颜色因种类而异。兔眼越橘、高丛越橘、矮丛越橘果实为蓝色,被白色果粉,果实直径 0.5～2.5 厘米;红豆越橘果实为红色,一般较小;蔓越橘果实红色,果个大,直径为 1～2 厘米。

越橘果实一般开花后 2～3 个月成熟。果实中种子较多,每个果实中平均有 65 个种子。由于种子极小,并不影响果实的食用风味。

(一)坐　果

1. 授粉受精　有些品种自花授粉率很低,无异花授粉时会大大影响产量。因此,促进授粉受精是越橘栽培中至关重要的一环。越橘的花开放时为悬垂状,花柱高于花冠,如果没有昆虫媒介,授粉会很困难。有些品种不需要受精只需花粉刺激即可坐果并产生无种子果实,但这种果实往往达不到品种固有的颜色、大小和品质,从而影响产量和果实的商品性,生产上应尽量避免。一般来说,管理水平高的越橘园授粉率可达 100%,授粉率至少在 80%

以上才能达到较好的产量。

高丛越橘品种一般可以自花结实,但也有些品种不能自花结实。高丛越橘自花授粉果实往往比异花授粉的小并且成熟晚。兔眼越橘和矮丛越橘往往自花不结实或结实率低。自花结实的品种可以单品种建园,但在生产中提倡配置授粉树,因为异花授粉可以提高坐果率,增大单果重,提早成熟,提高产量和品质。

2. **影响坐果的因素**　影响坐果率最重要的因素是花粉的数量和质量。有些品种花粉败育,授粉不佳。对高丛越橘、矮丛越橘来讲,花开放后 8 天内均可授粉,但开花后 3 天内授粉率最高,为最佳授粉时期。花粉落在柱头到达胚珠需要 3 天时间。越橘的花粉萌发后一般只产生一个花粉管。

3. **落果**　越橘坐果之后落果现象较轻,一般发生在果实发育前期,开花 3～4 周之后,脱落的果实往往发育异常,呈现不正常的红色。落果主要与品种特性有关。

(二)果实发育

浆果发育受许多因素影响,从落花至果实成熟一般需要 50～60 天。受精后的子房迅速膨大,约持续 1 个月。浆果停止生长时期持续约 1 个月,然后浆果的花托端变为紫红色,而绿色部分呈透明状。几天之内,果实颜色由紫红色加深并逐渐达到其固有颜色。在果实着色期,浆果体积迅速增加,此阶段可增加 50%。果实达到其固有颜色以后,还可增大 20%,再持续几天可增加糖含量,有利于风味形成。根据浆果的发育进程,越橘果实的发育可划分为 3 个阶段:迅速生长期,受精后 1 个月内,此期主要是细胞分裂;缓慢生长期,特征是浆果生长缓慢,主要是种胚发育;快速生长期,此期一直到果实成熟,主要是细胞膨大。

(三)影响果实发育的因素

1. **种类和品种**　越橘果实发育所需时间主要与种类和品种特性有关。一般来讲,高丛越橘果实发育比矮丛越橘快,兔眼越橘果实发育时间较长。大多数情况下,果实发育时间的长短主要取决于果实发育迅速生长期的长短。另外,果实的大小与发育时间有关,小果发育时间长,而大果发育时间短,相差可达1个月时间。

2. 种子 越橘果实中种子数量与浆果大小密切相关。在一定范围内,种子数量越多,果实越大,在异花授粉时,浆果重量的大约60%归功于种子。

3. 激素 果实的发育和成熟与内源激素变化密切相关。在矮丛越橘果实中,生长素活性在果实发育迅速生长期较低,随着缓慢生长期到来,生长素活性迅速增加并达到高峰,进入快速生长期则开始下降。生长素活性首次出现是在开花后第三周,到第五至第六周达到高峰。赤霉素活性在果实迅速发育期达到高峰,高峰出现在开花后第六天。进入果实缓慢生长期赤霉素活性迅速下降,并一直维持较低水平,到果实着色时又迅速增加。

4. 外界环境条件 温度和水分是影响浆果发育的两个主要外界因子。温度高会加快果实发育,水分不足则阻碍果实发育。

(四)果实成熟 果实开始着色后需20~30天才能完全成熟。同一果穗中,一般是中部果粒先成熟,然后是上部和下部果粒。矮丛越橘果实成熟比较一致。果实成熟过程中内含物质会发生一系列的变化。

1. 果实色素 不同种类、不同品种越橘果实色素种类和含量有差别。高丛越橘和矮丛越橘果实中含有14种花青素。主要有3-单半乳糖苷、3-单葡萄糖苷、3-单阿拉伯糖苷。果实的颜色与花青素含量有关。果实中花青素含量对于鲜果市场销售时果实的分级及品质差别具有重要作用。

2. 果实中化学物质变化 越橘浆果中总糖含量在着色后9天内逐渐增加,然后保持一定水平,在果实成熟后期还原糖含量增加而非还原糖含量下降。随着果实成熟,可滴定酸含量逐渐下降,淀粉和其他碳水化合物含量没有明显变化规律。果实中糖酸比随果实成熟迅速增加。糖酸比和含酸量在越橘栽培中常作为果实品质的一个判别依据。

3. 果实中特殊成分 越橘鲜果中含有较丰富的维生素 B_1、维生素 B_2、烟酸、维生素 C 及钙、钾、锰、铁等矿质元素,还含有维生素 E、熊果苷等其他果品中少有的特殊成分。

六、越橘的生命周期和物候期

（一）生命周期 矮丛越橘和笃斯越橘为根茎型,株高不过几十厘米。笃斯越橘根茎寿命可达 300 年,地上部寿命约 30 年左右,前 2 年为营养生长期,第三年开始结果,盛果期不过 5～6 年,从第七年开始,生长势开始减弱。为此,及时的人工更新以代替漫长的自然更新过程,是发掘其丰产潜力的有效措施,也是建立半栽培式笃斯越橘天然丰产基地的主要方式。大多数矮丛越橘的经营方式是以 2 年为一个周期,实行焚烧更新。试验证明:每 2 年焚烧一次比每 3 年焚烧一次的效果好。在焚烧以后,从根茎部或枝干基部发出强壮的枝条。

（二）物候期 越橘的物候期因种类和地区而异。在我国东北地区笃斯越橘的物候期为:5 月中旬芽萌动;5 月中旬至 6 月下旬叶芽绽开,花始开;6 月中旬展叶,新梢生长,盛花;6 月下旬至 7 月上旬果实迅速膨大,开始着色,新梢停止生长;7 月中旬果实开始着色;7 月下旬至 8 月上旬果实成熟;8 月中旬果实脱落;8 月下旬至 9 月上旬叶开始变色;9 月中旬至 10 月中旬落叶。

在长白山的松江河地区,越橘的物候期比长春平均晚 10 天左右。萌芽期在 5 月中旬,开花期在 5 月末至 6 月初,果实在 6 月末至 7 月初着色,7 月下旬至 8 月初成熟。另外,矮丛越橘品种群的品种成熟期较早,半高丛越橘品种群的品种成熟期较矮丛越橘晚10 天左右。

第四节　对环境条件的要求

一、温　度

（一）温度对生长的影响　越橘在生长季可以忍耐 40℃～50℃ 的高温,高于此温度范围时会导致生长发育不良。当气温从 18℃升至 30℃时,矮丛越橘根状茎数量明显增加且生长较快。夏季低温是矮丛越橘生长发育的主要限制因子。当土壤温度由 13℃升至 32℃时,高丛越橘的生长量呈比例增加。土壤温度对越橘的生长习性也有影响,高丛越橘蓝铃品种在土壤温度低于 20℃时,枝条节间缩短,生长开张;温度升高,树体生长直立高大。

作为一种常绿植物,蔓越橘在低于 4.4℃时不能生长。像其他杜鹃花科植物一样,蔓越橘在温度开始下降时才开始积累糖分。当温度低于 −12.2℃ 时,蔓越橘易发生冻害。花开放以后,−0.6℃ 就易导致一些花器受到伤害,包括子房、胚珠、花柱、雌蕊、花药、花粉粒和蜜腺。最适的生长温度为 15.6℃～26.7℃。

（二）冷温需要量　高丛越橘要正常开花结果一般需要 650～800 小时小于 7.2℃ 的低温,不同品种之间冷温需要量不同。花芽比叶芽的冷温需要量少。虽然 650 小时低温能够完成树体休眠,但只有超过 800 小时的低温高丛越橘才会生长较好。所以 800 小时是高丛越橘最低冷温需要量,1 060 小时的低温量最佳。北高丛越橘正常生长结果的冷温需要量为 800～1 200 小时。当高丛越橘在气候较暖地区栽培时,冷温需要量几乎没有变化。应用杂交育种方法可以改变冷温需要量,美国佛罗里达杂交育成的三倍体高丛越橘只需小于 400 小时的低温需要量。

连续的 0.5℃ 低温对满足高丛越橘需冷要求最为有效。白天较暖的气候条件和休眠期较高的温度对高丛越橘的冷量积累不利。1℃～12℃ 的低温均可满足高丛越橘积累冷量的要求,但以

6℃最为适宜。衡量越橘需冷量时应用 Utah 冷量单位较适宜,即每小时1℃低温相当于0.5冷量单位。较好的叶片分化需要1000个冷量单位。

兔眼越橘需冷量只相当于高丛越橘的1/3~1/2。而且品种间需冷量差异很大。在美国南方栽培的兔眼越橘需要小于7.2℃的低温400小时以下即可正常生长结果。兔眼越橘中的一个品种彼肯(Pecan)用小于7.2℃低温处理360小时即可正常生长结果。蓝铃品种达到最大开花量需要450小时小于7.2℃低温,而梯芙蓝(Tifblue)则需要850小时(表1-1)。

表1-1 高丛越橘和兔眼越橘最大开花量的冷温需要量

高丛越橘		兔眼越橘	
品 种	<7.2℃/小时	品 种	<7.2℃/小时
泽西(Jersey)	1060	梯芙蓝(Tifblue)	850
卡伯特(Cabot)	1060	顶峰(Climax)	650
先锋(Pioneer)	1060	巨丰(Dellite)	750
六月(June)	1060	乌达德(Woodard)	650
伯林(Burlington)	950	蓝宝石(Bluegem)	450
迪克西(Dixi)	950	蓝铃(Bluebell)	450
卢贝尔(Rubel)	800	彼肯(Pecan)	360
佛罗里达三倍体	<400		

(引自 Paul Eck,1988,Blueberry Science)

昼夜温度变化影响芽的开绽。梯芙蓝在休眠期最适宜的温度是白天15℃ 8小时、夜晚7℃ 16小时;如果白天18℃ 10小时、夜晚7℃ 14小时,则使芽开绽推迟。但是,积累的冷温量并不能被高温抵消。

(三)低温伤害

1. 冻害 越橘的不同品种抗寒能力不同,矮丛越橘最抗寒、高丛越橘次之、兔眼越橘抗寒力最差。1月中旬高丛越橘的枝条在－34℃时发生冻害,芽在－29℃时发生冻害;－26℃低温造成兔眼越橘花芽死亡,而高丛越橘却无冻害发生。同一品种群内不同的品种抗寒性也不同。高丛越橘中的蓝丰、蓝线抗寒力强,而迪克西抗寒力差;兔眼越橘中梯芙蓝抗寒力最强;矮丛越橘品种除了其本身抗寒能力较强外,另一个重要因素是由于其树体矮小,在北方栽培时冬季积雪可完全将其覆盖,使其安全越冬,当冬季积雪不足时,往往造成雪层外的枝条发生抽条。

越橘冻害类型主要有抽条、花芽冻害、枝条枯死、地上部死亡,很少发生全株死亡。其中最普遍的是抽条,冬季少雪、入冬前枝条发育不充实、秋春少雨干旱均可引起抽条发生。其次是花芽冻害,花芽着生的位置和发育阶段与其抗寒性密切相关。枝条基部着生的花芽抗寒力比顶部的强。基于这一点,在北方寒冷地区栽培越橘时应选择枝条基部形成花芽多的品种,以保障产量。兔眼越橘花芽未开绽时可抵抗－15℃低温,而开绽后0℃即可造成冻害死亡。

对常绿的蔓越橘而言,休眠期间最低能忍耐－17.8℃的低温。发生冻害时,叶片的颜色由微红变为暗棕色。－12.2℃就可导致花芽受冻,而且节位低的花序或发育较早的花芽比发育较晚的花芽更易受到低温伤害。休眠后期至露蕊时期,最容易受低温伤害的花器是花药、花柱和蜜腺。

2. 霜害　霜害是威胁越橘生产最严重的一种自然灾害,做好防霜工作是保证产量的关键环节。越橘受霜害威胁最严重的是花芽、花和幼果。霜害不至于造成花芽死亡,但会影响花芽内各器官发育,如雌蕊,可造成坐果不良,果实发育受阻。花芽发育的不同阶段抗霜能力不同。花芽膨大期可抗－6℃低温,花芽鳞片脱落后－4℃低温即可致死,花瓣露出尚未开放时－2℃低温致死,完全开放的花在0℃即遭受严重伤害。

不同品种对霜害抗性不同,主要原因是开花期不一致。开花早的品种易受霜害。

二、光 照

(一)光强 对于大部分越橘品种,1 000英尺烛光(fc)以上的光照强度基本上满足越橘光合作用的要求,光照强度低于650 fc,有些品种光合速率显著降低。对于矮丛越橘,虽然1 000 fc光照强度完全可以满足其对光照的要求,但增加光强可以大幅度增加花芽数量。当光照强度≤2 100 fc时,矮丛越橘果实成熟推迟,而且低光照导致果实采收期成熟果实百分率下降,并且果实成熟率和果实含糖量下降。

在越橘育苗中,常适当遮荫以保持空气和土壤湿度。但是,全光照条件可提高生根率,并且根系发育好。因此,育苗过程中在保证充足水分和湿度的条件下应尽可能增加光照强度。

(二)光质 过多的紫外线对越橘的生长和果实发育不利。正常的晴朗天气达到地面的紫外光辐照强度为1.742瓦/米^2(合10.5 UV-B单位)。用24~44 UV-B单位的紫外光照处理兔眼越橘果实,单果重极显著下降。浆果处于24 UV-B单位紫外光条件下不能产生蜡质,处于正常光照的4倍紫外光下,果实表面产生日灼状的疤痕。紫外光抑制营养生长,导致花芽数量明显降低。

三、水 分

越橘叶片的蜡质层使其气孔扩散阻力比其他植物高,所以越橘叶片蒸腾速率较低。兔眼越橘是越橘中较为抗旱的种类,水势每下降1.0毫巴,其叶片中的相对含水量就下降6.4%。灌水可以降低兔眼越橘气孔扩散阻力的50%,并增加蒸腾速率70%,但不影响木质部的水势,还可以使浆果重增加25%。但是应用抗蒸腾剂可以使叶片气孔扩散阻力增加1倍,使蒸腾速率下降60%,

浆果重增加 31％。

四、土　壤

相对于其他果树,越橘对土壤条件要求比较严格。不适宜的土壤条件常常导致越橘生长不良甚至死亡。

（一）土壤类型及其结构　越橘栽培最理想的土壤类型是疏松、通气良好、湿润、有机质含量高的酸性沙壤土、沙土或草炭土。在钙质土壤、黏重板结土壤、干旱土壤及有机质含量过低的土壤上栽培越橘必须进行土壤改良。

越橘的根系纤细,在黏重土壤中因不能穿透土层而生长很慢,导致植株生长不良。有机质含量低且为中性的黏重土壤,土壤结构较差,通气、排水不良,常导致越橘生长不良。在钙质土壤和 pH 值较高的土壤上,越橘极易发生缺绿失绿症状。在干旱土壤上,由于越橘根系分布很浅,容易发生根系伤害。

土壤中的颗粒组成尤其是沙土含量与越橘的生长密切相关。沙土含量高,土壤疏松,通气好,极利于根系发育。在草炭土和腐殖土上栽培越橘常遇到 2 个问题,一是春秋土壤温度低,且由于土壤湿度大升温慢,使越橘生长缓慢;二是土壤中氮素含量很高,使枝条停止生长晚,发育不成熟,常易造成越冬抽条。

栽培高丛越橘的理想土壤以有机质含量高（3％～15％）、地下硬土层在 90～120 厘米处的最好,可以防止土壤中水分渗漏。兔眼越橘对土壤条件要求相对较低,在较黏重的丘陵山地上也可栽培。

（二）土壤 pH 值　越橘是喜酸性土壤的植物,土壤 pH 值是影响其生长的最重要因子。Harner 研究提出,越橘生长适宜土壤 pH 值范围为 4.0～5.2,最适为 4.5～4.8。有研究认为,pH 值 3.8 是越橘正常生长的最低限,pH 值 5.5 为正常生长的上限。综合国内外研究结果,高丛越橘和矮丛越橘能够生长的土壤 pH 值为 4.0～5.5,最适 pH 值为 4.3～4.8;兔眼越橘对土壤 pH 值适宜范围较宽,为 3.9～6.1,最适为 4.5～5.3。

土壤 pH 值对越橘的生长和产量有明显影响,是限制越橘栽培范围扩大的一个主要因素。土壤 pH 值过高(大于 5.5),往往诱发越橘缺铁失绿,而且易造成对钙、钠吸收过量,对越橘生长不利。随着土壤 pH 值由 4.5 增至 7.0,兔眼越橘生长量和产量逐渐下降,当增至 pH 值 6.0 时,植株死亡率增加,而达到 pH 值 7.0 时,所有植株死亡。

土壤 pH 值过低时(小于 4.0),土壤中重金属元素供应增加,越橘因重金属元素如铁、锌、铜、锰等吸收过量而中毒,导致生长衰弱甚至死亡。高丛越橘在土壤 pH 值 3.4 时,会发生叶缘焦枯、枯梢等重金属中毒症状,而将土壤 pH 值调至 3.8 时则恢复正常。

(三)土壤有机质　土壤有机质的多少与越橘的产量并不呈正相关,但保持土壤较高的有机质含量是越橘生长必不可少的条件。土壤有机质的主要功能是改善土壤结构、疏松土壤,促进根系发育,保持土壤中水分和养分,防止流失。土壤中的矿质养分如钾、钙、镁、铁可以被土壤中有机质以交换态或可吸收态保存下来。当土壤中有机质含量低时,根系分布主要在有机质含量高的草炭层。

(四)土壤通气状况　土壤通气状况好坏主要依赖于土壤水分、结构和组成。黏重土壤易造成积水、土壤通气差,引起越橘生长不良。在正常条件下,土壤疏松、通气良好时,土壤中氧气含量可达 20%,而通气差的土壤氧气含量大幅度下降,二氧化碳含量大幅度上升,不利于越橘生长。

(五)土壤水分　土壤干旱易引起越橘伤害。干旱最初的反应是叶片变红。随着干旱程度加重,枝条生长细而弱,坐果率降低,易早期落叶。当生长季严重干旱时,造成枯枝甚至整株死亡。土壤水位较低时,干旱更严重。

排水不良同样造成越橘伤害。土壤湿度过大的另一个危害是

"冻拔"。由于间断的土壤冻结和解冻,使植株连同根系及其土层与未结冻土层分离,造成根系伤害,甚至死亡。对于这样的土壤,必须进行排水。

越橘喜土壤湿润,但又不能积水。理想的土壤是土层70厘米处有一层硬的沙壤土和草炭。这样的土壤不仅排水流畅,而且能够保持土壤水分不过度流失。最佳的土壤水位为40~60厘米,高于此水位时,需要挖排水沟,低于此水位时则需要配置灌水设施。

第五节　育苗与建园

一、育　苗

越橘苗木繁殖方法因品种而异,高丛越橘主要采用硬枝扦插,兔眼越橘采用绿枝扦插,矮丛越橘绿枝扦插和硬枝扦插均可,其他方法如种子育苗、根状茎扦插、分株等也有应用。近年来,组织培养工厂化育苗方法也已应用于生产。

(一)硬枝扦插　主要应用于高丛越橘,但不同品种生根难易程度不同。蓝线、卢贝尔、泽西硬枝扦插生根容易,而蓝丰则生根困难。

1. 插条选择　宜选择枝条硬度大、成熟度良好且健康的枝条,尽量避免选择徒长枝、髓部大的枝条和冬季发生冻害的枝条。扦插枝条最好为1年生的营养枝。应尽量选择枝条的中下部作插条。

2. 剪取插条的时间　育苗数量少时,在春季萌芽前(一般在3~4月)剪取插条,随剪随插。大量育苗时需提前剪取插条。一般枝条萌发需要800~1 000小时的冷温需要量,因此剪取的时间应确保枝条已有足够的冷温积累。一般来说,2月份比较合适。

3. 插条准备与贮存　插条的长度一般为8~10厘米。上部切口为平切,下部切口为斜切,切口要平滑。下切口正好位于芽下,这样可提高生根率。插条剪取后每 50 或 100 根一捆,埋入锯末、苔藓或河沙中,温度控制在 2℃～8℃,湿度 50%～60%。低温贮存可以促进生根。

4. 扦插基质 河沙、锯末、草炭、腐苔藓等均可作为扦插基质。比较理想的扦插基质为腐苔藓或草炭与河沙(体积比 1∶1)的混合基质。

5. 扦插床的准备 扦插可以在田间直接进行。将扦插基质铺成 1 米宽、25 厘米厚的床,长度根据需要而定。但这种方法由于气温和地温低,生根率较低。

6. 扦插 一切准备就绪后,将基质浇透水保证湿度但不积水。然后将插条垂直插入基质中,只露一个顶芽。距离 5 厘米×5 厘米。扦插不要过密,否则一是造成生根后苗木发育不良,二是容易引起细菌侵染,使插条或苗木腐烂。高丛越橘硬枝扦插时,一般不需要用生根剂处理,许多生根剂对硬枝扦插生根作用很小或没有作用。

7. 扦插后的管理 扦插后应经常浇水,以保持土壤湿度,但应避免过涝或过旱。水分管理最关键的时期是 5 月初至 6 月末,此时叶片已展开,但插条尚未生根,水分不足容易造成插条死亡。当顶端叶片开始转绿时,标志着插条已开始生根。

扦插前基质中不要施任何肥料,扦插后在生根以前也不要施肥。插条生根以后开始施入氮肥,以促进苗木生长。肥料应以液态施入,用完全肥料,浓度约为 3%,每周 1 次,每次施肥后喷水,将叶面上的肥料冲洗掉,以免烧叶。

生根后的苗木一般在苗床上越冬,也可于 9 月份移栽。如果生根苗在苗床越冬,在入冬前苗床两边应培土。

生根育苗期间主要采用通风和去病株方法来控制病害。大棚或温室育苗要及时通风,以减少真菌病害和降低温度。

(二)绿枝扦插 主要应用于兔眼越橘、矮丛越橘和高丛越橘中硬枝扦插生根困难的品种。这种方法相对于硬枝扦插要求条件严格,且由于扦插时间晚,入冬前苗木生长较弱,因而容易造成越冬伤害。但绿枝扦插生根容易,可以作为硬枝扦插的一个补充。

1. **剪取插条时间** 剪取插条在生长季进行,由于栽培区域气候条件的差异没有固定的时间,主要从枝条的发育来判断。比较合适的时期是在果实刚成熟时,此时二次枝的侧芽刚刚萌发。另外的一个判断标志是新梢的黑点期。在以上时期剪取插条生根率可达 80%~100%,过了此期则插条生根率大大下降。

在新梢停止生长前约 1 个月剪取未停止生长的春梢进行扦插,不但生根率高,而且比夏季插条多 1 个月的生长时间,一般至6 月末即已生根。用未停止生长的春梢扦插,新梢上尚未形成花芽原始体,翌年不能开花,有利于苗木质量的提高。而夏季停止生长时剪取插条,花芽原始体已经形成,往往造成翌年开花,不利于苗木生长。

插条剪取后立即放入清水中,避免捆绑、挤压、揉搓。

2. **插条准备** 插条长度因品种而异,一般留 4~6 片叶。插条充足时可留长些,如果插条不足可以采用单芽或双芽繁殖,但以双芽较为适宜,可提高生根率。扦插时为了减少水分蒸发,可以去掉插条下部 1~2 片叶。枝条下部插入基质,枝段上部的叶片去掉,有利于扦插操作。但去叶过多影响生根率和生根后苗木发育。

同一新梢不同部位作为插条其生根率不同,基部作插条生根率比中上部低。

3. **促进生根物质的应用** 越橘绿枝扦插时用药剂处理可大大提高生根率。常用的药剂有萘乙酸(500~1 000 毫升/升)、吲哚丁酸(2 000~3 000 毫升/升)、生根粉(1 000 毫升/升),采用速蘸处理,可有效促进生根。

4. **扦插基质** 我国越橘育苗中最理想的基质为腐苔藓。腐苔藓作为扦插基质有很多优点:疏松,通气好,营养比较全,而且为酸性,作为扦插基质时可抑制大部分真菌,扦插生根后根系发育好,苗木生长快。另外,土壤中的菌根真菌对生根和苗木生长也有益处。

5. **苗床的准备**　苗床设在温室或塑料大棚内。在地上平铺基质厚 15 厘米、宽 1 米的苗床,苗床两边用木板或砖挡住,也可用穴盘。扦插前将基质浇透水。

在温室或大棚内最好装置全封闭弥雾设备,如果没有弥雾设备,则需在苗床上扣高 0.5 米的小拱棚,以确保空气湿度。

如果有全日光弥雾装置,绿枝扦插育苗可直接在田间进行。

6. **扦插及插后管理**　苗床及插条准备好后,将插条速蘸生根药剂后垂直插入基质中,间距以 5 厘米×5 厘米为宜,扦插深度为 2~3 个节位。

插后管理的关键是温度和湿度控制。最理想的是利用自动喷雾装置,利用弥雾调节湿度和温度。温度应控制在 22℃~27℃,最佳温度为 24℃。

如果是在棚内设置小拱棚,需人工控制温度。为了避免小拱棚内温度过高,需要遮荫,中午打开小拱棚通风降温,避免温度过高降低成活率。生根后撤去小拱棚,此时浇水次数也应适当减少。

及时检查苗木是否有真菌侵染,拔除腐烂苗,并喷 600 倍多菌灵液杀菌,控制真菌扩散。

7. **促进绿枝扦插苗生长技术**　扦插苗生根后(一般 6~8 周)开始施肥,施入完全肥料,以液态浇入苗床,浓度为 3%~5%,每周施 1 次。

绿枝扦插一般在 6~7 月份进行,生根后到入冬前只有 1~2 个月的生长时间。入冬前,在苗木尚未停止生长时给温室加温以促进生长。温室内的温度白天控制在 24℃,晚上不低于 16℃。

8. **移栽**　当年生长快的品种可于 7 月末将幼苗移栽到营养钵中。营养土按马粪、草炭、园田土体积比 1∶1∶1 配制,并加入硫磺粉 1 000 克/米^3。

9.休眠与越冬 越冬苗需入窖贮存,贮存期间注意保湿、防鼠。

(三)组织培养 该育苗方法已在越橘上获得成功。应用组培方法繁殖速度快,适宜于优良品种的快速扩繁。

1.田间取材 生长季节选择生长健壮的半木质化的新梢。最好将用于外植体取材的苗木盆栽于日光温室中,每年的 3~5 月份取材。

2.接种 将材料适当分割,在超净工作台上用 0.1％升汞灭菌 6~10 分钟后,用无菌水冲洗 5 次,接入到培养基中。

3.诱导培养 用改良的 WPM 培养基,温度 20℃~30℃,光照 12 小时,30 天后可长出新枝。

4.继代培养 对已建立的无菌培养物进行继代培养,每 40~50 天继代 1 代,以达到育苗数量上的要求。要求温度 20℃~30℃,光照 2 000~3 000 勒克斯,12~16 小时。

5.炼苗 将准备移栽的瓶苗放在强光下,并逐渐打开瓶口,使之适应外界条件。一般需 7~15 天。

6.移栽 将苗从瓶中取出,去掉基部的培养基,然后在大棚内插到苗盘上。正常情况下,1 个月后即可成活。

(四)其他育苗方法

1.根插 适用于矮丛越橘。于春季萌芽前挖取根状茎,剪成5 厘米长的根段。育苗床或盘中先铺一层基质,然后平摆根段,间距 5 厘米,然后再铺一层厚 2~3 厘米的基质。根状茎上不定芽萌发后即可成为幼苗。

2.分株 适用于矮丛越橘。许多矮丛越橘品种如美登、斯卫克的根状茎每年可从母株向外行走 18 厘米以上。根状茎上的不定芽萌发出枝条后长出地面,将其与母株切断即可成为新苗。

3.种子繁殖 常用于育种。对某些保守性的品种如矮丛越橘品种,当苗木不足时可采用种子繁殖。采种要采完全成熟的果实。采种后可立即在田间播种,也可贮存在-23℃低温下完成后熟后再播种,采用变温处理(1℃低温 4 天,21℃高温 4 天)32 天后可有效提高萌芽率。用 100 毫克/升的赤霉素处理也可打破种子休眠。

4. 嫁接 嫁接繁殖常用于高丛越橘和兔眼越橘,方法主要是芽接。嫁接的时期为木栓形成层活动旺盛、树皮容易剥离时期。其方法与其他果树芽接基本一致。

利用兔眼越橘作砧木嫁接高丛越橘,可在不适于高丛越橘生长的土壤上(如山地、pH 值较高土壤)栽培高丛越橘。

二、苗木抚育和出圃

(一)苗木抚育 经硬枝或绿枝扦插的生根苗,于翌年春栽植在营养钵内。营养钵可以是草炭钵、黏土钵和塑料钵,但以草炭钵最好,苗木生长高度和分枝数量都高。营养钵大小要适当,一般直径以 12~15 厘米较好。营养钵内基质用草炭(或腐苔藓)与河沙(或珍珠岩)按体积比 1:1 混合配制。苗木抚育 1 年后再定植。

翌年苗圃管理以培育大苗、壮苗为目的,注意以下环节:①经常灌水,保持土壤湿润;②适当追施氮磷钾复合肥,促进苗木生长健壮;③及时除草;④注意防治红蜘蛛、蚜虫以及其他食叶害虫;⑤ 8 月下旬以后控制肥水,促进枝条成熟。

(二)苗木出圃 10 月下旬以后将苗木起出、分级,注意防止品种混杂,保护好根系。

三、果园的建立

(一)园地选择及评价 栽培越橘园选择土壤类型的标准是:坡度不超过 10%;土壤 pH 值 4.0~5.5,最好是 4.3~4.8;土壤有机质含量 8%~12%,至少不低于 5%;土壤疏松,排水性能好,土壤湿润但不积水,如果当地年降水量少时,需要有充足的水源。

上述土壤条件在自然条件下选择时可从植物分布群落进行判断,具有野生越橘分布或杜鹃花科植物分布的土壤是典型的越橘栽培土壤类型。如果没有指示植物判断则需进行土壤测试。园地选择时需注意的是要选择新开荒地,种植过其他作物的土壤栽培越橘往往引起生长衰弱,甚至死亡。

(二)气候条件的选择 气候条件本着适地适栽的原则,栽植适应当地气候的种类和品种。北方寒冷地区栽培越橘时主要考虑抗寒性和霜害两个因素。冬季少雪、风大干旱地区不适宜发展越橘,即使在长白山区冬季雪大地区也应考虑选择小气候条件好的地区栽培,晚霜频繁地区,如四面环山的山谷栽培越橘时容易遭受花期霜害,尽量不选。

(三)园地准备 园地选择好后,在定植前一年深翻并结合压绿肥,如果杂草较多,可提前一年喷除草剂。土壤翻耕深度以20～25厘米为宜,深翻熟化后平整土地,清除杂物。在水湿地潜育土类土壤上,应首先清林,包括乔木及小灌木等,然后才能深翻。

在草甸沼泽地和水湿地潜育土壤上,应设置排水沟,整好地后修台田,台面高25～30厘米、宽1米,在台面中间定植1行。

如果土壤 pH 值较高,需要施硫磺粉调节,应在定植前一年结合深翻和整地同时进行。越橘定植后生长寿命可达 100 年,所以定植前一定要做好整地工作。

(四)苗木定植

1. 定植时期 春季和秋季定植均可,以秋季定植成活率高,若在春季定植,越早越好。

2. 挖定植穴 定植前挖好定植穴。定植穴大小因种类而异,兔眼越橘应大些,一般 1.3 米×1.3 米×0.5 米;半高丛越橘和矮丛越橘可适当缩小。定植穴挖好后,将园土与有机物混匀后回填。定植前进行土壤测试,如缺少某些元素如磷、钾,则与肥料一同施入。

3. 株行距　兔眼越橘常用株行距为 2 米×4 米,至少不少于 1.5 米×3 米;高丛越橘株行距为 0.6～1.5 米×3 米;半高丛越橘常用 1.2 米×2 米;矮丛越橘采用 0.5～1 米×1 米。我国越橘生产中采用的种植密度和每公顷苗木数量见表 1-2。

表 1-2　我国越橘生产中采用的种植密度和每公顷苗木数量

兔眼越橘		高丛越橘		半高丛越橘		矮丛越橘	
株行距/米	每公顷株数	株行距/米	每公顷株数	株行距/米	每公顷株数	株行距/米	每公顷株数
1.2×3.0	2777	1.0×2.0	5000	1.0×2.0	5000	0.5×2.0	10000
1.5×3.0	2222	1.0×2.5	4000	1.0×2.5	4000	0.5×1.5	13333
		0.8×2.5	5000	0.6×2.5	4166		

4. 授粉树配置　高丛越橘、兔眼越橘需要配置授粉树,即使是自花结实的品种,配置授粉树后可以提高坐果率,增加单果重,提高产量和品质。矮丛越橘品种一般可以单品种建园。授粉树配置方式可采用 1∶1 式或 2∶1 式。1∶1 式即主栽品种与授粉品种每隔 1 行或 2 行等量栽植。2∶1 式即主栽品种每隔 2 行定植 1 行授粉树。

5. 定植　定植的苗木最好是生根后抚育 2～3 年的大苗。1 年生苗木也可定植,但成活率低,定植后需要精细管理。定植时将苗木从营养钵中取出,在定植穴上挖 20 厘米×20 厘米小坑,填入一些酸性草炭,然后将苗栽入,栽植深度以覆盖原来苗木土坨 3 厘米为宜。埋土后轻轻踏实,有条件时要浇透水。

四、蔓越橘园的建立

蔓越橘的形态及生长习性较特殊,栽培技术与其他果树差异较大,故建园特点较多。

(一)园地选择

1. **土壤酸度** 蔓越橘适宜的 pH 值为 4.5～5.0,强酸性沙壤土有利于生长,并且抑制杂草的生长。因此园地宜选择未开垦的泥炭土、强酸性沼泽地。

2. **面积** 蔓越橘园宜建大园,园地过小不能有效地利用机械,经济效益低。经营获利的果园其种植面积通常都在 20 公顷以上。

3. **排灌条件** 建园地点要有足够的水源,用于防霜、灌溉和采收。要有一定的坡度,以便迅速排水。

4. **其他条件** 粗沙供应方便,以用于建园和管理。冷空气能从园内顺利排出。

(二)施工建园

1. **分区** 把蔓越橘园划分成便于管理的小区。小区形状最好是长方形,各小区通常应是平行的,相邻小区之间可以略有些高度差异,每个小区大小 1～2 公顷、长宽不超过 150～300 米为宜。小区过小不利于机械化作业,过大则在发生霜冻时不能很快灌水,排水也较困难。小区四周要设计沟渠、道路。

2. **整地** 蔓越橘园的整地,最关键的是要求小区土地平整,这涉及灌溉、防霜、采收等一系列管理措施。平整小区清除出来的杂物堆积在小区地头,形成稍高的堤埂,修整小区间路。在已经平整过的小区表面最好铺 3～10 厘米的沙。沙层有助于减少杂草滋生。

3. **栽植** 蔓越橘是自花结实植物,可以大面积单品种建园。新园可从老园收割蔓越橘枝蔓扦插。将枝蔓散装或捆束包装,并注意保湿。从杂草多的小区收集枝蔓时有可能把杂草带入新栽植区,应注意避免。最好在春季开始生长时栽植。将枝蔓切成15～20 厘米长,分散到已灌透水的小区地表。每公顷大约分布

2.5 吨枝蔓。用宽轨牵引拖拉机带圆盘耙走过插条,将插条压入土中与土壤密接。

小面积栽植或栽植一些珍贵的栽植材料,常用手工操作。栽植距离为 40 厘米×40 厘米。每个栽植点栽 4～6 个插条。用手铲挖坑,坑深 10 厘米,插入插条并埋起来。

第六节　栽培管理

一、土壤管理

越橘根系分布较浅,而且纤细,没有根毛,因此要求土壤疏松、多孔、通气良好。土壤管理的主要目标是创造适宜根系发育的良好土壤条件。

(一)果园管理制度

1. 清耕　在沙土上栽培高丛越橘采用清耕法进行土壤管理。清耕可有效控制杂草与树体之间的养分竞争,促进树体发育,尤其是在幼树期,清耕尤为必要。

清耕的深度以 5～10 厘米为宜。越橘根系分布较浅,过分深耕不仅没有必要,而且还易造成根系伤害。清耕的时间从早春到 8 月份都可进行,入秋后不宜清耕,对越橘越冬不利。

2. 台田　地势低洼、积水、排水不良的土壤(如草甸、沼泽地、水湿地)栽培越橘时需要修台田。台面通气状况得到改善,而台沟则用于积水,这样既可以保证土壤水分供应,又可避免积水造成根系发育不良。但是,台面耕作、除草无法机械操作,需人工完成。

3. 生草法　生草法在越橘栽培中也有应用,主要是行间生草,行内用除草剂控制杂草。生草法可获得与清耕法一样的产量。

与清耕法相比,生草法具有明显保持土壤湿度的功能,适用于干旱土壤和黏重土壤。采用生草法,杂草每年腐烂积累于地表,形成一层覆盖物。生草法的另一个优点是利于果园工作和机械行走,缺点是不利于控制越橘僵果病。

4. 土壤覆盖　越橘种植要求酸性土壤和较低的地势,当土壤干旱、pH 值高、有机质含量不足时,就必须采取措施调节上层土壤的水分、pH 值等。除了向土壤掺入有机物外,生产上广泛应用的是土壤覆盖技术。土壤覆盖的主要功能是增加土壤有机质含量、改善土壤结构、调节土壤温度、保持土壤湿度、降低土壤 pH 值、控制杂草等。矮丛越橘土壤覆盖 5～10 厘米厚的锯末,在 3 年内产量可提高 30%、单果重增加 50%。土壤覆盖可以明显提高越橘树体的抗寒能力,这一点在东北地区越橘栽培中具有重要意义。从提高抗寒力角度看,土壤覆盖使用锯末和草炭效果较好。

土壤覆盖物应用最多的是锯末,尤以容易腐解的软木锯末为佳。用腐解好的烂锯末比未腐解的新锯末效果好且发挥效力迅速,腐解的锯末可以很快降低土壤 pH 值。土壤覆盖如果结合土壤改良掺入草炭效果会更加明显。

覆盖锯末在苗木定植后即可进行,将锯末均匀覆盖在床面,宽度 1 米、厚度 10～15 厘米,以后每年再覆盖 2.5 厘米厚以保持原有厚度。如果应用未腐解的新锯末,需增施 50% 的氮肥。已腐解好的锯末,氮肥用量应减少。

除了锯末之外,树皮或烂树皮作土壤覆盖物可获得与锯末同样的效果。其他有机物如稻草、树叶也可作土壤覆盖物,但效果不如锯末。

5. 覆地膜　地面覆盖黑塑料膜可以防止土壤水分蒸发、控制杂草、提高地温。如果覆盖锯末与黑地膜同时进行效果会更好。但如果覆盖黑色地膜时同时施肥,会引起树体灼伤。所以在生产上首先施用完全肥料,待肥料经过 2 年分解后,再覆盖黑色塑料膜。

应用黑色塑料膜覆盖的缺点是不能施肥,灌水不便,而且每隔 2～3 年需重新覆盖并清除田间碎片。所以黑色塑料膜覆盖最好是在有滴灌设施的果园应用,尤其适用于幼年果园。

（二）土壤改良技术　如果选择栽植越橘的土壤 pH 值过高或过低、偏黏、有机质含量过低，在定植以前应对土壤结构、理化性状等做出综合评价，有针对性地进行改良，以利于越橘生长。

1. 土壤 pH 值过高的调节　土壤 pH 值是限制越橘栽培范围扩大的主要因素。土壤 pH 值过高常造成越橘缺铁失绿，生长不良，产量降低，甚至植株死亡，这类土壤必须进行改良。当土壤 pH 值大于 5.5 时，就需要采取措施降低土壤 pH 值。最常用的方法是土壤施硫磺粉或硫酸铝。施硫磺粉后 1 个月土壤 pH 值迅速降低，翌年仍可保持较低的水平。在定植前一年结合整地将硫磺粉均匀撒入地中，深翻混匀。硫磺粉要全园施用，不要只施在定植带上。表 1-3 是每 100 米^2 沙土或壤土使用硫磺粉降低土壤 pH 值时的用量，在 100 米^2 pH 值 4.5 以上的沙土 pH 值每降低 0.1 需施硫磺粉 0.367 千克，壤土则需 1.222 千克。硫酸铝的使用量是硫磺粉的 6 倍。此外，土壤覆盖锯末、松树皮，施用酸性肥料以及施用粗鞣酸等均有降低土壤 pH 值的作用。

2. 土壤 pH 值过低的调节　当土壤 pH 值低于 4.0 时，由于重金属元素供应过量，会造成重金属中毒，使越橘生长不良，甚至死亡。此时需要采取措施增加土壤 pH 值，最常用且有效的方法是施用石灰。石灰的施用也应在定植前一年进行。施用量根据土壤类型及 pH 值而定。

3. 改善土壤结构及增加有机质　当土壤有机质含量小于 5%时及土壤黏重板结时，需要掺入有机物料或河沙等。掺入河沙虽然能改善土壤结构，疏松土壤，但不能降低土壤 pH 值，而且使土壤肥力下降，因此最好是掺入有机物料。最理想的有机物料是腐苔藓和草炭，掺入后不仅增加土壤有机质，而且还具有降低 pH 值的作用。此外烂树皮、锯末及有机肥也可作为改善土壤结构掺入物。应用烂树皮和锯末时以松科材料为佳，并且配以硫磺粉混合施用。

表1-3 调节土壤 pH 值每 100 米² 的硫磺粉用量 (单位:千克)

土壤 pH 值	调节后 pH 值															
	4.00		4.50		5.00		5.50		6.00		6.50		7.00		7.50	
	沙土	壤土	沙土	壤土	沙土	壤土	沙土	壤土	沙土	壤土	沙土	壤土	沙土	壤土	沙土	壤土
4.00	0.00	0.00														
4.50	1.95	5.86	0.00	0.00												
5.00	3.91	11.73	1.95	5.86	0.00	0.00										
5.50	5.86	17.10	3.91	11.73	1.95	5.86	0.00	0.00								
6.00	7.33	22.48	5.86	17.10	3.91	11.73	1.95	5.86	0.00	0.00						
6.50	9.29	28.34	7.33	22.48	5.86	17.10	3.91	11.73	1.95	5.86	0.00	0.00				
7.00	11.24	33.71	9.29	28.34	7.33	22.48	5.86	17.10	3.91	11.73	1.95	5.86	0.00	0.00		
7.50	13.19	39.09	11.24	33.71	9.29	28.34	7.33	22.48	5.86	17.10	3.91	11.73	1.95	5.86	0.00	0.00

(引自 Paul,Eck,Blueberry culture)

土壤中掺入有机物可在定植时结合挖定植穴进行,一般按园土与有机物1:1(体积比)混匀填入定植穴。土壤掺入有机物料可以改善土壤理化性质,增加土壤缓冲能力,避免土壤温度剧变,降低 pH 值,增加有机质含量,改善土壤结构,有利于菌根真菌发育,从而提高产量和果实品质。土壤掺入有机物料在越橘栽培中已是一种常规措施。

二、施 肥

(一)越橘的营养特点 越橘属典型的嫌钙植物,它对钙有迅速吸收与积累的能力,当在钙质土壤栽培时,由于钙吸收多,往往导致缺铁失绿。从整个树体营养水平分析,越橘为寡营养植物,与其他果树相比,树体内氮、磷、钾、钙、镁含量很低。由于这一特点,过多施肥往往导致肥料过量而引起树体伤害。越橘喜铵态氮,对土壤中铵态氮的吸收能力强于硝态氮。

(二)土壤施肥反应

1. **氮肥** 越橘对施氮肥的反应因土壤类型及土壤肥力而异。当土壤肥力较高时,施氮肥对越橘增产无效,且有害,施氮量过多时甚至造成植株死亡。但这并不意味着在任何情况下都不施氮肥。在以下几种情况下越橘需要增施氮肥:①土壤肥力差、有机质含量较低时;②利用矿质土壤栽培时;③栽培越橘多年土壤肥力下降时;④土壤 pH 值较高(>5.5)时。

2. **磷肥** 水湿地潜育土类型的土壤往往缺磷,增施磷肥效果显著。但当土壤中磷含量较高时,增施磷肥不仅不能提高产量反而延迟果实成熟。一般当土壤中含速效磷低于 6 毫克/千克时,就需增施磷肥(五氧化二磷)15～45 千克/公顷。

3. **钾肥** 钾肥对越橘增产效果显著,增施钾肥不仅可以提高越橘产量而且提早成熟、提高品质、增强抗寒性。但钾肥过量不仅对增产没有作用,反而会使果实变小、冻害加重、导致缺镁症等。

(三)施肥的种类、方式、时期及施肥量

1. **施肥种类** 越橘施用完全肥料比单纯肥料效果要好得多，其产量可提高40%。对于越橘而言，铵态氮容易吸收，而硝态氮不仅不易吸收，还对生长产生不良影响。建议使用硫酸铵，土壤施入硫酸铵不仅供应越橘铵态氮，而且具有降低土壤pH值的作用，在pH值较高的矿质土壤和钙质土壤上尤其适用。

2. **施肥方式与时期** 越橘施肥以撒施为主，高丛越橘和兔眼越橘可采用沟施，但深度要适宜，一般10～15厘米。土壤施肥的时期一般是早春萌芽前。

越橘施肥分2次以上施入比一次性施入能明显增加产量和单果重。一般分为2次，萌芽前施入总量的1/2，萌芽后再施入1/2，2次间隔4～6周。

3. **施肥量** 越橘对施肥反应敏感，过量施肥容易抑制生长，造成减产，甚至植株死亡。因此，施肥时必须慎重，不能凭经验确定施肥量，而要视土壤肥力及树体营养状况来确定。

越橘施肥的氮（N）、磷（P_2O_5）、钾（K_2O）比例大多数趋向于1：1：1。有机质含量较高的土壤氮肥用量应减少，可采用1：2：3或1：3：4的比例。而矿质土壤中磷、钾含量高，氮、磷、钾比例以1：1：1为宜，或者采用2：1：1。

三、水分管理

（一）灌水的时间及判断方法 必须在植株出现萎蔫以前进行灌水。不同的土壤类型对水分要求不同，沙土持水力差，易干旱，需经常检查并灌水；有机质含量高的土壤持水力强，灌水可适当减少，但黑色的腐殖土有时看起来似乎是湿润的，实际上已经干旱，易引起判断失误，需要特别注意。

越橘园是否需要灌水可根据经验判断，用铲取一定深度土样，放入手中挤压，如果土壤出水证明水分合适，如果挤压不出水，则说明已经干旱;取样的土壤中的土球如果挤压容易破碎,说明已经干旱。根据生长季内每月的降水量与越橘生长所需降水也可做出粗略判断,当降雨量较正常降雨量低 2.5～5 毫米时,即可能引起越橘干旱,需要灌水。

越橘主产区或野生分布区主要位于具有地下栖留水的有机质上。这样的土壤地下水位必须达到足够的高度以使上层有机质层有足够的土壤湿度。要达到既能在雨季排水良好又能满足上层土壤湿度,土壤的栖留水水位应在 45～60 厘米。在越橘果园中心地带应设置一个永久性的观测井,用以监视土壤水位。

比较准确的方法是测定土壤含水量或土壤湿度,也可测定土壤电导率或电阻进行判断。

(二)水源和水质　比较理想的水源是地表池塘水或水库水。深井水往往 pH 值过高,而且钠和钙离子含量高,长期使用会影响越橘生长和产量。

(三)灌水方式

1. 喷灌　固定或移动的喷灌系统是越橘园常用灌溉设备。喷灌的特点是可以预防或减轻霜害。在新建果园中,新植苗木尚未发育,吸收能力差,最适采用喷灌方法。在美国越橘大面积产区,常采用高压喷枪进行喷灌。

2. 滴灌和微喷灌　滴灌和微喷灌方法近年来应用越来越多。这两种灌水方式投资中等,但供水时间长、水分利用率高。水分直接供给每一树体,流失、蒸发少,供水均匀一致,而且一经开通可在生长季长期供应。滴灌和微喷灌所需的机械动力小,很适应于小面积栽培或庭院栽培使用。与其他方法相比,滴灌和微喷灌能更好地保持土壤湿度,不致出现干旱或水分供应过量情况,因此与其他灌水方法相比越橘产量及单果重明显增加。

利用滴灌和微喷灌时需注意两个问题,一是滴头或喷头应在树体两面都有,确保整个根系都能获得水分,如果只在一面滴水则会使树冠及根系发育两边不一致,从而影响产量。二是水需净化处理,避免堵塞。

四、修　剪

修剪的目的是调节生殖生长与营养生长的矛盾,解决树体通风透光问题。修剪要掌握的总的原则是达到最好而不是最高的产量,防止过量结果。越橘修剪后往往造成产量降低,但单果重增大、果实品质提高、成熟期提早、商品价值增加。修剪时应防止过重,以保证一定的产量。修剪程度应以果实的用途来确定:如果加工用,果实大小均可,修剪宜轻,提高产量;如果是鲜果销售,修剪宜重,提高商品价值。

越橘修剪的主要方法有平茬、疏剪、剪花芽、疏花、疏果等,不同的修剪方法其效果不同。究竟采用哪一种方法应视树龄、枝条多少、花芽量等而定。在修剪过程中各种方法应配合使用,以便达到最佳的修剪效果。

(一)高丛越橘修剪

1. **幼树修剪**　幼树定植后 1～2 年就有花芽,但若开花结果会抑制营养生长。幼树期是构建树体营养面积时期,栽培管理的重点是促进根系发育、扩大树冠、增加枝量,因此幼树修剪以去花芽为主。定植后第二年、第三年春,疏除弱小枝条,第三年、第四年应以扩大树冠为主,但可适量结果,一般第三年株产应控制在 1 千克以下(图 1-2)。

2. **成年树修剪**　进入成年以后,植株树冠比较高大,内膛易郁闭。此时修剪主要是控制树高,改善光照条件。修剪以疏枝为主,疏除过密枝、细弱枝、病虫枝以及根系产生的分蘖(图 1-3)。

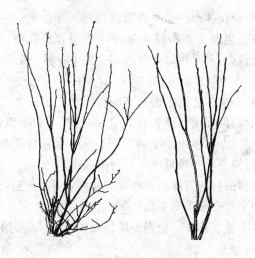

图 1-2 高丛越橘二年生树的修剪方法

（引自 Paul Eck. Blueberry Science）

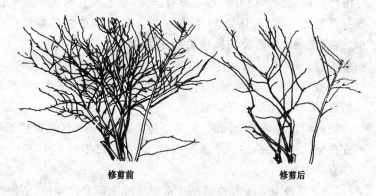

修剪前   修剪后

图 1-3 高丛越橘结果树的修剪方法

（引自 Cough,1994）

生长势较开张树疏枝时去弱枝留强枝,直立品种去中心干、开天窗,并留中庸枝。大的结果枝最佳的结果年龄为 5~6 年,超过此年限要回缩更新。弱小枝可采用抹花芽方法修剪,使其转壮。成年树花芽量大,常采用剪花芽的方法去掉一部分花芽,一般每个壮枝剪留 2~3 个花芽。

3. 老树更新 植株定植约 25 年后,地上部衰老。此时可全树更新,即紧贴地面用圆盘锯将其全部锯掉,一般不留桩,若留桩时,最高不超过 2.5 厘米。全树更新后从基部萌芽新枝。更新当年不结果,但第三年产量可比未更新树提高 5 倍。

兔眼越橘的修剪与高丛越橘基本相同,但要注意控制树高,树冠过高不利于管理及果实采收。

(二)矮丛越橘修剪 原则是维持壮树、壮枝结果,主要有平茬和烧剪 2 种。

1. 烧剪 即在休眠期将植株地上部全部烧掉,使地下茎萌发新枝,当年形成花芽,翌年结果,以后每 2 年烧剪 1 次,这样可以始终维持壮树结果。烧剪后当年没有产量,但翌年产量比未烧剪的产量可提高 1 倍,而且果个大、品质好。另外烧剪之后新梢分枝少,适宜于采收器采收和机械采收,提高采收效率,还可消灭杂草、病虫害等。

烧剪宜在早春萌芽前进行。烧剪时田间可撒秸秆、树叶、稻草等助燃,国外常用油或气烧剪。

烧剪时需注意 2 个问题:一是要防止火灾,在林区栽培越橘时不宜采用此法;二是将一个果园划分为 2 片,每年烧 1 片,保证每年都有产量。

2. 平茬修剪 平茬修剪是从基部将地上部全部锯掉,原理同烧剪。关键是留桩高度,留桩高对生长结果不利,所以平茬时应紧贴地面进行。平茬修剪后地上部留在果园内,可起到土壤覆盖作用,而且腐烂分解后可提高土壤有机质含量,改善土壤结构,有利于根系和根状茎生长。

平茬修剪时间为早春萌芽前。平茬修剪的关键是要有合适的工具。我国江苏泰州市林业机械厂生产的背负式割灌机具有体积小、重量轻、操作简便、效率高等特点,很适合用于矮丛越橘的平茬修剪。

五、遮　荫

与其他果树相比,越橘的光饱和点较低,强光对越橘生长和结果有抑制作用。我国北方地区为大陆性气候,每年春夏季节的晴天光照强烈,越橘叶片易发生枯萎、甚至焦枯。因此,在地势开阔、光照较强的地区,宜采用遮荫的方式栽培。

遮阳网一般设在树行的正上方,另外一种是设在行间的正上方(使树体接受更多的光照)。设置遮阳网的作用主要有:①延迟成熟。这是遮阳网(开花期设置)最重要的一项作用,一般可使果实成熟期延迟 7 天以上,尤其对于晚熟品种来讲,可延长鲜果供应期。②分散成熟。遮阳网可使果实成熟过程延缓,同一树体和果穗上的果实成熟分散,有利于分期分批采收。③增强树体生长势,增大果个,增加果实硬度,提高果实的耐贮运能力。④具有防霜功能。

六、除　草

越橘园除草是果园管理中的重要环节,除草果园比不除草果园产量可提高 1 倍以上。人工除草费用高,土壤耕作又容易伤害根系和树体,因此,化学除草在越橘栽培中广泛应用。尤其是矮丛越橘,果园形成后由于根状茎窜生行走,整个果园连成一片,无法进行人工除草,必须使用除草剂。

但越橘园中应用化学除草剂有许多问题,一是土壤中含量过高的有机质可以钝化除草剂;二是过分湿润的土壤除草剂使用的时间不能确定;三是台田栽培时,台田沟及台面应用除草剂很难控制均匀。尽管如此,在越橘园应用除草剂已较成功。

除草剂的使用应尽可能均匀一致,可以采用人工喷施和机械喷施。喷施时压低喷头喷于地面,尽量避免喷到树体上。迄今为止,尚无一种对越橘无害的有效除草剂。因此,除草剂的使用要规范,新型除草剂要经过试验后方能大面积应用。

七、果园其他管理

(一)越冬防寒 尽管越橘中的矮丛越橘和半高丛越橘抗寒力较强,但在栽培中仍有冻害发生,其中最主要的两种冻害是越冬抽条和花芽冻害。在特殊的年份地上部可能全部冻死,因此在寒冷地区越冬保护也是提高产量的重要措施。

1. 人工堆雪防寒 在北方寒冷地区,冬季雪大而厚,可以利用这一天然优势进行人工堆雪,来确保树体安全越冬。与其他方法如盖树叶、稻草相比,堆雪防寒具有取材方便、省工省时、费用少等特点,而且堆雪后可以保持树体水分充足,使越橘产量比不防寒的大大提高,与盖树叶、稻草相比产量也明显提高。

防寒的效果与堆雪深度密切相关,并非堆雪越深产量越高。因此,人工堆雪防寒时厚度应该适当,一般以覆盖树体的 2/3 为佳。

2. 埋土防寒 在我国东北黑穗醋栗等小浆果栽培中普遍应用埋土防寒方法,这种方法可以有效地保护树体越冬,在越橘栽培中可以使用。但越橘的枝条比较硬,容易折断,因此在定植时应采用斜植方法,以利于埋土防寒。

3. 其他防寒方法 树体覆盖稻草、树叶、塑料地膜、麻袋片、稻草编织袋等都可起到越冬保护的作用。

(二)鼠害及鸟害的预防 树体越冬时,有时易遭受鼠害,尤其是土壤覆盖秸秆、稻草时,更易遭受鼠害,如田鼠啃树皮,使树体受伤害甚至死亡。因此,入冬前田间应撒鼠药,根据鼠害发生的程度与频度来确定田间鼠药施用量。

越橘成熟时果实蓝紫色，对一些鸟特别有吸引力，常常招鸟食果。据调查，鸟害可造成 10%～15% 的产量损失。比较简易的防治方法是在田间立稻草人。如果栽培面积较小，如庭院栽培，可将整个果园用尼龙网罩起来。美国越橘生产园中设置电子发声器，定时发出鸟临死前的惨叫声，可吓跑鸟群。

（三）昆虫辅助授粉及生长调节剂的应用

1. 昆虫辅助授粉　越橘花器的结构特点使其靠风传播花粉比较困难，授粉主要靠昆虫来完成。为越橘授粉的昆虫主要有 2 种：蜜蜂和大黄蜂。有些品种的花冠深，蜜蜂不能采粉，主要依靠大黄蜂授粉。正是由于这一点，越橘栽培中保护蜜蜂和大黄蜂显得很必要，在授粉期应尽可能避免使用杀虫剂。有条件的果园可以进行人工放蜂，以提高坐果率。

2. 生长调节剂的应用　在开花期应用赤霉素和生长素都有促进坐果的作用，在越橘上应用比较成功的是赤霉素。在盛花期喷施 20 毫克/升的赤霉素溶液，可提高越橘坐果率，并产生无种子果实，果实成熟期也提前。在美国已生产出越橘专用赤霉素药剂。

第七节　果实采收与采后处理

一、果实采收

（一）矮丛越橘采收　矮丛越橘果实成熟比较一致，先成熟的果实一般不脱落，可以等果实全部成熟时再采收。在我国长白山区，果实成熟的时间在 7 月中下旬。矮丛越橘果实较小，人工手采比较困难，使用最多而且快捷方便的是梳齿状人工采收器。采收器一般宽 20～40 厘米、齿长 25 厘米，有 40 个梳齿。使用时，沿地面插入株丛，然后向前上方捋起，将果实采下。果实采收后，清除枝叶或石块等杂物,装入容器。

(二)高丛越橘采收　高丛越橘同一树种、同一株树、同一果穗的果实成熟期都不一致,一般采收持续3～4周,所以要分批采收,一般每隔1周采果1次。果实作为鲜食销售时要人工手采。采收后放入塑料食品盒中,再放入浅盘中,运到市场销售,应尽量避免挤压、暴晒、风吹雨淋等。人工手采时可以根据果实大小、成熟度直接分级。

果实要适时采收,不能过早。采收过早果实小、风味差,影响品质。但也不能过晚,尤其是鲜果远销,过晚采收会降低耐贮运性能。越橘果实成熟时正是盛夏,注意不要在雨中或雨后马上采收,以免造成霉烂。

(三)机械采收　由于劳动力资源缺乏,机械采收在越橘生产中越来越受到重视。机械采收的主要原理是振动落果。一台包括振动器、果实接收器及传送带装置的大型机械采收器每小时可采收0.5公顷以上面积,相当于160个人的工作量。但机械采收存在几个问题:一是产量损失。据估计,机械采收大约比人工采收损失30%的产量。二是机械采收的果实必须经过分级包装程序。三是前期投资较大。在我国以农户小面积分散经营时不宜采用,但大面积、集约式栽培时应考虑采用机械化采收。

二、果实采后处理

(一)果实分级　果实采收后,经过初级机械分级后仍含有石块、叶片以及未成熟、挤伤、压伤的果实,需要进一步分级。果实采收后根据其成熟度、大小等进行分级。高丛越橘分级的标准是浆果pH值3.25～4.25,可溶性糖小于10%,总酸0.3%～1.3%,糖/酸比10～33,硬度足以抵抗170～180转/秒的振动,果实直径大于1厘米,颜色达到固有蓝色(果实中色素含量大于0.5%时为过分成熟)。实际操作中,主要依据果实硬度、密度及折光度进行分级。

根据密度分级是最常用的方法。一种方式是用气流分离。越橘果实通过气流时,小枝、叶片、灰尘等密度小的物体被吹走而成熟果实及密度较大的物体留下来进行再分级,进一步的分级一般由人工完成。另一种方式是采用水流分级。水流分级效果较好,但缺点是果粉损失影响外观品质。

（二）包装 传统的越橘果实包装是用纸板盒,每 12 个盒装入浅盘中运输。但这种纸盒包装容易引起果实失水萎蔫。后来改进为用蜡封纸盒,并在上部及两侧打小孔,以利于通风。近几年改用无毒塑料盒。越橘鲜果包装以 120 克左右 1 盒比较适宜。

（三）果实贮存

1. 低温贮存 越橘鲜果需要在 10 ℃以下低温贮存,即使在运输过程中也要保持 10 ℃以下温度。果实采摘后必须经过预冷,贮运过程中才能有效防止腐烂。预冷的方式主要有真空冷却、冷水冷却、冷风冷却。

2. 冷冻保存 果实采收分级包装后可加工成速冻果贮存。速冻果不易腐烂,贮存期长,但生食风味略偏酸。

加工冷冻果是浆果类果实利用的一个趋势,黑莓、树莓、草莓等均可加工冷冻果。但以上三类浆果冷冻时容易出现变色、破裂等现象,而越橘果实质地较硬,冷冻后无此现象。

冷冻的温度要求－20℃以下,每袋 10 千克或 13.5 千克（聚乙烯袋装）装箱。运输过程中也要求冷冻。

第二章 草 莓

第一节 概 述

一、栽培意义

（一）经济价值　草莓在全世界各种浆果果树中栽培面积和产量仅次于葡萄，居第二位。草莓是一年中鲜果上市最早的水果，素有"早春第一果"的美称。露地栽培时，我国从南到北的果实成熟期一般在 1 月下旬至 6 月上旬。草莓鲜果上市之时，正值各种水果淡季，鲜果奇缺。草莓也是果树中栽植后结果最早、周期最短、见效最快的树种，应用设施生产则周期更为缩短。露地、地膜、小拱棚、中拱棚、塑料大棚、日光温室、玻璃温室等多种栽培形式的搭配，可拉开鲜果上市时期，使草莓鲜果供应期延长至半年以上，北方为 11 月至翌年 6 月，南方为 10 月下旬至翌年 5 月，由此取得显著的经济效益，满足市场供应，同时利用成熟时期及价格上的差异远运外销，增加收益。

草莓植株矮小，适合保护地栽培，这一特殊优势使草莓成为近20 年来我国果树业中发展最快的一项新兴产业，是我国许多地区农村经济中典型的致富项目。草莓栽培现已遍及全国各地，北自黑龙江、南至海南、东自江浙、西至新疆均有栽培，在一些地区草莓已成为当地农村经济的支柱产业。河北保定和辽宁丹东是全国最早发展起来的两大草莓基地。目前全国有名的县市级集中产区主要有河北的满城、辽宁的东港、山东的烟台、江苏的句容和连云港、上海的青浦和奉贤、浙江的建德和诸暨、四川的双流等，它们已成为北京、天津、沈阳、大连、南京、上海、杭州、成都等大城市的草莓鲜果供应主产区。

目前露地栽培每 667 米² 产量一般为 500～1 500 千克,高者可以达到 2 500 千克,拱棚栽培产量为 750～2 000 千克。南方塑料大棚栽培丰香品种每 667 米² 产量为 1 000～1 500 千克,北方日光温室栽培全明星品种的产量为 1 500～2 000 千克,栽培红颊品种的产量为 1 500～2 500 千克。单位面积产量与品种、栽培形式、栽培技术、气候条件等因素有关,总体来看我国北方地区高于南方,如栽培相同的品种丰香,北方的日光温室中产量也普遍高于南方的塑料大棚。就产值而言,与市场供求、成熟期、果品质量、投入成本等因素关系很大,各种形式的保护地栽培明显高于纯露地栽培。以 2009 年春季收入为例,南方塑料大棚每 667 米² 产值约为 1.0 万～2.0 万元,北方日光温室每 667 米² 产值约 1.5 万～2.5 万元。近 20 年来草莓栽培效益一直较好、且较平稳。

(二)营养价值 草莓浆果芳香多汁,酸甜适口,营养丰富,素有"浆果皇后"的美称。草莓浆果水分多,约占鲜果重的 90%。在各种常见果树中,草莓的维生素 C 和磷、钙、铁的含量很高,其他营养物质如维生素 B_1、蛋白质、脂肪等含量也较丰富。据中国医学科学院卫生研究所《食物成分表》的数据,100 克草莓鲜果中含水分 90.7 克、碳水化合物 5.7 克、蛋白质 1.0 克、脂肪 0.6 克、粗纤维 1.4 克、磷 41.0 毫克、铁 1.1 毫克、钙 32.0 毫克、维生素 C(抗坏血酸)50～120 毫克、维生素 B_1(硫胺素)0.02 毫克、维生素 B_2(核黄素)0.02 毫克、维生素 A(胡萝卜素)0.01 毫克、尼克酸 0.3 毫克、无机盐 0.6 克。果汁中氨基酸种类丰富,主要是天门冬酰胺(占 70% 以上)、丙氨酸(约占 9%)、谷氨酸(约占 5%)和天门冬氨酸(约占 5%),草莓的香味由一些挥发性物质组成,主要有丁酸甲酯、丁酸乙酯、己酸甲酯、己醛、反-2-己烯醛、莱呋喃、呋喃烯醇以及一些酮类、萜类、硫化物。果实成熟时,这些挥发性物质形成量增加,使草莓果实香气浓郁。草莓的特殊香型深受人们喜爱。

在包括野生草莓在内的众多草莓种质资源中,有一些种、品种、类型、人工杂交后代单株的果实风味极似一些其他水果,有的如哈密瓜、香瓜,有的如凤梨,有的如杏,有的如桃,有的如桑葚,有的具特殊的麝香味等。

草莓不仅可鲜食,而且还可加工成各种产品,如制成草莓酱、草莓酒、草莓汁、草莓蜜饯、草莓罐头、速冻草莓、草莓冻干以及作为雪糕、糖果、饼干等的添加剂、糕点的点缀物等。草莓酱色、香、味俱佳,是国际市场上最畅销的高档果酱之一。草莓汁、草莓汽水等各种草莓饮品都具有芳香浓郁、味道醇美的特点,是深受人们喜爱的生津解渴和防暑降温的佳品。速冻草莓既可化冻后鲜食,又利于加工前的长途运输。

草莓还有较高的医疗和保健价值。现代医学证明,草莓对白血病、贫血症等具有较好的功效,具有抗衰老作用,还对肠胃不适、营养不良、体弱消瘦等病症大有裨益。草莓中含有鞣花酸(ellagic acid),它是一种抗癌物质,能保护人体组织不受致癌物质的伤害。研究表明,在各种果树中,草莓中的鞣花酸含量很高,因此近些年国际上正在加紧对其开发利用。除药用价值外,草莓还是一种天然的美容健身、延年益寿的保健佳品,在国外被誉为"廉价的保健品"。草莓汁可滋润肌肤,减少皮肤皱纹,延缓衰老。在日本,草莓被称为是"活的维生素",认为常吃草莓可以延年益寿、美容健身。

二、世界与我国草莓生产现状

(一)世界草莓生产现状

2007年世界草莓年生产量已超过380万吨,栽培面积超过25万公顷。美国一直是草莓产量最高的国家,2007年产量约为111.5万吨,占世界产量的29.2%,其次是俄罗斯(32.4万吨)、西班牙(26.4万吨)、土耳其(23.9万吨)、韩国(20.0万吨)、日本(19.3万吨)、波兰(16.8万吨)、墨西哥(16.0万吨)、德国(15.3万吨)、埃及(10.4万吨)。2007年世界上草莓栽培面积最大的国家是波兰(5.25万公顷),其次是俄罗斯(3.80万公顷)、美国(2.20万公顷)、德国(1.30万公顷)、乌克兰(1.12万公顷)、土耳其(1.00万公顷)、塞尔维亚(0.78万公顷)、韩国(0.70万公顷)、日本(0.68万公顷)、西班牙(0.67万公顷)、墨西哥(0.50万公顷)等。2007年世界各国草莓单位面积产量最高的国家是美国50.7吨/公顷,其次是摩洛哥40.0吨/公顷,居第三至第五位的分别是西班牙39.4吨/公顷、墨西哥32.0吨/公顷、以色列31.2吨/公顷。

但需要指出的是,由于我国统计及相关工作的落后,上报联合国粮农组织(FAO)的草莓产量和面积数远远小于我国的实际数,甚至不足一个省的栽培面积和产量。据中国园艺学会草莓分会估计,2007年我国的草莓面积已达到8万公顷,超过波兰,居世界第一位,年产量150万吨,超过美国,居世界第一位。本书统计表中数据仍以联合国粮农组织(FAO)统计为准。

世界各大洲中,欧洲草莓产量最多,占全世界的43.4%,其次是北美洲,占30.4%。亚洲产量也较高,占17.4%。非洲(5.8%)、南美洲(2.3%)、大洋洲(0.7%)3个洲总量所占比例不到10%。欧洲的栽培面积占全世界的68.8%,北美洲占13.0%,亚洲占12.3%,非洲占3.2%,南美洲占2.2%,大洋洲占0.4%。因此,从单位面积的产量来看,北美洲最高,远远高于欧洲及其他各洲。

世界各国的草莓生产在发展趋势、栽培面积、栽培形式、栽培品种、销售和加工等方面都有各自的特点。在过去的20年中,西班牙、韩国和美国的草莓产业稳步发展,西班牙在20世纪80年代发展最快,而韩国发展最快的时期是20世纪90年代,日本、意大利和波兰在20世纪70、80年代迅速增加后逐渐下降。

(二)我国草莓生产现状 大果凤梨草莓在20世纪初传入我国,距今约100年的历史。我国草莓生产真正迅速发展始于20世纪80年代。随着改革开放和农村经济体制的改革,草莓生产发展非常迅速,并通过各种渠道从欧美和日本引进一大批优良品种,从中筛选出的全明星(Allstar)、戈雷拉(Gerolla)、宝交早生、丰香等迅速成为主栽品种,栽培面积逐年扩大甚至成倍增加,栽培形式也由原来的单一露地栽培转变为露地与多种保护地形式并存,使经济效益大大提高。20世纪80年代中后期,在华北、西北全明星成为生产中主栽品种,其特点是果大、耐贮运、抗性强、产量高,但品质较酸。后来丰香、静宝等品质优良的日本品种的栽培面积开始扩大。东北地区以戈雷拉、全明星、宝交早生为主,中南部地区以宝交早生、春香、丽红、硕露为主。进入20世纪90年代以来,随着保护地栽培的兴起,东北地区由于西班牙品种弗吉尼亚在日光温室中的大力推广,使戈雷拉的面积迅速减少。弗吉尼亚的主要特点是在日光温室中连续结果能力强,极丰产,果大,但该品种在冬季低温期的果实品质较差,味淡,因此随后被吐德拉和鬼怒甘所取代。华北、华东及西北产区20世纪90年代以来,露地及半促成栽培仍以全明星、宝交早生为主,而促成栽培则以丰香为主;华东、华中地区在20世纪90年代以来特别是1995年以后,丰香则是主栽品种,占生产栽培面积的70%~90%。2000年以后,由于丰香易感白粉病,所以在全国各地的栽培面积开始减少,而达赛莱克特、卡麦若莎、枥乙女、甜查理、章姬、幸香、红颊(日本99号)的生产面积正在不断扩大。而加工品种则多以哈尼、森加森加拉、达赛莱克特为主栽品种。

我国地域辽阔,气候条件差异较大,加之生产力水平参差不齐,因此栽培形式多种多样。既不像日本以塑料大棚为绝对主体,也不像美国以露地栽培为绝对主体。20世纪80年代以前,我国的基本栽培形式为露地栽培。最近20多年来,全国各地各种保护地栽培形式迅速兴起,在20世纪80年代初期,生产上开始推广地膜覆盖栽培,80年代中期开始推广小拱棚栽培,80年代末期至90

年代前期南方推广塑料大棚,北方推广塑料日光温室,使我国露地栽培的主体地位发生了巨大变化。从简单的地膜覆盖、小拱棚、中拱棚、大拱棚,到金属材料组装的塑料大棚、竹木或钢筋骨架的日光温室,应有尽有。各种形式并存,代表了我国不同地域气候特点和生产发展水平。在我国保护地栽培形式中,南方地区以塑料大棚及小、中拱棚为主,北方地区以日光温室及中、大拱棚为主。目前,我国已经形成了保护地草莓栽培面积在 1000 公顷以上的生产基地。四川省以塑料薄膜小拱棚栽培为主要设施,成为薄膜小拱棚冬草莓生产基地;浙江、上海、江苏以塑料薄膜中大棚栽培为主要设施,成为塑料薄膜中大棚草莓生产基地;山东、安徽、河南以塑料薄膜大棚为主要设施,成为塑料薄膜大棚草莓生产基地;北京、河北、辽宁等北方地区以塑料薄膜日光温室为主要设施,成为塑料薄膜日光温室草莓生产基地。另外在北京、山东、辽宁等地还进行了抑制栽培。草莓的无土栽培和立体栽培及抑制栽培在我国仍处于试验阶段,在生产上应用面积很少。利用我国南北的区位优势和多种栽培形式的搭配,拉开了鲜果上市时期,取得了显著的价格优势,并且使草莓鲜果供应期延长到 6～8 个月。北方为 12 月至翌年 6 月,南方 11 月至翌年 5 月,而且利用成熟时期及价格上的差异加强远运外销,如四川成都的草莓通过空运销往全国各地。

我国许多地方因地制宜,将草莓与其他作物间、轮、套作,走出了一条增加收入的好途径。幼龄桃园、梨园、葡萄园间作草莓,可提高土地利用率,每公顷增加收益 1.2 万元以上。实行草莓与水稻轮作,可有效减轻病虫害滋生,获得草莓、水稻双丰收。草莓还可与小麦、蔬菜轮作,与玉米间作,与棉花、蔬菜套种,都取得了较好的效果。如山东省五莲县采用草莓与生姜套种技术,获得了草莓和生姜双丰收,草莓每 667 米^2 产值 5000 余元,生姜 667 米^2 产值 1000 余元;草莓与玉米间作套种,比传统的玉米、小麦轮作每

667 米² 增收 1 500～3 000 元。

20 世纪 80 年代中期以前,我国多采用多年一栽的耕作制度以减轻劳动量,但由于这种栽培制度易造成植株衰弱、根系老化、果实变小、产量变低。因此,现在生产上大部分地区已基本上摒弃了多年一栽制,普遍采用管理更为精细的一年一栽制。但是在内蒙古、黑龙江、吉林等地仍多采用多年一栽制。随着出口量的增加,多年一栽制在一些省份的加工草莓原料基地又开始采用,产量第一年较低,第二、第三年高,第四年低,更新重栽。

据统计,1980 年全国草莓面积约 666 公顷,总产 3 000 吨左右。1985 年,我国草莓栽培面积大约为 0.33 万公顷,总产量约 2.5 万吨,分布地点主要集中在少数几个地区。2007 年,全国草莓总面积约 8.0 万公顷,是 1985 年的 24 倍,总产量约 150 万吨,是 1985 年的 60 倍,总面积和总产量均居世界第一位。其中河北(12 000 公顷)、山东(11 000 公顷)、辽宁(10 000 公顷)、安徽(5 600公顷)、甘肃(5 500 公顷)、四川(5 300 公顷)、江苏(5 200 公顷)、河南(5 000 公顷)、上海(4 000 公顷)、浙江(3 300 公顷)、陕西(3 000公顷)、湖北(3 000 公顷)等栽培面积较大。

虽然我国较多农户创造了每 667 米² 达到或超过 5 000 千克的惊人纪录,但与世界草莓生产先进国家如美国、日本、意大利相比,平均单产仍较低。露地栽培每 667 米² 产量为 500～1 500 千克,最高者可以达到 2 500 千克;拱棚产量高于露地,一般为 667米² 产量 750～2 000 千克;南方塑料大棚栽培每 667 米² 产量为1 500～2 000 千克;北方日光温室栽培全明星的产量一般为1 500～2 000 千克。单位面积产量与品种、栽培形式、栽培技术、气候条件等因素有关,总体来看,我国北方地区高于南方,同样品种丰香在北方的日光温室中产量也普遍高于南方的塑料大棚。

三、世界草莓销售与流通现状

（一）世界草莓进口情况　全世界进口总量由 2000 年的 48.2 万吨增加至 2007 年的 66.6 万吨。欧洲的法国、德国、英国、意大利、比利时、荷兰、奥地利和美洲的加拿大、美国和墨西哥是最大的进口国。世界上草莓进口最多的国家是法国，2000 年为 8.9 万吨，2007 年为 10.9 万吨公顷。日本不是主要进口国家，本国生产草莓主要是自用，少量用于出口。日本的草莓加工原材料主要依赖于从美国、新西兰、韩国等国的进口，近些年也从中国大量进口速冻草莓，加工产品主要是草莓酱及用做添加剂。到目前为止，中国极少从国外进口草莓。

（二）世界草莓出口情况　全世界草莓出口总量从 2000 年的 46.9 万吨上升至 2007 年的 60.5 万吨，趋势稳定。年产量居世界第三的西班牙，其出口总量居世界第一位，最近 5 年年出口量均约 20 万吨，远远超过其他各国。居第二位的是美国，出口总量从 2000 年的 6.3 万吨上升至 2007 年的 11.7 万吨。墨西哥、比利时、法国出口量也较大。目前中国草莓年产量和面积均居世界第一位，最近开始大量出口日本、欧洲和美国。据外贸部门统计，2000～2008 年我国草莓出口量分别为 2.047 万吨、2.1 万吨、3.4 万吨、7.77 万吨、7.58 万吨、9.848 万吨、7.021 万吨、10.3 万吨、9.73 万吨，主要出口省份包括山东、辽宁、河北、江苏等。主要出口栽培品种为哈尼、森加森加拉、达赛莱克特、全明星、宝交早生、马歇尔、丰香等。出口产品除速冻外，还包括单冻、加糖、巧克力冷冻及脱水草莓，不同制品间价格差别较大，单冻草莓出口 800～1000 美元/吨，加糖冷冻草莓、有机栽培草莓则出口价格更高。2002 年山东、辽宁出口草莓的田间收购价很高，达 3.0～5.0 元/千克，大大刺激翌年的出口，导致 2004 年、2005 年的收购价格大幅度下跌。但从栽培面积、形式、成本、价格、劳动力资源等方面看,我国的草莓产品在国际市场上仍具有较大优势,因此今后我国草莓出口将逐年增加,潜力较大。

第二节　品　种

草莓属于蔷薇科草莓属多年生草本植物,在园艺上属于浆果类果树。现在认为草莓属植物约有 20 个种。我国从南到北蕴藏着种类和数量丰富的野生草莓,我国自然分布有 11 个种,约占世界草莓属植物 20 个种的一半。现代大果栽培草莓大约于 1750 年发源于法国,距今只有约 260 年的历史。因其果实具有凤梨香味,故称为凤梨草莓。下面介绍一些我国生产上应用的常用品种。

一、国外引进品种

到目前为止,我国引入的品种有 300 余个,在生产上应用较多的有全明星、戈雷拉、哈尼、丰香、卡麦若莎、章姬、幸香、甜查理、达赛莱克特、佐贺清香、红颊等数十个品种。

（一）埃尔桑塔（Elsanta）　别名:艾尔桑塔、爱尔桑塔。荷兰品种,由 Gorella×Holiday 育成,1983 年发表。20 世纪 80~90 年代由沈阳农业大学从荷兰多次引入,引入后在辽宁省有一定面积栽培。果实大,圆锥形,果面红色、有光泽。果尖不易着色。果肉硬,橘红色。汁液多,品质优。耐运输。对萎黄病、红中柱根腐病敏感,对灰霉病、白粉病抗性中等。植株长势强旺,高大。叶片质地粗糙。晚熟品种,很丰产,适于拱棚和露地栽培。

（二）宝交早生（Hokowase）　别名:宝交。日本兵库农业试验场以八云×Tahoe 育成,1960 年发表。20 世纪 70~80 年代作为日本的主栽品种。1978 年由广州郊区萝岗公社首先从日本引入我国,分布于全国各地,20 世纪 80~90 年代在我国南方和北方均有较广泛栽培。果实中等大小,整齐度较差,圆锥形至楔形。果面鲜红色、具光泽、有少量浅棱沟,果尖部不易着色,常为黄绿色。

果肉白色或淡橙红色,细软,甜浓微酸,有香气,汁液多。品质优良,但不耐贮运。休眠中等深,需低温量约为 450 小时。丰产性能好,每 667 米² 产量为 750～1 200 千克。不耐热,南方夏季育苗时叶片易发生枯焦现象。对白粉病、轮斑病抗性强,对黄萎病、灰霉病、根腐凋萎病抗性弱。植株长势中等,株态较开张。早熟品种,可作为露地或半促成栽培。

(三)春香(Harunoka) 日本农林水产省野菜茶叶试验场以久留米 103 号×达娜育成,1967 年发表。1970 年后在日本作为促成栽培品种之一迅速扩大,在丰香、女峰品种育成前有较大栽培面积。1978 年由广州郊区萝岗公社从日本引入。20 世纪 80 年代我国南北方均有栽培,部分地区曾作为主栽品种。现生产上已少见。果实中等大小,较宝交早生整齐,圆锥形至楔形,长于宝交早生。果面橙红色、具光泽、有少量浅棱沟。果肉白色。果肉细软,甜浓微酸,有香气,汁液多。品质优良,但果皮较薄,质地柔软。丰产性中等,每 667 米² 产量为 700～1 000 千克。植株耐热性好于宝交早生。对黄萎病、灰霉病、根腐凋萎病抗性强,对白粉病抗性弱。特早熟品种,休眠浅,需低温量约为 70 小时。

(四)达赛莱克特(Darselect) 法国达鹏种苗公司于 1995 年由派克×爱尔桑塔育成。20 世纪 90 年代后期引入我国,引入后在河北省、辽宁省、山东省等地推广发展较快。现在是河北省和辽宁省部分地区塑料大棚的主栽品种之一。果实大,圆锥形,果形整齐。果面深红色,有光泽。果肉全红,质地坚硬,耐远距离运输。果实品质优,味浓,酸甜适度。丰产性好,保护地栽培每 667 米²产 3 500 千克,露地栽培每 667 米²产 2 500 千克。植株生长势强,株态较直立,叶片多而厚,深绿色。适合露地栽培、塑料大棚半促成栽培。

(五)丰香(Toyonoka) 日本农林水产省野菜茶叶试验场久留米支场以卑弥乎×春香育成,1983 年发表。1985 年引入我国。

我国南方和北方均有栽培,分布较为广泛,目前仍是我国浙江、江苏、上海、四川、河北、北京等地的主栽品种。果实较大,大小较整齐,圆锥形。果面鲜红色、光泽较强,果面平整、无或稍有棱沟。果肉白色,髓心中等大、白色、心实或稍空。果肉细,甜浓微酸,香气浓,汁液多。品质优良,耐贮运性也优于宝交早生及春香,露地草莓采收季节在常温下可放置2天。休眠浅,需低温量约为50~70小时。花芽开始分化期较宝交早生早,适合于设施条件下的促成栽培,长江流域进行促成栽培时10月份定植,元旦前可成熟上市,每667米² 产量可达1500~2000千克。对黄萎病抗性中等,对白粉病抗性很弱,设施栽培中易严重发病。植株长势较强,株态较开张。特早熟品种,休眠浅,适于促成栽培。

(六)弗吉尼亚(Fujiniya) 别名:弗杰尼亚、弗杰利亚、杜克拉、A果。1993年从西班牙引入北京市和辽宁省东港市,引入时编号为A,亲本不详。通过性状观察,有人认为该品种即为美国品种Chandler(常德乐)。20世纪90年代中后期在我国东北、华北有较大面积栽培,是辽宁省日光温室中的主栽品种,由于品质较差目前已少有应用。果实大,较整齐,圆锥形。果面鲜红色、具光泽、较平整。果尖部不易着色,常为黄绿色。果肉橙红色,髓心较大、淡红色、心空。果肉细韧,味淡,汁液中等。品质较差,果皮较厚,果实硬度大,耐贮运。适应性和抗病性强。丰产性能好,北方日光温室栽培每667米² 产量高达4000~5000千克。早熟品种,适于半促成或促成栽培,可多次抽生花序,在日光温室中可以从12月下旬陆续多次开花结果至翌年7月份。

(七)戈雷拉(Gorella) 别名:比4、比四、B4。荷兰瓦格林根园艺植物研究所以Juspa×US3763育成,1960年发表。品种育成后在世界各地栽培广泛,欧洲、亚洲均大量引种栽培。1979年由中国农业科学院作物品种资源研究所从比利时引入。20世纪80~90年代在我国北方地区栽培面积较大。目前在吉林、黑龙江等地仍作为主栽品种栽培。果实中等大小，整齐度较差。果实楔形。果面红色较深、具光泽、有明显棱沟，果尖部不易着色，常为黄绿色。果肉红色，髓心较小、红色、心实或稍空。甜酸适中略偏酸，有香气，汁液中等。品质中等，果皮较厚，质地韧，较耐贮运。丰产性能较好，每 667 米² 产量为 700～1 500 千克。植株长势中等偏强，株态较开张，植株矮小。早中熟品种，可用于鲜食或加工，适于露地栽培，但不耐旱。

（八）鬼怒甘（Kinuama）　日本品种，由女峰品种的突变株选出，1992 年发表。1995 年从日本引入我国，20 世纪 90 年代后期南北各地有一定设施栽培面积。果实较大，短圆锥形。果面红色、光泽强、平整，很少有棱沟。种子分布均匀，凹于果面。果肉鲜红色，髓心浅红色、心实或稍空。品质优，香气中，汁液中多。可溶性固形物含量高，有机酸含量较高，果较硬，耐贮运性较强。植株较直立，高大，长势强旺。休眠期短。对白粉病抗性中等。中早熟品种。性状与女峰品种相近，但长势更强、植株更高。

（九）哈尼（Honeoye）　别名：美国 13 号、美 13。1972 年美国康乃尔大学在纽约州 Geneva 农业试验站以 Vibrant×Holiday 杂交组合中选出，1979 年发表。自 20 世纪 80 年代起成为美国的主栽品种，加拿大、意大利等国也有较大栽培面积。1983 年由沈阳农业大学从美国引入，20 世纪 80 年代中期以来，辽宁、甘肃、山东等省均作为主栽品种之一，目前主要用于露地栽培生产加工出口果实。果实较大，圆锥形至楔形。果面红色至深红色、光泽较强、较平整、少有棱沟，果尖部不易着色。果肉淡红色，髓心中等大小、淡红色、心稍空。果肉细韧，味偏酸，有香气，汁液多。品质中等，果皮较厚，质地韧，耐贮运性强。丰产性能好，每 667 米² 产量为750～1500 千克。植株较耐热、耐寒。对灰霉病、白腐病、叶斑病、凋萎病抗性强，对黄萎病、红中柱根腐病抗性弱。植株长势较强，株态较直立。中熟品种，鲜食加工兼用，可露地或半促成栽培。

（十）红颊（Beinihoope）　别名：日本 99 号、99 号。日本静冈县农业试验场以章姬×幸香育成，1993 年发表。1998 年引入杭州，1999 年引入辽宁丹东，在示范推广时称为 99 号。目前在浙江、辽宁、河北、江苏、北京等地有大量栽培，已成为我国大面积栽培的主栽品种之一。果实大，圆锥形。果色鲜红，着色一致，富有光泽，果心淡红色。可溶性固形物含量 11%～12%，一级序果平均果重 32.6 克，平均单果重 18.65 克。口感好、肉质脆、香味浓。果实硬度适中，较耐贮运。耐低温能力强，在低温条件下连续结果性好。抗白粉病强于丰香。保护地促成栽培一般 667 米² 产量可达 2 000 千克以上。株型直立、长势旺。叶色浓绿，较厚。

（十一）卡麦若莎（Camarosa）　别名：卡姆罗莎、童子一号、美香莎。美国品种，由道格拉斯×CAL85.218-605 杂交选育而成。20 世纪 90 年代中期引入我国。在我国南北方均有一定的栽培面积，以北京地区为主。果实大，最大果重达 100 克。果实大小较整齐，长圆锥形或楔形，果面平整光滑，有明显的蜡质光泽。果肉红色，酸甜适宜，香味浓。果实硬度大，耐贮运。休眠期短，开花早。保护地条件下，连续结实期可达 6 个月以上，每 667 米² 产量可达 3 500～4 000 千克。适应性强，抗灰霉病和白粉病。植株生长势和匍匐茎发生能力强，株型直立，半开张。综合性状优良，适于温室栽培。

（十二）丽红（Reiko）　日本千叶农业试验场用春香自交系×福羽自交系育成，1976 年发表。曾为日本主栽品种之一。1980 年由北京农学院从日本引入，1982 年上海市农业科学院林木果树研究所再次引入。在我国上海等地曾有一定栽培面积。果实较大，大小较一致，圆锥形，外观美丽。果面鲜红至深红色，光泽强，果面光滑平整。果肉红色，髓心中等大小、红色、稍空。果肉细软，甜酸适中，较宝交早生酸，香气浓，汁液多。品质较优，质地细，耐贮运性中等。休眠中等深，需低温量为 5℃ 以下 60～100 小时。丰产性能较好,每 667 米^2 产量为 700～1200 千克。植株不耐热,南方夏季育苗时叶片易发生枯焦现象。对黄萎病、灰霉病抗性强于宝交早生,不抗白粉病和炭疽病。植株长势中等偏强,株态较直立。早中熟品种,果实外观美丽,可作促成栽培或半促成栽培品种。

(十三) 栃乙女 (Tochiotome) 别名:栃木少女、栃乙姬。日本品种,由久留米 49 号×栃峰育成,1996 年发表。目前是日本的主栽品种之一。1999 年由沈阳农业大学从日本引入我国,引入后在南北方有一定面积栽培。果实大,果实圆锥形。果面鲜红色、光泽强、平整。果肉淡红色,髓心小、稍空、红色。果肉细,味甜浓微酸,汁液较多。品质优,耐贮运性较强。日光温室每 667 米^2 产量可达 2000 千克。果实较硬。抗病性中等,抗白粉病优于幸香。植株长势较强,株态较直立,叶深绿色,厚,叶面平展。早熟品种,适于大棚促成栽培。

(十四) 玛丽亚 (Maliya) 原名不详。别名:C 果、卡尔特 1号。1993 年自西班牙引入北京市和辽宁省东港市,引入时编号为C,亲本不详。目前是辽宁等北方地区露地和拱棚的主栽品种之一。果实大,圆锥形,大小整齐。果面鲜红色,有光泽、平整。肉质淡黄色,芳香酸甜,硬度大,耐贮运。一般 667 米^2 产 2000 千克以上。休眠期较深,5℃以下低温量 500～600 小时。苗木田间易发生蛇眼病。植株生长势强,叶片较厚,呈椭圆形,叶缘锯齿浅,颜色浓绿,匍匐茎抽生能力较弱,但成苗率高。中熟品种,适宜露地、拱棚栽培及延迟栽培。

(十五) 明宝 (Meiho) 日本兵库农业试验场以春香×宝交早生育成,1977 年发表。在日本兵库、冈山、山口等地作为促成栽培品种。1982 年由上海市农业科学院林木果树研究所从日本引入。20 世纪 90 年代在江苏、上海等地塑料大棚中为促成栽培的主栽品种之一。果实中等大,圆锥形至纺锤形。果面红色至橙红色、稍有光泽、较平整、少有棱沟,果尖部不易着色。果实有颈,有无种子带。果肉白色,髓心较小、白色微带红色、心实。果肉细软,味甜,微酸,有香气,汁液多。休眠浅,花芽分化早于宝交早生 10 天以上,适于促成栽培。大棚中产量与丰香相近,每 667 米^2 可达 1500~2000 千克,丰产性好。对白粉病抗性强,也较耐灰霉病,对黄萎病抗性弱。植株长势中等,株态较直立。早熟品种,品质较优,促成栽培时低温下花序抽生能力强。

(十六)全明星(Allstar)　别名:群星。美国农业部马里兰州农业试验站以 MDUS 4419 × MDUS 3185 育成,1981 年发表。1980 年由沈阳农业大学从美国引入,目前河北、北京、辽宁、甘肃等地均有广泛栽培,是我国露地和拱棚、塑料大棚、日光温室的主栽品种之一。果实较大,圆锥形至短圆锥形。果实大小较一致,外观美。果面鲜红色、有光泽、较平整、少有棱沟。果肉边缘淡红色,髓心中等大小、橙红色、心实。果肉细韧,甜酸适中,有香气,汁液多。品质中等,果皮较厚,质地韧,耐贮运性强。丰产性能好,每 667 米^2 产量为 750~1500 千克。较耐热、耐寒。对根腐凋萎病、白粉病、红中柱根腐病及黄萎病有一定抗性。植株长势较强,株态较直立。中晚熟品种,鲜食加工兼用。适应性强,可作为露地或半促成栽培品种。

(十七)森加森加拉(Senga Sengana)　别名:森加森加纳、森格森格纳、森嘎。德国以 Markee × Sieger 育成,1954 年发表。为波兰、德国主栽品种之一。1982 年沈阳农业大学从匈牙利引入。近十多年来作为加工品种在我国山东、辽宁等栽培较多。果实中等大小,圆锥形至短圆锥形。果实大小较一致,外观美。果面深红色、光泽较强、较平整、少有棱沟。果肉深红色,髓心中等大小、深红色、稍空。果肉细韧,味偏酸,有香气,汁液多。品质中等,果皮较薄,耐贮运性中等。丰产性能好,每 667 米^2 产量为 750~1500 千克。植株较耐热、耐寒。抗白粉病,不抗灰霉病。植株长势中等,植株较小。中熟品种,适于加工,可作为露地栽培品种。

（十八）甜查理（Sweet Charlie） 美国品种，以 FL80-456×Pajaro 育成，1999 年由北京市农林科学院从美国引入。引入我国后在南北各地开始了推广试栽，目前在北京、辽宁、山东、河北、吉林、广东等地有一定栽培面积。果实较大，形状规整，圆锥形。果面鲜红色，颜色均匀，富光泽，平整。种子较稀，黄绿色，平于果面或微凹入果面。果肉橙红色，酸甜适口，甜度较大，品质优。果较硬，较耐运输。丰产性中等。植株长势强，叶片大，近圆形，绿色至深绿色。匍匐茎较多。

（十九）吐德拉（Tudla） 别名：图德拉、土特拉。西班牙 Planasa 种苗公司育成，1995 年由辽宁省东港市草莓研究所引入我国。1995～2004 年在我国东北、华北有较大栽培面积，是辽宁省日光温室中的主栽品种，由于品质较差，现在已经很少栽培。果实大，长楔形或长圆锥形。果面深红有光泽，稍有棱沟，较酸，硬度好。每 667 米^2 产 2 000 千克以上，温室最高可达 4 000 千克。休眠期比弗吉尼亚浅，适合温室栽培，温室栽培比弗吉尼亚早熟15～20 天。植株生长健旺，繁殖力、抗逆性强，叶色浓绿光亮，植株较弗吉尼亚紧凑，花序大多呈单枝，无分歧。中熟品种，耐贮性强。

（二十）幸香（Sachinoka） 日本农林水产省野菜茶叶试验场久留米支场 1996 年由丰香×爱莓育成，品种发表时已在日本的九州、四国等地区推广，1999 年由沈阳农业大学引入我国。目前是辽宁省日光温室的主栽品种之一。果实大，圆锥形，果形整齐。果面深红色，光泽强。果肉浅红色，肉质细，甜、微酸，有香气，香甜适口，汁液多。耐贮运性优于丰香。日光温室每 667 米^2 产量可达2 000 千克以上。不抗白粉病。植株长势中等，较直立，叶片小。早中熟品种，适于半促成和促成栽培。

（二十一）章姬（Akihime） 日本品种，由日本农民育种者获原章弘以久能早生×女峰育成，1990 年发表。1997 年从日本引入我国,目前在长江流域、辽宁、河北、山东等地有较大面积栽培。果实大,长圆锥形。果面鲜红色、有光泽、平整、无棱沟。果肉淡红色、髓心中等大、心空、白色至橙红色。果肉细软,香甜适中,汁液多,品质优。耐贮运性差。每 667 米^2 产 1500～2500 千克。不抗白粉病。植株长势旺盛,株态直立。早熟品种,果实外观美,品质优。

(二十二)佐贺清香(Sagahonoka)　日本品种,由日本佐贺县农业试验研究中心于 1991 年设计大锦×丰香杂交组合,1995 年以品系名佐贺 2 号在生产上进行试栽示范,1998 年命名为佐贺清香。目前在辽宁、山东、长江流域有一定面积栽培。果实大,圆锥形。果面颜色鲜红色,富光泽,美观漂亮,畸形果和沟棱果少,外观品质极优,明显优于丰香。温室栽培连续结果能力强,采收时间集中。果实甜酸适口,香味较浓,品质优。果实硬度大于丰香,耐贮运性强,货架寿命长。易感白粉病。适于温室栽培。植株长势及叶片形态与丰香品种有些相似,其综合性状优于丰香,是取代主栽品种丰香的品种之一。

二、我国培育品种

我国的草莓育种开始于 20 世纪 50 年代前后,江苏省农业科学院、沈阳农业大学在国内最早开始草莓实生选种和杂交育种。至 2008 年年底,我国已先后选育出了 45 个草莓品种,如明晶、明磊、明旭、长虹 1 号、长虹 2 号、硕丰、硕露、硕蜜、雪蜜、石莓 1 号、石莓 2 号、石莓 3 号、石莓 4 号、石莓 5 号、石莓 6 号、星都 1 号、星都 2 号、天香、燕香、红丰、香玉、美珠、长丰、红露、申旭 1 号、申旭 2 号、公四莓 1 号、四季公主 2 号、三公主、凤冠等,部分品种在生产上有一定应用。

(一)三公主　吉林省农业科学院果树所从 2009 年公四莓 1 号×硕丰杂交组合中选育而成。一、二级序果平均重 15.1 克,一级序果平均重 23.3 克,最大果重 39 克。一级序果楔形,果面有沟,红色,有光泽,二级序果圆锥形,果面无沟。种子分布均,黄色,平或微凸果面。果肉红色,髓心较大,微有空隙。香气浓。味酸甜,品质上等。四季结果能力强,在温度适宜的条件下可常年开花结果。露地栽培春、秋两季果实品质好。含可溶性固形物春季10%,夏季 8%,秋季 15%。总糖 7.01%,总酸 2.71%,维生素 C每 100 克鲜果 91.35 毫克。丰产,抗白粉病,抗寒。生长势中等,株高 18 厘米。叶片椭圆形或圆形,厚,深绿色,有光泽。花序高于叶面,分枝部位较低。

（二）红实美　辽宁省东港市草莓研究所 2005 年从章姬×杜克拉杂交组合中选育而成。果个大而亮丽,长圆锥形,色泽鲜红,口味香甜,果肉淡红多汁。植株长势旺健,株态半开张,叶梗粗,浓绿肥厚有光泽。抗白粉病,硬度较好。单株平均产量 400～500克,最高产单株达 1500 克。休眠浅,早熟,适宜温室栽培。

（三）晶瑶　湖北省农业科学院经济作物研究所 2008 年从幸香×章姬杂交组合中选育而成。果实呈略长圆锥形,果面鲜红,外形美观,富有光泽,畸形果少。果实个大,平均单果重 25.9 克,最大单果重 100 克,平均单株产量 333 克,丰产性好。果实整齐。肉鲜红色,细腻,香味浓,口感好,髓心小、白色至橙红色。种子黄绿色、红色兼有,稍陷入果面。可溶性固形物含量 12.8%。果实硬度较大,为 0.401 千克/厘米^2,耐贮性好。育苗期易感炭疽病,大棚促成栽培抗灰霉病能力与丰香相当,抗白粉病能力强于丰香。植株高大,生长势强。早熟品种。

（四）明晶　沈阳农业大学 1989 年从日出(Sunrise)品种实生苗中选育而成。在东北、华北地区有一定栽培面积。果实大,近圆形,果面红色、光泽好、较平整。果肉红色,髓心较小、稍空、橙红色。果肉细韧,致密,酸甜,有香气,汁液多,红色。单株平均产量125.4 克,平均每 667 米^2 产量 1100 千克,最高达 2 627.2 千克。

抗寒性好,抗晚霜危害、抗旱力强。植株长势较强,株冠直立,叶片稀疏,椭圆形,呈匙状上卷。早中熟品种,果实硬度大,耐贮运性好。

(五)明磊 沈阳农业大学 1990 年从节日(Holiday)品种实生苗中选育而成。果实较大,圆锥形,果尖钝,稍扁。果面橙红色、有光泽、有少量棱沟。果肉红色,肉质细,甜酸,有香气,汁液较多。丰产性能好,平均每 667 米^2 产 1261 千克。抗寒、抗旱。花期早,应注意避免花期晚霜危害。植株长势较强,株态直立。早熟品种,成熟期集中,耐贮运。

(六)申旭 1 号 上海市农业科学院与日本国际农林水产业研究中心合作于 1997 年在上海市农业科学院园艺研究所以盛冈 23号×丽红育成。在上海附近有栽培。果实较大,圆锥形或楔形,果面深红色、着色一致、平整。果肉橙红色,髓心中等大小、心实、浅红色。果肉细,硬度中等,耐贮性优于丰香。酸甜适度,略有香味。丰产性能好,平均单株产量 322.0 克,早期产量和总产量均高于宝交早生。对炭疽病、灰霉病抗性强。休眠较浅,花芽分化期与宝交早生相近。植株长势强,较直立。早熟品种,适于促成、半促成栽培。

(七)石莓 6 号 河北省农林科学院石家庄果树研究所 2008年从 36021×新明星中选育而成。果实短圆锥形,一级序果平均单果重 36.6 克,二级序果 22.6 克,三级序果 14.9 克,最大果51.2 克,平均单株产量 401.6 克,丰产性好。果面平整,鲜红色(九成熟以上深红色),萼下着色良好,有光泽,无畸形果,无裂果,有果颈。果肉红色,质地细密,髓心小无空洞。果汁中多,味酸甜,香气浓,可溶性固形物含量 9.08%。果实硬度 0.512 千克/厘米^2,硬度大,贮运性好。植株长势强,叶绿色,光泽强。中熟品种。

(八)硕丰 江苏省农业科学院园艺研究所 1989 年从 MDUS4484×MDUS 4493 杂交组合中选育而成。目前在江苏有较大栽培面积。果实大,短圆锥形,果面橙红色、鲜艳、有光泽、较平整。果肉红色,髓心小、红色、无空洞。果肉细韧,甜酸,味浓,有香气,汁液中等多。果实硬度大,耐贮运性强。丰产性能好,平均每 667 米² 产 1013 千克,最高达 1849.2 千克。植株耐热性强,在南京地区持续高温条件下生长正常。抗灰霉病、炭疽病。植株长势强,矮而粗壮,株态直立。晚熟品种。

(九)天香 北京市农林科学院林业果树研究所 2008 年从达赛莱克特×卡姆罗莎杂交组合中选育而成。果实圆锥形,橙红色,有光泽,种子黄绿色、红色兼有,平或微凸果面,种子分布中等。果肉橙红色。花萼单层双层兼有,主贴副离。一、二级序果平均果重 29.8 克,果实纵横径 6.16 厘米×4.37 厘米,最大果重 58 克。外观上等,风味酸甜适中,香味较浓。可溶性固形物含量 8.9%,维生素 C 含量每 100 克鲜果 65.97 毫克,总糖 5.997%,总酸 0.717%,果实硬度 0.43 千克/厘米²。植株生长势中等,株态开张,株高 9.92 厘米,冠径 17.67 厘米×17.08 厘米。叶圆形、绿色,叶片厚度中等,叶面平,质地较光滑,光泽度中等,单株着生叶片 13 片。

(十)新明星 河北省农林科学院石家庄果树研究所 1987 年从全明星植株中选出。目前在华北地区有一定栽培面积。果实大,楔形,果面鲜红色、有光泽、较平整。果肉橙红色,髓心较大、橙红色、有空洞。果肉细韧,酸甜,有香气,汁液多。耐贮运性好。丰产性能好,单株产量 797.8 克。中熟品种,植株长势强,产量高,果实耐贮性好。

(十一)星都 2 号 北京市农林科学院林业果树研究所 2000 年从全明星×丰香杂交组合中选育而成。目前在我国中北部地区有一定栽培面积。果实大,圆锥形,果面红色略深、有光泽。果肉红色,肉质上等,酸甜适中,香味浓,汁液多。植株长势强,株态较直立。早中熟品种,果实大,产量高。

（十二）雪蜜　江苏省农业科学院园艺研究所 2003 年将日本宫本重信先生赠送的草莓试管苗（品种不详）经组培诱变选育而成。果实圆锥形，较大，一、二序果平均单果重 22.0 克，最大果重可达 45.0 克。果形整齐，果面平整、红色、光泽强，种子分布稀且均匀，平于果面。果实韧性较强，果肉橙红色，髓心橙红、大小中等、无空洞或空洞小。香气浓，酸甜适中，品质优，可溶性固形物含量 11.5％。抗白粉病、耐热和耐寒能力均强于丰香。早熟品种。植株长势中等偏强，叶片大，近椭圆形，深绿。

（十三）燕香　北京市农林科学院林业果树研究所 2008 年从女峰×达赛莱克特杂交组合中选育而成。果实圆锥或长圆锥形、橙红色、有光泽，种子黄绿色、红色兼有，平或凸果面，种子分布中等，外观上等。果肉橙红色，风味酸甜适中，有香味。花萼单层双层兼有，主贴副离。一、二级序果平均果重 33.3 克，果实纵横径 4.87 厘米×4.13 厘米，最大果重 54 克。可溶性固形物含量 8.7％，维生素 C 每 100 克鲜果 72.76 毫克，总糖 6.194％，总酸 0.587％，果实硬度 0.51 千克/厘米^2。植株生长势较强，株态较直立，株高 9.6 厘米，冠径 18.7 厘米×19.3 厘米。叶圆形，绿色，叶片厚度中等，叶面平，质地较光滑，光泽度中等，单株着生叶片 9 片。

第三节　生物学特性

草莓属是矮小的多年生常绿草本植物，一般株高 5～40 厘米，植株呈丛状生长，具很短的茎，其上轮生叶片，成簇状，由于茎很短，叶柄长，叶片就像从根部长出一样。叶片羽状复叶，常为羽状三小叶，稀羽状五小叶，小叶柄很短或无。托叶膜质，与叶柄基部合生，鞘状。由叶腋可抽生细长的匍匐茎是草莓的繁殖器官，节处可形成新的植株。花序常为聚伞花序，稀单生，花两性或单性，花瓣白色，雄蕊通常 20～40 枚，雌蕊多数，着生于花托上，每一雌蕊由一花柱和一子房组成。萼片、副萼片各 5 枚,果期宿存。果实由花托膨大发育而来,植物学上称为假果,由于果实肉软多汁,园艺学上称之为浆果,其上嵌生很多瘦果(俗称种子),成为聚合果。

一、根

草莓为须根系,一般一株草莓常有 30 条根,多的可达 100 条。土壤疏松、肥力充足时须根多,其中白色吸收根多或有较多的浅黄色根,根系发达。草莓根在土壤中分布较浅,多分布在 20 厘米以上的土层内,少数可深达 40 厘米。在地温 20℃时最适合根系生长,15℃以下生长缓慢,10℃以下几乎不生长。因此草莓根系的生长一年中有两次高峰,春天当土温上升至 20℃时,根系生长达到第一次高峰,此时正值花序显露期。结果后由于温度上升,根系生长发育减缓,并变褐逐渐死亡。到 9 月中下旬土温下降,根系生长形成第二次高峰。一年中,早春根系比地上部开始生长约早 10 天,南方春季根系生长约比北方早 1 个月。除温度外,土壤水分、通气、质地、酸碱度对草莓根系的生长发育也有较大影响。根据地上部的生长状态可以判断根系的生长状况。凡地上部分生长发育良好、早晨叶缘具有水滴的植株(吐水现象),其根系生长发育良好,在露地和保护地中均有此现象;凡根系发育不良、白色新根少的植株,在早春萌动后至开花期只能展开 3～4 个叶片,叶柄短,叶片小,早晨叶片吐水现象少。

二、茎

草莓的茎分 3 种,即新茎、根状茎和匍匐茎。

(一)新茎 当年萌发的短缩茎叫新茎,一般长度为 0.5～2.0 厘米。新茎上着生叶片,叶片的叶腋下有腋芽,腋芽可抽生新茎分枝或匍匐茎。新茎分枝数目因品种而异,少的为 3～9 个,多的可达 20～30 个。如明晶、明磊等品种的新茎数较少,而三星、Tenira

等品种的新茎数较多。同一品种随年龄的增长新茎数逐渐增多。在辽宁沈阳地区，新茎分枝大量发生期是在8～9月份，到10月份基本停止。生产上培育壮苗对新茎的要求是其粗度在1.2厘米以上。

（二）根状茎　草莓多年生的短缩茎叫根状茎。当翌年新茎上的叶片全部枯死脱落后，就成为外形似根的根状茎，群众称之为"老根子"。根状茎上也可发生不定根，但一般第三年以后发根很少。随年龄增长，根状茎逐年衰老变褐，根状茎越老，地上部的生长越差。在实行多年一栽制时，除了割叶施肥外，还要注意培土、浇水等工作，以促发较多的不定根。露地栽培中一般不提倡3年以上的多年一栽，原因之一就是根系发育不良，造成产量大幅度下降。

（三）匍匐茎　由新茎叶腋间的芽萌发出来沿地面匍匐生长的茎叫匍匐茎，是草莓的繁殖器官。繁苗就是靠这种茎，繁出的苗叫匍匐茎苗。匍匐茎的发生始于坐果期，结果后期大量发生。辽宁沈阳地区一般在6月上旬开始抽生。早熟品种发生早，晚熟品种发生晚。发生时期的早晚还与日照条件、母株经过低温时间的长短及栽培形式有关。促成栽培一般在果实采收后开始发生，露地栽培一般在果实开始成熟时发生。匍匐茎抽生能力、发生多少与品种、昼长、温度、低温时数、肥水条件、栽培形式等有关。有的品种如长虹1号、三星等品种匍匐茎抽生能力弱；有的品种如女峰、春香、宝交早生、弗吉尼亚、哈尼、丰香等匍匐茎抽生能力强，繁殖系数高。一般一株能繁30～50株匍匐茎苗，肥水条件好空间大时能繁出几百株，但一般情况下每株能繁出生产用苗约20～30株。匍匐茎发生量与母株受到5℃以下低温积累时间有关，只有在满足对低温量的要求之后，才会有大量匍匐茎发生。如促成栽培不等植株经受低温就盖膜保温，发生的匍匐茎少，而经过一段时间的低温后再盖膜的半促成栽培发生匍匐茎多一些，露地栽培发生的更多。

三、叶

草莓的叶发生于新茎上,因为新茎节间很短,所以好像是从根部直接长出来的。草莓的叶片一般为 3 片小叶,偶尔在田间也能看到 4 片或 5 片小叶的。叶片的形状、大小、颜色、质地等因品种、物候期和立地条件而明显不同。如弗吉尼亚叶片呈黄绿色,哈尼的叶片较长,戈雷拉的叶片革质粗糙等。同时,根据叶片的状况可以判断其是否发育良好。如果叶色浓绿、有光泽、叶柄粗是健壮的表现,反之如果叶柄细长、叶色淡、叶片薄则为徒长现象,可能因光照不足、氮肥过多、空气湿度过大或温度高造成。

草莓地上部在 5℃时即开始生长,每株草莓一年可发 20～30个叶片,20℃条件下,每 8～10 天发 1 片新叶。叶片有 3 个功能,即光合作用、蒸腾作用和呼吸作用。植株上从中心向外数第三至五片叶为功能叶,光合作用最强,要注意保护新叶不断发生。老叶不断死亡,生产上要经常去老叶,因为老叶光合作用弱,入不敷出,同时还存在抑制花芽分化的物质。叶边缘的锯齿能把水聚成水滴排出去,这就是吐水现象,吐水现象只有在早晨才能看到,它是夜晚大量吸水的结果。大棚内也可见到吐水现象,当大棚内空气湿度大时,吐水现象发生的多。植株叶片有吐水现象,说明根系活跃旺盛,生长发育良好。

一年中由于外界环境条件和植物本身营养状况的变化,在不同时期发生的叶其寿命长短也不一样。叶片寿命一般为 80～130天。新叶形成第三十天后叶面积最大,叶最厚,叶绿素含量最高,同化能力最强。在同一植株上第四片至第六片新叶同化能力最强。秋季长出的叶片适当保护越冬其寿命可延长至 200～250 天,直到春季发出新叶后才逐渐枯死。越冬绿叶的数量对草莓产量有明显的影响,保护绿叶越冬是提高翌年产量的重要措施之一。

四、花

草莓绝大多数品种的花为具有雌蕊和雄蕊的完全花,一般由花托、花萼、花瓣、雄蕊、雌蕊等几部分组成,食用的部分是由花托膨大形成的肉质浆果。目前生产上的品种大多为完全花品种,完全花品种可以自花结实。一般一朵完全花花瓣为 5 枚,但有时也可见第一级序花的花瓣数常 6～8 枚,一般花瓣数多的花大、果也大。雄蕊数目不定,通常 30～40 枚,雌蕊离生,着生于花托上,数目大约 200～400 个。

草莓花序为聚伞花序,通常为二歧聚伞花序和多歧聚伞花序。一般每株可抽生 1～4 个花序,1 个花序上常着生 10～20 朵花。最后开的花不结果或结果太小,而成为无效花。不同品种无效花比例不同,如哈尼、明晶、明磊等品种的无效花少,而三星、Tenira 等品种的无效花较多。对无效花多的品种应注意疏花疏果,可以节省养分,促进留下果实的增大发育,提高商品价值。疏花疏果应尽早进行,疏果不如疏花。每株留多少果由多方面的因素决定,如品种、植株健壮程度、单株花序数、土壤肥力等。一般小于 5 克即为无效果,花序上后期的第四、第五级序的花均属此限,可以疏除。在平均气温达 10℃ 以上时草莓就能开花,一般花期遇 0℃ 以下低温时雌蕊受冻,变黑,丧失受精能力,花粉受害,发芽降低。高于 35℃ 时花粉发育不良,花粉受精以 25℃～30℃ 为宜,从生产实际上看温度在 20℃～35℃ 范围是可以的。一般温度较高时空气较干燥,花粉易传播受精,所以开花期大棚内温度 25℃～30℃、空气相对湿度 60%(不要超过 80%)为宜。开花期大棚内温度绝对不能超过 45℃。大棚栽培时,在低温条件下开的花其花瓣不能充分翻转,半包着,雄蕊开药不良,不可能受精。露地栽培时个别品种或有些植株在秋末天气较暖时也可见到开此状态的花,或者虽开花正常,但很快因低温而使雌蕊受冻变黑。这种低温条件下开的花不能受精，也坐不住果。

草莓的花是虫媒花，既进行自花授粉，又进行异花授粉。异花授粉能提高坐果率，从而提高产量。所以在露地及保护地栽培时，宜栽 2～3 个品种，以利授粉。但考虑到一般品种能自花授粉，栽几个品种时由于物候期不一致不便管理，且通过放养蜜蜂可以解决棚内单一品种的授粉与坐果问题，所以目前生产上一般只栽一个品种也是可行的。

五、果 实

草莓食用部分（果实）是由花托膨大形成的，为柔软多汁的浆果。其真正的瘦果是受精后子房膨大形成的，附着于果实的表面，习惯上称之为"种子"。

果实的形状、颜色、大小等因品种而异，也受栽培条件的影响。果实成熟时一般为红色，果肉的颜色为红色、橙红色和近白色。主要形状有圆锥形、球形、楔形等。果实大小为 3～60 克不等，一般为 15～50 克，最大可达 120 克以上。从第一级序到第五级序果实依次减小。一般第四级序以上的果为无效果，没有商品价值。从品种上看，明晶、明磊、全明星、弗吉尼亚等属于大果型品种，宝交、丰香、春香等属于中果型品种，而三星、威斯塔尔等属于小果型品种。一般大果型品种果大但果个数较少，小果型品种果小但果个数较多。浆果上分布有种子，种子对浆果的膨大发育起重要作用。草莓果实（花托）的重量与种子（瘦果）数目成正比，种子数目越多，果实越大。果实的膨大必须依靠种子的存在。种子的存在位置影响果实的形状。在果实局部去除种子则无种子的部位不膨大，而有种子的部位膨大，便形成畸形果。种子的深度有与果面平、凹、凸 3 种。一般平于果面的品种较耐贮运，如全明星、哈尼、弗吉尼亚等，而凹于果面的品种耐贮运性较差，如女峰、丰香、宝交等。大棚草莓中产生畸形果的原因大致有以下几种：①授粉受精不良；

②低温受冻;③花期打过药;④品种问题。

草莓从开花到果实成熟一般需 30 天左右。受温度影响很大,温度高需要天数少,温度低则需要天数多。露地条件下,北方果实成熟期一般为 5 月中旬至 6 月上中旬。由于草莓花期长,果实采收期也长,露地栽培长达 20～30 天,保护地栽培长达 6 个月。

六、花芽分化

草莓花芽和叶芽起源于同一分生组织,当外界的温度、光照等环境条件适宜花芽分化时,分生组织向花芽方向转化而形成花芽。草莓花芽分化时期因品种、当地的气候条件、植株营养状况而异。早熟品种开始和停止花芽分化均早于晚熟品种。同一品种在北方高纬度地区因秋季低温来临和日照变短早,花芽分化开始期也早,在南方低纬度地区花芽分化则晚。同纬度地区海拔高的地方花芽分化早。同一品种,氮素过多、生长过旺、叶数过多过少等都延迟花芽分化期。大多数品种在日平均温度降至 20℃ 以下、日照 12 小时以下的条件诱导下开始花芽分化。在自然条件下,我国草莓一般在 9 月底至 10 月初开始花芽分化。北方与中部地区草莓多在 9 月中旬开始花芽分化,而南方地区草莓在 10 月上旬前后开始分化。花芽分化是草莓生产中的一个关键问题,花芽分化的质量和数量是翌年产量的基础。

草莓花芽分化开始,生长点变圆、隆起肥大,随后半圆形呈现凹凸不平,即进入花序分化期。在花序中,一级序花顺序分化出萼片、花瓣、雄蕊和雌蕊。二级序花分化稍晚,顺序分化出三级序花。当顶花芽一级序花进入花瓣和雄蕊分化时期,腋花芽也开始分化。

草莓的花芽分化和发育与自然气候的变化是相适应的。低温和短日照诱导草莓进入花芽分化,高温和长日照促进草莓花芽的发育。秋季低温和短日照有利于花芽分化,入冬前形成较多的花芽;翌年春气温上升,日照变长,促进花芽发育。在分化后植株长势弱、缺乏营养则花芽发育不好,开花期延迟,适当地促进营养生长则对草莓花芽发育有利。花芽分化后应促进植株营养生长,及早追施适量肥料,对草莓开花结果影响较大,可增加花果数和产量。

七、休 眠

草莓的休眠是为避开冬季低温伤害而形成的一种自我保护性反应。晚秋初冬以后,日照变短,气温下降,草莓进入休眠期,表现为新叶叶柄短、叶面积小、叶片着生角度开张、植株矮化、不再发生匍匐茎。影响草莓休眠的主要因子是短日照、低温等外界条件,以及品种、激素、营养状况等内部因素。日照比温度对草莓的休眠影响更大,休眠主要由秋季的短日照引起。在21℃、短日照条件下,草莓植株开始休眠,而在15℃、长日照条件下却难以进入休眠。引起休眠可能与植株体内内源激素水平有关,进入休眠后赤霉素等生长促进类物质减少,脱落酸等生长抑制类物质增多。

通过休眠所需要的一定时间、一定程度的低温称为低温需求量。不同品种的低温需求量不同。常见品种休眠度由深至浅的顺序是盛冈16号>达娜>宝交早生>丽红≥丰香。打破休眠所需5℃以下低温的时间是:丰香20~50小时,八千代200~300小时,宝交早生400~500小时,达娜500~700小时。需求量少的品种适于促成栽培,中间类型或低温需求量多的品种则适宜半促成或露地栽培。在适宜环境或保护下,草莓休眠期叶片不脱落,能保持绿叶越冬。在北方产区冬季若不注意覆盖保护,叶片就会枯死。

第四节 对环境条件的要求

不同的环境条件如温度、光照、土壤、水分、养分等对草莓的生长发育、结果有重要影响。

一、温　度

一般土温达到 2℃时,草莓根系即开始活动,在 10℃时生长活跃,形成新根。根系生长最适温度为 15℃～20℃,冬季土温降到 －10℃时根系即发生冻害。春季气温达 5℃时,植株开始萌芽生长,此时草莓抗寒力下降,若遇寒潮低温则易受冻。沈阳地区个别年份易出现晚霜,因此,在萌动至开花期要注意预防晚霜危害。草莓地上部分生长最适温度是 20℃～26℃。开花期的适温为 26℃～30℃。开花期低于 6℃或高于 40℃都会阻碍授粉受精的进行,导致畸形果。花芽分化在低温条件下进行,以 10℃～17℃为宜,低于 6℃则花芽分化停止。育苗期温度 20℃～25℃时匍匐茎抽生快而多,低于 15℃和超过 28℃时匍匐茎抽生慢且数量少,喜温或耐温程度品种间有差异。

草莓抗寒性强,在冬季采用覆草防寒措施下,即使在最低温达 －40℃的地区也可栽培。但草莓怕热,不耐高温,当温度超过 30℃时其生长即受到抑制,因此在南方栽培时主要问题是越夏困难。同样,保护地栽培时温度超过 40℃也会造成叶片灼伤等。草莓的生物学零度为 5℃,计算草莓品种需冷时数即是以低于 5℃以下的小时数计算的。

二、光　照

光对草莓生长发育的影响表现在两个方面,一是光照强度,二是日照长度。草莓是喜光植物,同时也比较耐阴,因此可与幼龄果树进行间作。光照强,则生长健、叶色深、花芽发育好、产量高;光照弱,则植株长势细弱、叶柄细、叶色淡、花小品质差、产量低。花芽和匍匐茎是同源器官,芽原基在不同条件下可向不同的方向分化,主要受日照长短的影响。花芽分化需在低温(10℃～17℃)、短日照(8～12 小时)下才能进行,而匍匐茎则需要在较高温度、长日照(多于 12 小时)条件下才能发生。辽宁沈阳地区约在 9～10 月份进行花芽分化,在 5 月下旬至 6 月上旬开始抽生。

三、水 分

草莓不抗旱也不耐涝,根系多分布在 20 厘米以内的土层中。草莓一生需水量大,日本有句俗语叫"草莓靠水收",所以草莓栽培必须选择旱能浇、涝能排的地块。草莓不同生长发育期对水分的要求不同,一般花芽分化期田间含水量约 60% 为宜,开花期 70%,果实膨大及成熟期为 80% 左右,否则果个小,红得太快。辽宁沈阳地区 9～10 月份是植株积累营养进行花芽分化的时期,要避免浇水过多。栽培草莓要保持较大湿度,但并不是越大越好,要适度,因为土壤水分过多会导致果实及根部得病,雨季要注意排水。辽宁沈阳地区 6 月中下旬至 9 月份降雨量比较集中,要及时排水。

另外,草莓不仅对土壤湿度有要求,对空气湿度也有要求。在保护地栽培时,开花期湿度过大影响受精,容易产生畸形果。一般要求空气相对湿度约 60% 为好,开花期不要超过 80%,可以通过放风调节温、湿度。保护地中安装滴灌设备可以明显降低空气湿度而增加土壤湿度并提高地温,对草莓授粉受精、生长发育十分有利。开花前可以保持较大空气相对湿度(70%～80%),因为湿度小易造成叶片抽干,所以可根据湿度情况,当空气干燥时用喷壶往植株上喷水。保护地中可以吊放温度计和湿度计,以便观察。

四、土 壤

草莓对土壤的适应性较强,一般各种土壤均能生长,但要获得高产,良好的土壤是必备的条件。草莓高产地应是土壤肥沃、疏松、透水透气性强的微酸性土壤(pH 值 6.0～6.5),要求旱能灌溉、涝能排水。地下水位不高于 1 米,在沼泽地、盐碱地、重黏性土壤上栽草莓一般生长不良,产量低。

五、养　分

草莓对氮、磷、钾的需求比较均衡，正常生长发育约是1：1.2：1的吸收总量。在大田常规施肥条件下，草莓从定植到收获对氮、磷、钾、钙、镁各营养元素的最大吸收量顺序为氮＞钾＞钙＞镁＞磷。草莓对微量元素比较敏感，尤其是铁、镁、硼、锌、锰、铜等缺少时都会产生相应的生理障害，影响正常生长发育。某种营养元素施用过量，轻则植株生长迟缓，重则出现肥害。其中氮肥过多时，植株徒长，抗逆性抗病虫害能力下降，营养生长与生殖生长失衡，花芽分化时间推迟并分化不充分。在花果期氮肥偏多时果实畸形，裂果增加，果面着色晚，含糖量下降，硬度变软，商品价值与货架寿命受到影响。

草莓一生中对钾和氮的吸收特别强。在采收旺期对钾的吸收量要超过对氮的吸收量。对磷的吸收整个生长过程均较弱。磷的作用是促进根系发育，从而提高草莓产量。磷过量会降低草莓的光泽度。在提高草莓品质方面，追施钾肥和氮肥比追施磷肥效果好。因此追肥应以氮、钾为主，磷肥应作基肥施用。

由于草莓是浅根性植物，基肥全层施用在耕层30厘米土壤中有利于草莓吸收利用；农家肥一定要彻底腐熟，否则高温发酵产生有毒氨气会伤害草莓。草莓叶面积较大，叶面施肥效果较明显。

第五节　繁殖与育苗

草莓繁殖有匍匐茎繁殖、母株分株繁殖、种子繁殖和组织培养繁殖4种。繁殖健壮的草莓苗是获得优质高产的基础。我国生产上主要用匍匐茎繁殖法繁殖苗木，并且越来越多的与组织培养结合，利用组培的原种苗作为母株以提高繁殖系数。在日光温室、塑料大棚等保护地栽培形式中，为了培育优质壮苗及提早花芽分化，常采用假植、夜冷短日照处理等育苗措施。

第二章 草 莓

一、繁殖方法

（一）匍匐茎繁苗　是草莓生产上最常用的繁殖方法，从匍匐茎形成的秧苗与母株分离后成为匍匐茎苗。方法简单，容易管理。匍匐茎苗能保持品种的特性，并且根系发达、生长迅速，当年秋季定植，当年冬季或翌年即能开花结果。

匍匐茎一般在坐果后期开始发生，但因品种、地区和栽培方法而异。一般早熟品种发生早；南部及中部地区比北方地区匍匐茎发生早；露地栽培在果实开始成熟期发生，促成栽培在果实采收后发生。匍匐茎发生量主要受品种、植株低温积累量及营养条件影响。

20世纪80年代后期之前，匍匐茎繁殖育苗以直接在生产田培育为主。果实采收后，隔行隔株挖掉部分植株，以留出较大空间抽生匍匐茎苗，通常一株母株可保存5～6条匍匐茎，每个匍匐茎留2～3株幼苗，每株可得10～18株幼苗。20世纪80年代后期以来，匍匐茎繁殖育苗主要是利用专用圃培育，利用脱毒组培原种苗或健壮的匍匐茎苗作母株生产扩繁良种苗。选择专用繁苗田，要求排灌方便、土壤肥力较高、光照良好的地块，未种过草莓或已轮作过其他作物，至少一年内未施用过化肥农药。母株定植时期一般在3月中下旬至4月上旬，以当地土壤化冻之后、草莓萌芽之前为最好，此时草莓苗的生理活动正处在由休眠进入萌动期，未进入旺盛活动期，这时移栽成活率和繁苗系数高。根据品种分生匍匐茎能力的不同，栽植密度应保证每株原种母苗有 $0.8～1.0$ 米^{2}的繁殖面积。栽植时不宜过深埋住苗心，以防引发秧苗腐烂；也不要栽得太浅，如果新茎外露，易引起秧苗干枯，以"上不埋心，下不露根"为宜。

定植后要注意母株的肥水管理，母株现蕾后要摘除全部花蕾，减少养分消耗，促进植株营养生长，及早抽生大量匍匐茎。在匍匐茎抽生前或初期喷 50～100 毫克/升赤霉素能促使多抽生匍匐茎苗。匍匐茎抽生后,将茎向畦面均匀摆开,压住幼苗茎部,促使节上幼苗生根。为了保证匍匐茎苗生长健壮,一般一株母株可以繁殖 30～50 株的壮苗,过多的匍匐茎及后期发生的匍匐茎应及时摘除。

(二)母株分株繁苗　是将老株分成若干株带根的新茎苗,又称分墩法、分蘖法。对不发生匍匐茎或萌发能力低的品种,可进行分株繁殖。另外,对刚引种的植株由于株数不够也可进行母株分株繁殖。一般是 7～8 月份老株地上部每个新茎有 5～8 片叶时,将老株挖出,剪除老的根状茎,将 1～2 年生的新根状茎分离,这些根状茎下部有健壮不定根,没有根的苗可先扦插生根后定植。分株法的繁殖系数较低,一般一墩母株只能得到 3～4 株达到栽植标准的营养苗。分株繁殖不需要专门的繁殖圃,可节省劳力和成本,但分株造成伤口较大,容易感染病害,栽植后应加强管理。

(三)种子播种繁苗　是有性繁殖,用种子播种长出来的实生苗会产生很大变异,主要用于科研选育新品种,生产上一般不采用。种子繁殖的草莓苗根系发达、生长旺盛,一般经 10～16 个月可开始结果。但荷兰育种者培育出了利用种子繁殖的四季草莓品种 Elan,一年内任意时间都可播种,播种后 5～6 个月即可采收。

草莓种子的采集应选择成熟的果实,用刀片削下带种子的果面,贴在纸上,阴干后捻下种子。将种子装入纸袋,写上采取日期和品种名称,放在阴凉干燥处保存。草莓种子的发芽力在室温条件下可保持 2～3 年,种子没有明显的休眠期,因此可以随时播种。播种前对种子进行层积处理 1～2 个月,可提高发芽率和发芽整齐度。因草莓种子小,播种后只需稍加覆土、不见种子即可。

(四)组织培养繁苗　草莓组织培养繁殖主要采用茎尖外植体,一方面可以在短时间内快速大量繁殖优良新品种、加快其推广栽培,另一方面可以获得草莓脱毒苗,并可保持品种的优良性状。

组培原种苗作母株比田间普通生产苗作母株生长更健壮、繁殖的匍匐茎苗更多,繁殖后代生长势强、产量高。

由于草莓长期连作,病毒侵染严重,造成植株矮化、果实变小、品质低劣、长势衰退、抗逆和抗病能力明显下降,严重危害草莓生产。调查表明草莓病毒危害在我国老产区感染较重,危害草莓的4种主要病毒是草莓斑驳病毒、草莓皱缩病毒、草莓轻性黄边病毒、草莓镶脉病毒。人工脱除草莓病毒育苗技术的应用,是目前国际上解决草莓病毒问题的主要手段。先进发达国家已基本上实现了无病毒苗栽培,在我国推广纯正优质无病毒苗已势在必行。草莓脱除病毒有微茎尖培养、热处理等多种方法。草莓茎尖组织培养主要操作过程如下。

1. **消毒接种** 从田间选择纯正该品种无病虫害、带茎尖生长点的匍匐茎茎段,用流水冲洗 1 小时,在超净工作台中用 70%乙醇浸泡 30 秒,转入 0.1%升汞中浸泡 8 分钟,并不断摇动,然后用无菌水冲洗 5～6 次。无菌条件下剥去茎尖外苞叶及绒毛,剥取 0.2～0.5 毫米茎尖接种于培养基上。茎尖越小脱毒率越高,0.2 毫米茎尖脱毒率可达 100%,但实际操作中比较困难。因此,目前生产上一般采用 0.5～1.0 毫米茎尖接种,但不能达到完全脱毒。草莓茎尖培养多采用 MS 培养基,附加 BA 0.5 毫克/升、IBA 0.1～0.2 毫克/升,蔗糖 30 克/升、琼脂 5～7 克/升,pH 值 5.8 左右。接种后将玻璃瓶放在培养室中培养,室温 25℃～28℃,每天光照 12～14 小时,光强 2 500～3 000 勒克斯。

2. **继代扩繁** 经过 30 天左右培养,产生高 2.5～3 厘米的小芽丛苗。可将芽丛进行切割,每 3～4 株为 1 块,每瓶 3～4 个芽丛,接种于增殖培养基上,进行增殖培养。以后每隔 25～30 天 继代 1 次,继代时间不应超过 2 年。当瓶内苗增殖达到需要数量时,将芽丛分成单株,每株应达到 2～3 片叶,放置在生根培养基中进行瓶内生根。生根培养基可用 1/2 MS 基本培养基附加 IBA

0.2～0.3 毫克/升、蔗糖 15～20 毫克/升、琼脂 5～7 克/升,pH 值 5.8。无根苗在生根培养基上生长 15～30 天即能生根,当生有 3～4 条根、根长度达到 0.5 厘米时,即可转入温室扦插驯化。

3. 扦插驯化　生根瓶苗在培养室中打开瓶口适应 1～2 天后,可先开小口,到最后完全将瓶口打开,使瓶内幼苗逐渐适应外界环境。用镊子夹住草莓苗从培养瓶中轻轻拉出,洗去培养基,放入加有水的容器内防萎缩。在温室中扦插于沙床或者穴盘。扦插时根须全部插入,但要露出生长点,并起小拱膜保温保湿。每天或隔天浇水,保持土壤基质含水量 70%～80%。扦插于沙床的试管苗 15～25 天可以生根移栽入穴盘。营养土由草炭、珍珠岩和园土各 1/3 组成,经过灭菌后均匀混合装入 50～100 穴的育苗盘中。穴盘苗经过 2 个月后可培养出具有 3～4 片以上的新叶、根长达到 5 厘米以上且不少于 5 条的标准原原种苗。原种苗可以用于销售或定植于田间作母株繁殖生产用苗。

二、育苗措施

草莓育苗措施较多,目的是为了培育壮苗及提早花芽分化。目前生产上主要应用下列育苗措施。

(一)钵育苗　营养钵育苗是日本生产上普遍应用的育苗方法,在我国多用于繁殖新优稀缺品种。用疏松保水力强的营养土作钵土,将具 2～3 片展开叶的幼苗假植在直径 10～12 厘米、高 8～10 厘米的塑料钵内,育成具 5～6 片开展叶、茎粗 1.0 厘米以上的壮苗。定植时带土一起放入定植穴内。钵育苗由于肥水易控制,植株不易徒长,定植时伤苗少,缓苗时间短,因此,这一方法不仅使草莓花芽分化早,而且开花早,产量高,能使收获期提前到 11 月中旬,较露地育苗法早 1 个多月,果实采收期达半年以上。还可用营养钵压茎育苗,具体做法是在匍匐茎大量发生时,在母株周围埋入装有营养土的塑料营养钵,将匍匐茎上的叶丛压埋在营养土中,经常保持营养钵中的湿度,以利匍匐茎发根。

（二）假植育苗　将子苗从草莓母株上切下,移植到事先准备好的苗床或营养钵内进行临时非生产性定植,称为假植。假植育苗可增强植株的光合效率、增加根茎中的贮藏养分,是培育壮苗、提前和充分花芽分化、提早并延长结果上市时间和增加产量的一项有效措施。一般在7月中旬至8月上旬进行。选取品种纯正、生长健壮的秧苗,距子株苗两侧各2～3厘米处将匍匐茎剪断,使子株苗与母株苗分离,放入盛有水的塑料盆内,只浸根,准备假植。按15厘米×15厘米株行距,在晴天下午或阴天移栽,移栽后喷水遮阳。假植圃应选择离生产大棚近的地块。不宜过多施肥,特别应控制氮肥的使用。

（三）高山育苗　又称高寒地育苗,在海拔800米以上的高寒地进行种苗繁育。由于高山气温较低,温差较大,日照适中,能避开7～8月份高温对草莓苗生长的影响,提早花芽分化,减少病虫害,提高草莓苗素质,使草莓苗根系发达,植株健壮。一般海拔每升高100米,气温降低0.6℃,在海拔800米处育苗,可比平地降温1.5℃左右。海拔越高降温越明显。越是暖地,高山育苗效果越好。具体方法:一般7月上旬采苗假植,培育成充实子苗,8月中旬上山,山上假植地不必施基肥,9月中旬下山定植。也可在7月上旬直接采苗上高山假植,8月中旬前进行以氮肥为主的肥培,8月中旬后断肥,9月中下旬下山定植。高山育苗技术中低温条件比短日照更为重要,低温时间不足会导致开花不结果。苗圃选择在海拔800米以上的半山区山间盆地,9～10月份平均气温18℃～22℃、最低气温15℃左右最适宜。

（四）夜冷育苗　夜冷育苗是使草莓植株白天接受自然光照进行光合作用,夜间采用低温处理,促进其花芽分化。将苗盆栽,夜间置于冷库中进行低温处理,但在生产上育苗时比较麻烦。近来发展为利用冷冻机在管架大棚顶端处理,并利用可移动的多层假植箱繁苗,较为方便。这种方法比常规育苗可提前花芽分化 2 周以上。夜冷处理一般在 8 月 20～25 日开始,处理 20 天。每天下午 16:30 推进室内,晚上 20:30 降温至 16℃,第二天早晨 5:30 降温至 10℃,至上午 8:30 再升温至 16℃,9:00 出库。15 天后,基本上都达到分化初期。

(五)冷藏育苗 为促进花芽分化,8 月上旬将健壮子苗置于 10℃黑暗条件下 20 天。诱导结束后,子苗立即定植。冷藏苗标准为 5 片以上展开叶,根茎粗 1.2 厘米以上。方法是起苗后将根土洗净,摘除老叶,仅留 3 片展开叶,装入铺有报纸的塑料箱内放入库中。在入库和出库前将苗放在 20℃的环境中各炼苗 1 天。运用冷藏育苗可提早促成栽培草莓收获期。

第六节　栽培管理

草莓为矮棵果树作物,除露地栽培外,非常适合于设施栽培。露地栽培是使草莓在露地自然条件下解除休眠、进行生长发育的栽培方式。其优点是栽培管理省工、省力、成本低、便于规模经营。缺点是易受不良环境条件影响,成熟上市时间集中,价格低。露地栽培南方 2 月上中旬、中部地区 4 月下旬、北方 6 月上旬成熟上市。20 世纪 90 年代以前,我国草莓栽培以露地为主,露地草莓主要用于鲜食,而 90 年代以后,露地栽培则主要用于加工。草莓设施栽培是指利用各种设施如小拱棚、中拱棚、大拱棚、塑料大棚、日光温室、玻璃温室等,达到早产、丰产及延长供应期的目的。设施栽培可以使草莓成熟期大大提前,从 11 月份至翌年 6 月份都有新鲜草莓上市。同时,通过应用四季草莓和抑制栽培方式可部分满足 7～10 月份的鲜果供应。草莓基本可以做到周年供应,给生产者带来可观的经济效益。

第二章 草 莓

一、露地栽培

（一）**园地选择** 凡日照充足、雨量充沛或有灌水条件的地区均可种植草莓。宜选择地势较高、地面平坦、土质疏松、土壤肥沃、酸碱适宜、排灌方便、通风良好的园地。在北方冬季寒冷地区应选背风向阳的地方，高温湿润的南方宜选背阴凉爽的地方。草莓较不耐贮运，对采收和销售时间要求较严格，应交通方便、附近具有贮藏和加工条件。选择时还要注意前茬作物，一般前茬以蔬菜、豆类、小麦和油菜较好。草莓地连作 3～5 年以上，产量会大大降低，生长势减弱，重茬现象较严重。

秧苗栽种前要进行土壤消毒，常用太阳能消毒。在 6～8 月份高温休闲季节，将土壤或苗床土翻耕后覆盖地膜 20 多天，利用太阳能晒土高温杀菌。或在 6～8 月份高温休闲季节，每 667 米² 苗床土壤表面撒施石灰 100～150 千克、作物秸秆等有机物 1000 千克左右、炉渣粉 70～100 千克等，翻地后起 0.5 米高垄。将整块地覆盖塑料薄膜，然后向内部土壤灌水，至土壤表面不再渗水为止，密闭 14～20 天。太阳能能使温度达到 50℃以上，甚至 60℃以上，能有效杀死多种病原菌和线虫。

（二）**品种选择** 露地栽培植株经过春、夏生长发育，秋季形成花芽，冬季自然休眠，翌年春暖长日照下开花。宜选用高产、耐贮运的大果型品种，还应考虑用途，鲜食或是加工。生产上露地栽培品种多从欧美引入，日本品种较少。现在我国露地生产上应用较多的草莓品种主要有哈尼、全明星、甜查理、森加森加拉、玛丽亚、达赛莱克特、宝交早生、达娜、弗吉尼亚等。我国自育的品种也有少量应用，如星都 2 号、硕丰等。品种性状详见前述。

（三）**定植** 草莓定植前需施基肥，由于栽植密度大，生长期补肥较为不便，基肥最好一次施足。以有机肥为主，一般 667 米² 施腐熟有机肥 2000～5000 千克，加过磷酸钙以及适量石灰调节土壤的 pH 值。提倡起大垄双行一年一栽植。大垄距 80～100 厘米,小行距 25～30 厘米,垄高依土壤旱涝情况定,15～25 厘米。栽植密度要根据地力和品种决定,沃土和繁茂品种宜稀些,反之宜密些。通常每 667 米² 栽植 1 万株左右。

在生产上春、秋两季均可栽植。为了在短期内取得草莓高产,不同地区应根据当地气候条件选择适宜的栽植期。北方地区秋植一般在 8 月下旬至 9 月上旬,以秋季气温在 15℃～25℃时为宜。此时,多数秧苗能达到所要求的定植标准,定植时间长,同时正值北方雨季,土壤水分和空气湿度较大,缓苗快,成活率高。南方地区秋植一般在 10 月上中旬为宜。在定植前最好先进行假植,以使其顺利度过适应期,从而促进秧苗定植的成活率。为确保秧苗成活,宜选阴天或傍晚栽植,栽苗时根据花序均从苗的弓背抽生的原理,可以采用定向栽植的方法,使全行花序朝向同一方向,以便垫果和采收。栽植深度做到浅不露根、深不埋心。草莓根浅,不耐干旱,栽后要立即灌水。对灌水淤心苗要及时冲洗整理。栽后遇高温烈日要遮荫以降温保湿。

(四)肥水管理 栽植成活后,结合松土除草进行一次培土,以促使幼苗多生根。草莓是喜肥作物,为保证生育期内不脱肥,在施足基肥的基础上,还应适时适量追肥。追肥采取少量多次的原则,及时补充草莓所需的各种养分。在肥料种类上以速效肥为主,要掌握适氮、增磷钾的原则,施肥量和次数依土壤肥力和植株生长发育状况而定。追肥一般是在草莓开始生长期、采收后、花芽分化等时期的稍提前一段时间进行。一般在 3 月下旬至 4 月上旬追施 1 次,8 月下旬至 9 月上旬再追施 1 次。

栽后每天小水勤浇直至成活,以后保持土壤微湿。宜在上午 8～9 时。传统的沟灌方法易导致田间湿度过大,采用滴灌技术可节约用水,同时有利于中后期控水。现蕾至开花期应保持田间持水量约 70%,果实膨大期应保持在约 80%,花芽分化期应适当控水,防止徒长。

（五）植株管理 适量地摘除老叶,及时摘除残叶和病叶,并将其销毁或深埋。从心叶向外数 3～5 片叶的光合效率最高,每株留 5～7 片功能叶即可。及时摘除匍匐茎,也可用多效唑、矮壮素等来抑制匍匐茎的发生。草莓以先开放的低级序花结果好,因此,应将高级序上的无效花疏除。一般每株草莓有 2～3 个花序,每个花序上有 7～20 朵花。摘除后期未开的花蕾及级序高的花蕾、小果及畸形果。草莓地最好用地膜覆盖代替垫果,也可用切碎的稻草、麦秸铺于植株周围。病害主要有灰霉病和白粉病,虫害主要有蚜虫、红蜘蛛,应采用高效低毒农药防治,但在果实采收期严禁使用。精细采摘于 12 月上旬开始,每隔 1～2 天采摘 1 次,采收期一般可延续 1 个月。采摘的适宜时间为早晨,采摘时动作要轻,手捏果柄,带柄采下,不要损伤花萼,否则易腐烂,影响品质。

（六）防寒 草莓在北方地区一般不能露地安全越冬,越冬防寒能有效保证植株不受冻害、促使翌年春季早萌动及高产。覆盖物可用稻草、玉米秸、树叶、腐熟马粪等。覆盖一般在灌封冻水之后、土壤刚结冻时进行。覆盖厚度 5 厘米左右。早春当平均气温高于 0℃时即可撤除防寒物,并清扫地表,松土保墒,促进生长。在春季有晚霜危害的地区可适当延迟撤除防寒物,以防植株受冻。

二、小拱棚栽培

小拱棚栽培是设施栽培中最简单的一种方法。与露地栽培相比,成熟期可提早 15～25 天,产量提高 25％以上,采收期延长 15 天左右,且果实增大,色泽鲜艳。其经济效益是露地的 2～3 倍,是一种投资少、效益高的栽培模式。与大棚栽培相比,投资额为大棚栽培的 1/10～1/20,方法简便,技术易掌握,便于推广,同时还有利于调节茬口,避免固定大棚栽培重茬的弊病。四川省双流县草莓栽培多采用小拱棚栽培形式。

（一）**品种选择**　小拱棚栽培草莓宜选用休眠期较短、植株生长旺盛、果实在低温下着色好、果型大、耐贮运、抗病性强的品种，如甜查理、埃尔桑塔、达赛莱克特、哈尼、全明星、宝交早生、丰香等。小拱棚栽培整地施肥与露地栽培相同，南方一般在10月中下旬定植，北方一般在8月下旬定植。为保证高产稳产，必须选用优质壮苗。

（二）**扣棚**　拱棚可选择竹片弯成拱形棚架，外覆薄膜，跨度为2~3米，长30~40米，拱高0.8~1.0米。南北棚向。设置拱棚时，按畦长方向每隔1米距离插一根竹片，竹片两端分别插入棚两侧的畦埂上，然后在拱上覆盖塑料薄膜，四周用土压紧密封即可。要适当加压数道小绳，防止大风吹翻拱棚。

小拱棚的扣棚时期有秋季和春季两个时期。北方地区以晚秋扣棚效果好，夜温降至5℃进行扣棚。春季扣棚只能提早收获，不能延长花芽分化时间，对提高产量意义不大。南方地区以春季扣棚效果好，2月上中旬为宜。扣棚过早苗萌芽后遇寒流受冻，过晚则会降低草莓的早熟及增产效果。

（三）**扣棚后管理**　扣棚后要注意棚内温度，既要防止高温危害，也要防止发生冻害。前期密闭以保持较高温度。待萌芽生长后，随棚温不断上升，开始逐步放风，防止棚内气温高于30℃。草莓萌芽至现蕾期白天温度15℃~20℃、夜间6℃~8℃，开花期白天20℃~25℃、夜间5℃~6℃。4月下旬，外界温度能满足草莓生长发育要求时可拆除小拱棚。在土壤干旱时应及时浇水，前期可结合浇水追1~2次尿素，后期适当增施磷、钾肥。在现蕾期和果实发育期各喷1次磷酸二氢钾，能提高果实品质、增进果实着色。

一般小拱棚栽培4月上旬草莓果开始成熟进入采收期。当果实达到八九成熟时，要及时采摘，以免因棚内温湿度大造成烂果。最好2天采收1次，小拱棚拆除后，延至3~4天采1次。

三、塑料大棚栽培

塑料大棚栽培草莓具有上市早、供应期长、产量高、商品性好、经济效益高的优势。塑料大棚进行草莓的半促成栽培可使果实在2～4月份上市,比露地栽培提早1～2个月;促成栽培可以使果实上市期提前到12月下旬,采收期长达5～6个月,使草莓成为淡季水果市场供应的珍品。

(一)塑料大棚半促成栽培 草莓的塑料大棚半促成栽培在北方地区应用较普遍。半促成栽培是对基本通过自然休眠或通过人为措施打破休眠的草莓植株采取保温或增温措施,以促进开花结果提早上市的栽培方法。

1. 品种选择 塑料大棚栽培草莓通常选用生长势强、坐果率高、耐寒、耐阴、抗白粉病、品质优、贮运性能好、果型大和果色艳丽的品种,如丰香、章姬、幸香、佐贺清香、红颊、枥乙女、全明星、哈尼、甜查理、玛丽亚、达赛莱克特、宝交早生、星都1号、星都2号、硕丰、明宝等。定植时应达到壮苗标准,叶片大而厚,叶柄粗,展开叶4片以上,新茎粗1厘米以上,根须多而白,单株重25～35克。

2. 整地定植 大棚半促成栽培比小拱棚半促成栽培采收早、产量高,因此,除秧苗标准要求较高之外,施足优质基肥也很重要。在施足基肥的情况下,不必再进行或少进行土壤追肥。可利用大棚操作方便的特点,多进行根外追肥。定植时期宜在9月上旬前后。因大棚半促成栽培比小拱棚栽培开花结果早,若采用繁殖圃秧苗,可高垄密植,以提高产量,每667米² 一般栽植1.0万～1.2万株;若采用假植苗,密度宜适当减小,每667米² 一般不宜超过1万株。

3. 扣棚保温 适时扣棚保温是草莓半促成栽培的关键。扣棚过早,影响花芽分化,导致减产;扣棚过晚又导致草莓休眠,发育不良,达不到栽培要求。因此,草莓大棚半促成栽培要求在满足解除植株自然休眠所需低温量时,适时扣棚保温。在气温下降至16℃以下为好。可及时在地面上覆盖黑色地膜,不但可以保温保湿,还可以减少杂草生长。

4. 激素处理　用赤霉素处理具有长日照的效果,可促进花芽发育,使第一花序提早开花,促进叶柄伸长,还可促进花序梗伸长。喷施质量浓度为5～10毫克/升,共喷施二次。第一次在扣棚后刚长出新叶时,约扣棚后1周;第二次与第一次间隔10～15天。喷施时以苗心为主,每株喷5毫升药液。喷施剂量要严格掌握,过多植株旺长、花序梗明显高于植株、授粉不良、坐果率低、畸形果多,过少则无效。

5. 棚内管理　温度管理是大棚草莓生产管理的关键。休眠期要求尽可能地提高地温,使10厘米深的土层温度在2℃以上,以促进根系生长活动;萌芽展叶期要控制在15℃～25℃,不得出现-2℃以下低温;开花坐果期控制在20℃～28℃,不得出现5℃以下低温;果实发育期要控制在10℃～28℃;棚内30℃以上时应注意及时通风。花期放蜂辅助授粉。进入开花结果期应保持较低湿度,以利于开花授粉和防治病害发生。果实发育期应特别注意保持土壤湿润,有条件的地方最好使用滴灌。

(二)塑料大棚促成栽培　草莓促成栽培是采取措施诱导花芽分化,防止植株休眠,促进植株生长发育,提早开花结果,从而提高经济效益。塑料大棚促成栽培在南方地区应用较多。草莓促成栽培最关键的措施是促花育苗和抑制休眠,其他方面则以半促成栽培为基础。

1. 品种选择　促成栽培草莓品种应选择休眠浅、可多次发生花序的优质、高产品种,还应根据果品销售市场距离的远近、生产者技术管理水平等确定品种。我国草莓促成栽培主栽品种有红颊、丰香、章姬、幸香、佐贺清香、枥乙女等。

2. 促花育苗　由于保温始期早,开花结果早,因此要人为创造条件,促进花芽提早分化和发育,保证秧苗整齐健壮。促进花芽分化的主要措施有假植育苗、营养钵育苗、高山育苗等,各地区可因地制宜地选择应用。在花芽分化早的地区,可不必采取促花育苗。

3. **扣棚时期** 覆盖棚膜时间因地理位置和品种不同而异,计划提早上市和休眠浅的品种早扣棚,计划推迟上市和休眠深的品种晚扣棚。一般在顶花芽开始分化1个月后。此时顶花芽分化已完成,第一腋花序正在进行花芽分化。扣棚时期要兼顾既不能使草莓进入休眠,又不会影响腋花芽分化。一般在我国的北方地区可在降几场霜后的10月中旬,南方地区可适期延后。

4. **激素处理** 赤霉素处理和提早保温均具有抑制草莓休眠的效果。一般在开始保温后,约10月中旬,当苗具2片未展开叶时进行第一次赤霉素处理,以促进幼叶生长,防止进入休眠。在现蕾期,一般为10月下旬,可酌情进行第二次赤霉素处理,以促进花柄伸长,有利于授粉受精。

5. **补充光照** 为防止植株矮化,可在设施内安装白炽灯,把每天光照时间延长至13~16小时。通常667米^{2}安装100瓦的白炽灯泡30~40个,灯高1.8米。一般在12月初至翌年2月上旬进行补光照明,每天日落后光照4~5小时,以补充冬季的光照不足,达到草莓开花结果期需要的长日照时数。电灯照明补光栽培可显著提高草莓的产量。实行电灯照明时,赤霉素只能在10月中旬吐蕾前后喷1次。

6. **植株管理** 在果实采收期间,应进行植株整理,及时摘除老叶、病叶、病果等,改善通风透光条件,增加光合产物积累,提高后期果实产量和品质。

四、日光温室栽培

日光温室草莓栽培是高投入、高产出的高效栽培形式,鲜果采摘时间长,为 11 月中旬至翌年 6 月,可以满足元旦和春节两大节日市场,667 米² 产量可达 2 500～4 000 千克,产值可达 2 万～4 万元,经济效益十分可观。日光温室的利用有 2 种形式,一种是不经人工加温,利用太阳能来保持室内温度;另一种是利用加温设备人工加温进行栽培。北方寒冷地区利用日光温室不加温进行半促成栽培或加温进行促成栽培,加温栽培果实成熟期可比不加温提早 2～3 个月以上。目前北方地区利用加温温室进行草莓促成栽培的方式比较普遍。

北方冬季气候寒冷,日照时间短,为了使草莓在日光温室中正常生长并开花结果,须利用加温补光灯等手段调节环境条件,同时在土、肥、水上加强管理。

(一)品种选择 品种选择上与塑料大棚促成栽培相似,要求果大、丰产、抗逆性好、耐贮运性强、需低温量少、休眠浅、花芽分化容易的品种,一般需冷量在 0～200 小时,如丰香、J10、静香等品种均较适合。

(二)整地施肥及定植 日光温室栽培要施入足够的基肥,以满足长采收期的肥料供应。一般每 667 米² 施入充分腐熟的堆肥 2 000～3 000 千克、氮磷钾复合肥 50～75 千克。采用假植育苗可在 9 月中下旬定植。如果不采用假植育苗,可在 8 月份定植。定植采用大垄双行,垄宽 50～60 厘米,垄高 30～40 厘米,株行距约为 15 厘米×25 厘米。垄栽可以提高地温,促进生长发育,并减少病害的发生。

(三)扣棚及扣棚后管理 草莓日光温室促成栽培覆盖棚膜时间是外界气温降至 8℃～10℃时。一般在扣棚前后要覆盖地膜,既可减少土壤水分蒸发,降低温室湿度,又可提高土温促进根系生长。

日光温室加温方法有 2 种,一是炉火加温,另一种是热风加温。无论采用哪种方法加温,温度管理应尽力达到各时期适宜温度的要求。开花结果期温度保持在 20℃～25℃ 为宜。扣棚后适时追肥浇水。温室内放养蜜蜂辅助传粉。喷施赤霉素抑制休眠，补充光照。控制温室内的湿度，一般保持在空气相对湿度 70％～80％ 为宜，开花期湿度要小一些，一般以 60％ 为宜。要注意避免使地面和空气湿度过大，温室内湿度大、温度低时，易感染灰霉病、白粉病等。其管理可参照塑料大棚促成栽培。

五、抑制栽培

抑制栽培是使已完成花芽分化的草莓植株在人工条件下长期处于冷藏被抑制状态、延长其被迫休眠期、并在适期促进其生长发育的栽培方式。抑制栽培可灵活调节采收期，从而在成熟期上补充露地、小拱棚、大棚、日光温室草莓上市时间的空缺，在我国草莓产业发展中前景广阔。植株冷藏是抑制栽培中最关键的环节，而大棚管理则与大棚半促成栽培基本相同。

冷藏苗的质量一定要好，必须根茎粗壮、根系发达。冷藏苗要有足够的花数，入库时最好雌、雄蕊已形成，但尚未形成花粉。入库冷藏过早，花数减少而产量降低，且冷藏费用增加；入库过晚，休眠结束后开始生育，易发生冷藏危害，以 2 月中旬入库为好。挖苗一定要认真细致，尽量少伤根。苗掘起后应轻轻抖动，去掉根部泥土。摘除基部叶片，只保留展开叶 2～3 片，以减少贮藏养分的消耗。将苗放入带有透气孔的纸箱或木箱中，每箱装 20 捆，分 2 层，纸箱应具备防潮性能。箱内侧覆一层塑料薄膜，将苗装入后封好，上方经薄膜覆盖后，留一呼吸透气孔，封盖后，统一装入恒温库。贮藏温度要求 −2℃～0℃。贮藏温度过高、过低会出现烂苗、冻死现象。

出库处理方法通常有 2 种，一种是定植的当天早晨出库，立即浸根，下午定植；另一种是前一天傍晚出库，放置一夜，第二天早晨开始浸根，之后定植。生产中多采用前一种。秧苗出库后必须浸根,否则定植成活率低。一般需流水浸根 3 小时。草莓抑制栽培的定植时期是随着采收期的早晚而灵活确定。一般来说,出库定植早,温度较高,从定植到采收所需时间短、果小、产量低;出库定植晚,温度较低,从定植到采收所需要时间长、果大、产量高。秧苗出库定植晚,生育期正逢低温季节,需进行大棚覆盖保温。例如7~8 月出库定植,经过 30 天左右开始收获;9 月上旬出库定植,45~50 天开始收获;10 月中旬以后定植,11 月中旬开始利用大棚保温可一直收获到翌年 2 月。

第七节　果实采收

一、采收标准

草莓果实成熟的显著特征是果实着色,判断成熟与否的标志是着色面积与软化程度。因栽培形式不同,露地栽培采收期在 5月上中旬至 6 月上旬;促成栽培为 12 月中下旬至翌年 3 月上旬;半促成栽培为 3 月上旬至 4 月下旬;延后抑制栽培的采收期多在8 月下旬至 11 月份。确定草莓适宜的采收成熟度要根据温度环境、果实用途、销售市场的远近等因素综合考虑。一般而言,果实表面着色达到 70%以上时应进行采收,作鲜食的以八成熟采收为宜。硬肉型品种以果实接近全红时采收为宜,这种果品质好,果形美,相对耐贮运。供加工果酱、饮料的要求果实糖分和香味,可适当晚采。供制罐头的,要求果实大小一致,在八成熟时采收。远距离销售时,以七八成熟时采收为宜。就近销售的在全熟时采收,但不宜过熟。

二、采收方法

采收前,应准备好足够的采收容器,如塑料箱、小木盒、塑料盒、塑料袋等。采收容器不宜过大,最好分成大、小包装,小包装放入大包装,采果前垫上软纸或软布。如果须运往外地销售或送往加工厂,需提前准备好交通工具;若需要贮藏,要准备好冷库,并保证制冷设备能正常工作。

由于草莓是陆续开花、陆续结果、陆续成熟,一个品种的采收期延续约 25 天(露地)至 6 个月(日光温室栽培)。一般开始成熟时,可以每 2 天采收 1 次;成熟集中期,可每天采收 1 次。每次采收时必须将成熟的果实全部采尽。具体采收时间最好在早晨露水干后,上午 11 时之前或傍晚天气转凉时进行。中午前后气温较高,果实的硬度较小,果梗变软,不但采摘费工,而且易碰破果皮,果实不易保存,易腐烂变质。果实摘下后要立即放在阴凉通风处,使之迅速散热降温。有条件的可放置低温库预冷处理。

浆果特别柔嫩,采收过程中必须轻摘轻放。采摘时连同花萼至果柄处摘下,避免手指触及果实。采下的浆果必须带有部分果柄并且不要损伤花萼,以延长浆果存放时间。将畸形果、腐烂果、虫伤果等不合格的果实同时采下,但采摘后不要混装,应单独另放,以免影响质量。

三、分级包装

分级标准除外观、果形、色泽等基本要求外,主要依果实大小而定。我国目前草莓生产上果实分级还没有统一的标准。一般大果型品种大于或等于 25 克为一级果、大于或等于 20 克为二级果、大于或等于 15 克为三级果。中果型、小果型品种依以上标准每级别单果重降低 5 克。分级包装过程中要注意不要让果实直接受到日光暴晒。

草莓的包装要以小包为基础,大、小包装配套。目前,上市鲜果有用 200 克、250 克等规格的塑料盒小包装外加纸箱集装包装,也有用 1 千克、2 千克、2.5 千克礼品盒包装,还有用分层纸箱包装。规格大小根据运输远近、销售市场等灵活更改。为防止压伤,影响外观品质,切忌用大纸盒、大竹筐盛装。

草莓较难贮存,最好随采随销。临时运输有困难的,可将包装好的草莓放入通风凉爽的库房内暂时贮藏。一般在室温下最多只能存放 1~2 天。放入冷藏库中库温 12℃可保存 3 天左右,库温 8℃时可存放 4 天,库温 1℃~2℃时,可贮藏 1 周左右。但贮存期过久,品质风味均有下降,逐渐腐败。

草莓果实的运输应遵循小包装、少层次、多留空、少挤压的原则。在温度较低的冬季,可用一般的有篷卡车,运输途中要防日晒;进入 3~4 月份温度渐高后,作较长距离运输的应使用冷藏车或采用冰块降温。

第三章　树莓与黑莓

第一节　概　述

一、栽培意义

树莓是联合国粮农组织推荐的健康小浆果,被誉为第三代水果。欧美国家已实现现代化栽培。据在北京密云引种试验,栽种当年即可结果,2～3 年进入盛果期,产量一般为 6 500～9 000 千克/公顷,有生长快、投产早、产量高、供应期长和经济价值高的特点。

树莓果实颜色有鲜红、紫红、黑红、黑色、黄和金黄等,十分诱人。果肉多汁,甜酸适口,馨郁芳香,营养丰富。树莓品种多,自夏季至秋季均有果实成熟,鲜果供应期长。树莓是高营养水果,含有大量可溶性纤维素、维生素和矿物质。据分析,鲜果含有粗脂肪 0.66%～0.76%、蛋白质 0.82%～1.04%、总糖 6.41%～9.61%、有机酸 1.49%～2.50%,每 100 克鲜果含有 β-胡萝卜素 0.27～0.53 毫克、维生素 C 5.5～24.3 毫克、维生素 E 0.11～0.19 毫克。另外,每 100 克鲜果肉含总氨基酸达 1.06～1.14 毫克。冻鲜果和果浆是重要出口产品。

树莓是医药及食品工业的重要原料。果肉可制果酱、果汁、果酒、调味品,是许多食品(如酸奶、冰淇淋、夹心饼干和巧克力等)的原料和天然色素添加剂。每 100 克树莓鲜果含有水杨酸 1.2～3.0 毫克、黄酮 3.76～4.69 毫克,还含有超氧化物歧化酶(SOD)、γ-氨基丁酸等抗衰老和抗癌物质。水杨酸可作为发汗剂,是治疗感冒、咽喉炎的降热药。此外,树莓枝叶可提取栲胶,根、茎及叶可药用,种子可加工提炼香精油。

树莓适应性较强,温带、亚热带均有栽培,气候适宜地区的河谷、山地、平地及多种土壤均能栽培,对大、小种植户都是理想作物。在小块种植地,家庭劳力可完成各种管理任务,大面积种植园的修剪和采收需雇工。发展树莓生产对调整农业产业结构、发展农村经济、促进农民增收和改善生态环境都具有重要意义。

二、生产现状

(一)世界树莓发展概况 树莓栽培始于 16 世纪中期的西欧,18 世纪末引入美国,19 世纪中叶前苏联已广泛庭院栽培。进入 21 世纪以后,由于发达国家劳力缺乏,手工劳动密集型的树莓产业成本不断增加,出现面积逐年下降趋势,增大了产品进口。因此,我国树莓生产今后会有大的发展,成为一个大宗的有竞争力的外贸产品。近年智利和韩国树莓发展最快,智利用南半球的气候优势及北美市场需求拉动,已成为主要出口国。韩国崛起源于国内酿酒工业需求,其覆盆子酒已成为出口创汇重要产品。随着我国人民生活水平不断提高,对树莓产品的需求将越来越大。

目前全世界种植树莓约 20 万公顷,总产量约 60 万吨。树莓产业发展可概括为新兴产区蓬勃兴起,南美正在取代北美和东欧成为原料产品的主产输出地,反映了作为劳动密集型产业从发达国家和地区向适种的欠发达国家和地区转移的趋势。

据美国农业部小浆果研究中心分析,树莓世界市场供求平衡量为 200 万吨,目前只有 40 万吨。国际市场上树莓鲜果价格近年一直较稳定,速冻果因需求增加和工艺改进其价格也在提升。2008 年虽遭金融危机,树莓出口价格仍居高不下。

树莓加工和零售以北美(美国、加拿大)和西欧(德国、法国、英国)为中心,占世界零售市场的 80%。树莓种植和出口最多的是北半球的塞尔维亚和南半球的智利,两国占全球出口市场的 60%

以上。美、德、英、法为树莓进口大国。

（二）我国树莓引种栽培概况　我国栽培树莓历史较短,目前栽培优良品种基本引自国外。进入 20 世纪 80 年代,树莓生产得到发展。我国树莓引种栽培可分 3 个阶段:

第一阶段(1905～1985 年)为个别地区农户自发种植阶段。如 20 世纪初俄罗斯人将树莓带入黑龙江尚志县石头河子、一面坡一带栽培。

第二阶段(1986～2002 年)为优良品种引进、培育和区划实验阶段。如 1982～1986 年,主要由沈阳农业大学、吉林农业大学和南京植物所等单位,先后从俄罗斯和美国引进了少量品种;再如 1999 年,国家林业局正式将树莓列入"948"引进国际先进农业科学技术项目,由中国林业科学研究院森林生态环境与保护研究所从美国引进树莓和黑莓品种 67 个,基本上包括了当时世界较好的优良品种,比如秋果型品种海尔特兹(Heritage)已推广近 2 000 公顷,成为华北地区主栽品种;夏果型品种托拉蜜(Tulameen)以其果大、味香、采果期长而深受欢迎,在华北、西北、东北部分地区适应性好。

第三阶段(2003 年至今)为树莓区域化、规模化发展初期阶段。在这一阶段,以中国林业科学研究院、江苏省中国科学院植物研究所(南京中山植物园)、沈阳农业大学引进的新品种为基础,形成了有一定规模的种植产业群,包括以北京为中心的环渤海产业群、以辽宁沈阳为中心的沈阳树莓产业群、以黑龙江尚志市为中心的哈尔滨树莓产业群、以江苏南京白马镇为中心的沿江黑莓产业群、以连云港赣榆为中心的沿海黑莓产业群,以及以山东临沂为中心的中部黑莓产业群。此外有一定规模的地区还有江西和贵州(黑莓)、四川阿坝(树莓)、河南郑州（　　　莓)等。2008 年,全国树莓、黑莓种植面积已达 8670 公顷　　　量约 3.5 万吨,其中黑莓约 2.5 万吨,树莓约 1 万吨。江苏、山东成为中国黑莓两大主产地;辽宁、黑龙江成为中国树莓两大主产地。随着种植规模扩大,一批具有冷储、运输、加工、出口功能的龙头企业应运而生。但各地在发展规模、速度,特别是引种方面普遍存在很大盲目性,在选择品种时缺乏区域化试验依据,不根据市场需要选择品种,引种和苗木购置混乱,导致先天不足,给今后发展造成极大困难。

目前黑莓适宜地域主要在长江以南,主产省份为江苏、浙江、江西、四川、贵州、山东、湖北,其中江苏南京为主要引种栽培区。红树莓自黄河以北及西南高海拔地区都有引种,规模种植集中在黑龙江、辽宁。辽宁发展最快,截至 2008 年栽培树莓近 3300 公顷,主栽品种有美 22、菲尔杜德达赛莱克特、托拉蜜、澳洲红等。黑龙江栽培面积 2008 年已达 2000 公顷,其中尚志市已达 1300 公顷,小浆果加工企业有 10 多家,年加工能力 20 000~30 000 吨,年出口速冻鲜果 3000 吨,主要出口到智利、韩国、秘鲁、新西兰等国家。河南黄河沿岸地区目前种植树莓 160 公顷,且具有发展树莓的独特地理优势,采摘期比气候寒冷的黑龙江大大延长,如在黑龙江采果期不足 1 个月的秋果型品种在中原地区可长达 3 个月,如将夏果型与秋果型品种搭配种植时采果期可长达 6 个月(5 月底至 11 月初)以上;部分夏果型红树莓品种不用埋土防寒亦能露地越冬,降低了用工成本和有效避免了埋土防寒折损;中原地区劳动力充沛,用工成本较低;黄河故道有大面积沙壤土,适宜种植树莓。

国内外市场的需求推动了我国树莓栽培,如发展顺利,不但会很快占领国内市场,扭转国外产品挤占国内市场的局面,而且会很快通过数量和价格优势占据相当的国际份额。所以,在我国发展树莓产业有广阔的前景。

三、存在问题及发展方向

我国树莓发展还存在不少问题,集中体现在:①科技水平相对滞后,如缺乏专业机构和专业分工、技术力量薄弱、品种选育科研基本空白、品种混乱等;②资金投入少制约发展,尤其是已初具种植规模的地区在冷储、加工、收购资金方面的投入不足会严重制约整个产业的健康发展;③产品质量分类标准混乱,不利与目标市场接轨;④信息资源不对称,企业和农民的生产盲目性大,造成市场不稳定和农民收益受损;⑤生产经营规模小,难以提高生产率和控制产品质量,缺乏规模带动效应和市场竞争力。

为保障树莓产业健康发展,首先需注意实行区域差别化种植,即根据当地自然、交通和市场条件,选择适宜品种。东北适合种植夏果型品种,但受采摘季与雨季同步,树莓果既易腐烂又严重影响果品甜酸度,然而因当地出口条件优越可生产加工型树莓。西北适合种植夏果型树莓。黄河中下游地区夏季炎热多雨,但无霜期长和秋季光照足,适合发展秋果型树莓。长江下游是目前的黑莓主栽区,因夏季高温多雨,易引发黑莓病害,又造成果品着色差、甜度低,且受工业污染威胁严重,应逐步向环境和土壤、气候条件更有利于生产优质黑莓的区域转移,逐步实现北进西移战略,北进指从长江下游向黄河中下游丘陵、山区、河岸阶地延伸,西移指从长江下游向中上游和西南高原区推进。

其次,因树莓是一个新兴产业,缺乏前期基础,其健康发展需要政府在金融税收政策上大力支持龙头企业和种植户,并编制树莓科技和产业发展规划,资助建立公益性专业科研机构与技术推广服务体系,尽快走上依靠科技进步带动产业发展的道路。

第二节　生物学特性

一、形态特征及生长发育特性

(一)根系　树莓的根系由茎的基部(红莓)或顶端(黑莓)抽生的不定根构成,无主根。树莓根系浅,一般有70%的根系分布在

0～25厘米土层,20％分布在25～50厘米土层,少数根径大于6毫米的偶尔也能扎入90～180厘米土层(图3-1)。根系水平伸展范围不广,在植株周围30～50厘米范围密度最大,50厘米以外逐渐稀少。根系水平生长幅度因品种和土壤质地不同而异,红莓品种维拉米在沙壤土中能伸展1.5～2.0米,而在黏土中只有1米左右;托拉蜜的根系无论在沙壤土或黏土中都不及维拉米发达。

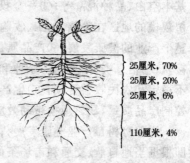

25厘米,70%
25厘米,20%
25厘米,6%

110厘米,4%

图 3-1　树莓根系在土壤中的分布
(引自 Bramble Production Guide)

　　根系的年内生长表现出一定间歇性或周期性。在北京地区一年有2次旺盛生长期和1次缓慢生长期,第一次旺盛生长期是3月上旬至4月中旬;4月中旬至9月中旬因初生茎生长及开花结果,根系处于缓慢生长期或近乎停止生长;9月下旬至11月份为根系第二次旺盛生长期,在植株基部的周围浅土层50厘米范围内布满了白色幼根。根系的生长周期与温度和植株本身营养调整相关。

　　(二)芽、茎、叶

　　1. 芽　树莓的芽为裸芽,互生。芽的种类有未成熟芽、果芽、主芽和根芽。

　　(1)未成熟芽　未成熟芽着生在茎和侧枝的顶部,一般为叶芽,属于形态、生理上发育不完整的芽。到了生长季的末期,由于气温逐渐降低,迫使新梢和芽停止生长,使这一部分芽不能成熟。未成熟芽在越冬后自然枯死。

　　(2)果芽　着生于茎或侧枝的叶腋间,通常每一节有2个芽,少数可见到有3个芽。两芽邻接一上一下,上方的芽发育良好,芽体较大,萌发后形成结果枝,开花结果,故称果芽;下方的芽发育弱小,多为叶芽,一般不萌发,但在特殊的条件下,果芽受损后,叶芽也能发育成为果芽,抽生结果枝,这种结果枝细弱、节少、花少、坐果率低。

(3)主芽　地下根颈的侧芽膨大而成为主芽。主芽当年形成后不萌发,经过越冬休眠后,第二年萌发长出地面,形成初生茎。

(4)根芽　形成于根部的芽称根芽。红树莓的根系可在任何部位产生根芽,又称不定芽。不定芽的芽轴伸长露出地面生长成幼苗。不定芽的产生一般在气候凉爽的秋季,而通常在春季萌发长出地面。10 月份至翌年 3 月份之间是根芽的形成期,但炎热的夏季和寒冷的冬季不能形成根芽。另外,根芽的数量与品种和土壤条件有关。例如,米克(Meeker)根系根芽的数量超过托拉蜜(Tulameen)1 倍多。有机质丰富、排水良好的沙壤土根系发达,根芽多,而排水不良的黏土根系稀少,生长弱,根芽很少。红树莓大多数品种的根系都具有根芽,而黑莓大多数品种的根系则不产生根芽。

2.茎　茎有初生茎和花茎之分,由主芽和浅层根系的根芽萌发产生。初生茎在地面下的部分称根颈(图 3-2)。

树莓的茎因种类、品种不同,有直立型、半直立型和匍匐型等。茎、分枝和叶柄被皮刺或无刺,皮刺暗褐色,密生或疏生,一般密生的刺较细而柔软,疏生的刺较粗壮、坚硬、刺端锐尖。刺给栽培管理特别是上架绑缚、修剪和采果造成困难。无刺型的品种较少,我国已引进了黑莓无刺型优良新品种,例如阿甜(Arapaho)和三冠王(Triple Crown)。

树莓依其生长和结果习性分为两类,即夏果型和秋果型,其茎的营养生长器官名称各异。

(1)夏果型初生茎和花茎生长发育　茎可生长 2 年,在第一年生长季通常是营养生长而不能结果,此时的茎称为"初生茎"。必

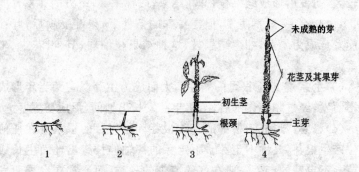

图 3-2　初生茎从根芽到花茎的发育过程
1. 根和根芽　2. 根及伸长芽轴　3. 初生茎和根颈　4. 花茎和主芽
（引自 Bramble Production Guide）

须经越冬休眠后于第二年生长季初生茎形成繁殖体（结果母枝），抽出结果枝开花结果，此时的茎称为"花茎"（图 3-3），也就是 2 年结果 1 次，结果后老茎枯死。

　　初生茎的周年生长呈节奏性变化，以春夏生长量最大，占全年生长量的 60%～70%。主茎在整个生长期中保持 1 个独立的干，但有些品种也产生较多分枝。据在北京密云树莓引种试验园观察，主芽萌发伸出地面的日期在 3 月末至 4 月上旬，各品种间萌芽期相差 10 天左右。初生茎在春季开始缓慢生长。随着气温逐渐升高，茎的新梢生长加快，5 月上旬至 6 月上旬新梢生长最快，如夏密品种的新梢平均日生长 3.6 厘米。6 月中旬以后，由于开花和结果，初生茎的日生长降至最低。7 月下旬果实已采收，加之结果老枝被修剪清除，同时疏除部分过密的初生茎，改善了园内通风透光条件，初生茎生长加快。9 月中旬后生长减缓。10 月中旬后随着气温急剧降低而被迫停止生长。越冬休眠后到第二年，初生茎成为花茎，因而停止了高生长。在管理和土肥水条件好的情况下，茎的营养生长高达 200～250 厘米。初生茎的粗生长与高生长

的节奏是一致的,但由于树莓茎
的次生分生组织的发生和次生
生长十分微弱,茎粗生长量很
低。大多数品种的茎粗不超过2
厘米。

　　春季花茎的果芽萌发,芽轴
迅速伸长并形成结果枝(图3-
3)。一般在花茎长3/5部位的
芽萌发率和成枝率最高,形成的
果枝质量好,这些枝占树莓单株
结果量的90%以上。处在花茎
中下部的芽萌发率低或不萌发,
即使萌发其成枝力也很低,多数
不能形成结果枝。在特殊情况
下,如花茎遭受严重冻害截干修

**图 3-3　由花茎上的果芽
发育成的结果枝**

（引自 Bramble Production Guide）

剪等,可促使花茎基部的芽萌发形成结果枝,但这种情况下形成果
枝数量少,产量低,又受当年初生茎生长干扰,果实易感病,采收不
便。

　　结果枝有数个节,在结果枝上的每个腋芽均可形成花序,但结
果枝的节数和每节上花序的花朵数与花茎的强壮程度相关。适宜
的株高和粗壮的花茎结果枝多,并在单一的结果枝上结出更多果。
由此说明,树莓栽培品种只有在良好栽培管理条件下才能丰产。

　　(2)秋果型初生茎和花茎的生长发育　秋果型树莓(图3-4)
的初生茎当年既营养生长又分化成花茎并于夏末秋初开花结果
(所以称秋果型树莓),结果后老茎不死。如果把这些结过果的老
茎留下来越冬,翌年春季在茎的中下部腋芽即或萌发抽生结果枝
再次结果,因此又称为连续结果型树莓。秋果型树莓在翌年结果
后老茎自然衰老枯死。

图 3-4 初生茎结果型
树莓的结果枝

(引自 Bramble Production Guide)

秋果型树莓的初生茎来源同夏果型树莓一样,从主芽和根芽产生。据在北京密云观察,3月下旬主芽萌发,芽轴伸出地面,4月上旬展叶。根芽萌发出土期略比主芽晚 4～5 天。不同品种间的萌芽期也相差 5～7天。定植翌年,大多数品种每米^2 可萌发20～30 株幼苗。少数品种,如爱米特(Amity)每米^{2}能萌发长出 40～50 株苗。

初生茎的营养生长期一般为 65～75 天,少数品种如波鲁德(Prelude)超过 80 天,是一种晚熟品种。花芽的形成与初生茎的高度或初生茎节数(或叶片数)有关。在北京密云地区当初生茎的节数或叶片数达到35～45片叶时,茎的顶端生长组织从营养状态转化到繁殖状态,花芽从茎的顶端向下部不断萌发。如海尔特兹(Heritage)品种,在初生茎上部有 10～12 个芽形成花芽。大多数秋果型品种的花芽数约占节数或叶片数的1/3。在茎顶上的花序最小,一般为1～3 朵花,向下花序逐渐增大,花朵数增加。

在北京地区秋果型树莓的果实成熟期在秋季,凉爽的气候和较大的日温差增加了果实的甜度和鲜红的色泽,也避开了夏季高温和强日照辐射对果实的日灼危害。秋果比夏果硬度大,减轻了贮运损耗,同时也延长了货架期。

3. 叶 叶片扁平,互生,多为单数羽状或三出羽状复叶,顶端渐尖,基部心形,叶柄长 6～9 厘米,叶片长 7～13 厘米,宽 8～15

厘米。叶片多为深绿、泛紫红色。叶片寿命长短随品种差别较大。夏果型初生茎年生长周期中叶片寿命呈现节奏性的变化,茎下部的叶片生长 50～60 天即衰老枯黄;中上部叶片在正常生长的情况下寿命长达 150～180 天,结果枝上的叶片随果实成熟即衰老枯萎,一般在 40～50 天。秋果型的叶片寿命较长,果实成熟采收后叶片仍具活力,起着以叶养根的作用。黑莓叶寿命最长,在冬季防冻条件下长达 210～240 天。

叶的功能取决于叶片的质量和寿命。沙壤质中性土壤、水肥充足、栽培管理好的树莓生长繁茂,叶片宽大、深绿、寿命长,果实大、品质好并丰产。对托拉蜜观察表明,如叶片寿命缩短 1/3,翌年花茎形成结果枝的能力降低至 40%～50%;叶寿命缩短 1/2,花茎就丧失了全部结果能力。

(三) 花和果实形态

1. *花序和花*　树莓的花序是有限花序,但由于形状为圆锥形,故称为圆锥状花序。另外,有些品种为伞房花序,如黑莓"奥那利"和黑树莓"黑倩"等。这些品种花序的小花梗上部短,向下部依次加长,而且花梗粗壮较挺立,使花序顶形成近似一平面。圆锥状花序的基部通常具 2～3 个较长的侧轴,每轴着生 5～10 朵花,向上侧轴逐渐缩短,只在侧轴的顶部着生 1 朵花。单株花序数及其着生的位置因品种类型而异。

夏果型红树莓和黑树莓的花序由叶腋内的花芽发育而成,每个叶腋着生 1 个花序,花芽为纯花芽。而结果枝顶芽成为 1 个花序,这个顶生花序通常有 7～8 朵花,在花序中顶生的花最先开放,然后向下依次开放。结果枝有数个节,一般是结果枝从上到下的第五节是不孕花,往上的第四、第三节有 1～3 朵花。结果枝的节数和每节上的花朵数反映出花芽分化期秋季的气候条件和花茎的强壮程度,强壮的花茎和秋季适宜的温度可使结果枝节数和花芽数增加,1 个结果枝上可有 30 朵或更多的花。

秋果型红树莓的花序由初生茎叶腋内的花芽发育而成。正常生长情况下,当初生茎生长到35～45个节时,茎上部的叶腋内形成花芽,当年秋季抽生花序开花结果。初生茎结果型品种的高生长到开花前停止,其节数和单株的花序数量是比较稳定的品种特征。据观察,秋来斯(Autumn Bliss)品种初生茎平均有36个节,平均花序数11个。波拉娜(Polana)初生茎平均45个节,平均花序数20个。前者花序数约占总节数的1/3,后者约占1/2。秋果型品种的另一个共同的特性是在节的叶腋间通常有2～3个花芽,多为2个花芽。到开花期一般只有1个花芽首先萌发,形成花序结果,另外1～2个花芽成为隐芽不萌发,只有少数品种如玉贝(Ruby)到结果末期,第一批果接近完全采收后,10月中旬另一个花芽又形成花序,但花轴短,分枝少,一般1个花序只有5～7朵花。这种晚期果的质量好,果大味浓,色泽暗红发亮,外观很美。但易遭受早霜和寒潮危害,在无保护的露地自然状况下,果实不能完全成熟。

2. 果实 树莓果实是由一簇多层成熟的70～120个小核果形成的聚合果(图3-5)。而黑莓的小核果紧贴在花托上,成为实心果,果心(花托)肉质,可食。

聚合果的形状和大小因品种差异较大。红树莓马拉哈提品种的果实带果托平均重5.39克,而黑情(Black Butte)果实平均重2.01克。黑莓不同品种果实大小差异更大,小者平均单果重3～5克,大者10～20克。果形则有圆形、扁圆形、圆锥形、圆柱形等。果色随品种变化较大,有红色、黑色、紫红色、黄色、黄红色等。

小核果

图3-5 树莓果典型构造
(引自 Bramble Production Guide)

二、花芽分化和结果习性

（一）花芽分化 树莓花芽分化主要集中在翌年春季生长开始期。有随生长随分化、单花分化期短、分化速度快、全株分化持续期较长等特点。据赵宝军（1997）观察，红树莓品种美22号在辽宁沈阳的生理分化期始于7月上旬，约1周左右；8月上旬至8月下旬进入花序原基分化期；花芽的进一步分化则集中在翌年4月下旬至5月上旬。据谭余等（1997）观察研究，在黑龙江哈尔滨地区，红马林品种的花芽分化过程分为4个时期，即叶芽期（当年6～10月至翌年芽萌动初期的4月下旬）、花序原基分化期（5月初）、小花分化期（5月中旬）和性器官形成期（5月下旬至6月上旬）。

花序和花朵分化的好坏直接关系到果实的产量和品质。花芽的形成及在分化前需要一定的光照、温度、水分和肥料等良好营养条件。因此，在花芽分化前或分化中的某一个生长阶段采取相应的栽培措施，才能收到良好效果。例如，夏果型红莓在果实采收后，应立即修剪清除结过果的老枝，疏剪过密或生长弱的初生茎，松土除草、追肥，以及改善通风透光和营养条件，促进植株的健康生长和提高花芽分化率。

（二）开花、授粉和结实

1. 开花 单花开放过程为裂蕾、初开、萼片分离、瓣开、花丝伸展和瓣萼凋萎等，均在10小时至1天内完成。树莓花开放的顺序是花序顶端中心第一朵小花最先开放，然后花序内各部分的花陆续开放。结果枝则以顶生花序最先开放，并依次向下各个节的花序开放。处在花序内部和结果枝下部的花质量较差，发育不良，一般不开放或开花不坐果，成为无效花。不同的品种无效花多少差异较大，引种地区环境和栽培措施对产生无效花也有较大影响。在北京密云县托拉蜜（Tulameen）的无效花为23％左右，诺娃（Nova）的无效花多达30％。

2. 授粉与结实　树莓既能自花结实又可异花结实，花粉传播一般在同一朵花内进行，由风或昆虫传媒。有蜜蜂授粉时坐果率能达 90%～95%，每公顷树莓园最少需 5～6 箱蜜蜂。另外，人工授粉试验结果表明，树莓无传媒自花授粉的坐果率最低，人工异花授粉的居中，有传媒自然授粉的最高。因此，树莓园里应配置适合的授粉株和传媒更能保证丰产。

花期天气状况对授粉影响很大。凉爽和微风的天气有利于黄蜂等小昆虫的活动，能正常完成授粉。在不良天气和缺少蜂类昆虫活动情况下，授粉不良而形成"碎果"，即小核果少而稀疏地分散着生在花托上，采摘时聚合果上的小核果各自分离。除授粉不良外，导致形成碎果的常见因素还有干旱、缺肥、营养不良、花发育不完全、病虫危害以及栽培管理粗放等。

（三）果实发育　授粉受精完成后，花的各部分显著变化，花被枯萎脱落，有的品种（如黑莓）花萼宿存，雄蕊的花丝及雌蕊的柱头、花柱枯萎凋谢。此时可见到子房膨大，果实开始发育。由于树莓花期长，坐果期不一致，因而果实生长期和成熟期不一致。

成熟时，果皮中叶绿素分解，使果实由绿色转为淡绿、黄白、红、暗红、紫红、黑红等色。果实内合成积累的芳香性物质散发出特有的浓香味。同时，果实的有机酸减少，糖分增多，口感变佳。这里要特别指出，由于后期果实增长速度快，在充分成熟前 4～5 天，果实仍均匀而稳定地继续增大。所以，为获得最高的产量和质量，必须充分成熟才可采收果实。

（四）结实力及产量　树莓结实能力高低直接影响经营效益，除品种优劣之外，还与栽培条件和技术密切相关。2000 年，我国引进国外树莓优良品种 60 多种，在北京密云进行了试验（表3-1）。外来品种的结实能力及产量是决定其是否有实际生产意义的最可靠依据。可以看出，在同一栽培环境和措施下，夏果型品种以阿岗昆（Algonquin）产量最高，2 年平均单株产果达 678.6 克。若按试

验园种植密度每 667 米² 结果株数 1 300～1 800 株计算,每 667
米² 产果量为 880～1 200 千克,达到或超过原产地水平。产量最
低的拉萨木(Latham)品种,每 667 米² 产量仅 170～240 千克。高
低品种相差 5 倍多。秋果型品种中以卡来英(Caroline)产量最高,
2 年平均单株产果 346.7 克,以每 667 米² 结果株数 3 000～3 200
株计算,每 667 米² 果实产量 1 000～1 100 千克,比产量最低的秋
金(Fall Gold)(平均单株产果量 124.3 克)高出约 3 倍。

　　试验结果还表明,单株产量与花茎(夏果型)或初生茎(秋果
型)的茎粗呈正相关,就是说越粗壮的花茎结果枝数量多,同时每
一结果枝的结果数量也多。因此,促使茎粗壮的栽培措施是维持
树莓高产的关键。

表 3-1　部分树莓品种的结实力和产量

(北京密云,2001～2002 年)

品种类型	品　　种		平均单株花序数	平均单株果数	平均单果重(克)	平均单株产果量(克)
	中译名	品种名				
S	阿岗昆	Algonquin	18.6	199.6	2.5	678.6
S	堪　贝	Canby	7.4	134.3	3.8	510.3
S	酷　好	Coho	7.9	88.5	2.7	239.0
S	克西拉诺	Kitslano	7.2	160.8	2.9	466.3
S	拉萨木	Latham	4.6	51.8	2.6	134.7
S	拉　云	Lauren	7.4	45.7	3.7	169.1
S	马拉哈提	Malahat	10.0	73.2	4.5	395.3
S	米　克	Meeker	6.1	92.4	3.8	351.1
A	诺　娃	Nova	6.4	76.6	4.1	209.8
S	托拉蜜	Tulameen	10.4	112.6	5.4	608.0

续表 3-1

品种类型	品种		平均单株花序数	平均单株果数	平均单果重(克)	平均单株产果量(克)
	中译名	品种名				
S	缤纷	Royalty	10.0	108.2	5.1	551.8
A	秋米斯	Autumn Bliss	13.6	83.2	3.5	199.7
A	卡来英	Caroline	12.5	88.9	3.9	346.7
A	顶酷	Dinkum	12.3	113.2	3.2	283.0
A	海尔特兹	Heritage	16.0	116.9	3.0	280.7
A	如贝	Ruby	13.4	90.1	2.6	198.2
A	秋金	Fall Gold	23.5	77.7	2.7	124.3
A	波拉娜	Polana	16.7	97.5	3.0	224.3
A	爱米特	Amity	13.8	83.9	2.5	314.1

注:S 为夏果型,A 为秋果型

(五)物候期和年龄时期

1. 物候期   树莓物候期因品种类型而有较大差异,主要表现在花芽形成期长短和果成熟及采收期的不同,这些要求不同的管理措施。在北京密云,夏果型树莓的开花结果物候期为 90～120 天(表 3-2),秋果型红莓的开花结果物候期为 140～150 天(表 3-3),果实的成熟采收期也因气温降低较慢而延长,部分品种如海尔特兹和卡来英在不遭受早霜或寒潮的袭击时,果实采收期甚至可延续至 11 月中下旬。

2. 年龄时期   根据树莓各器官的结构和功能特点,在自然生长条件下,其树体及经济寿命可分为 3 个时期:

(1)生长期   从无性繁殖的苗木定植后到结果盛期前的 1～3 年,根系迅速扩展,初生茎生长健壮,花茎或初生茎开始结果,但结果株数和结果枝量都未达最高,产量逐年递增。

表 3-2　夏果型树莓部分品种的开花结果物候期

（北京密云, 2001）

品　种		萌芽期	新梢出土	展叶期	现蕾期	花　期	果熟及采收
中译名	品种名						
阿岗昆	Algonquin	04-04	04-14	04-04	04-30	05-13～06-12	06-10～07-08
堪　贝	Canby	03-28	04-11	04-08	04-28	05-12～06-02	06-13～07-02
酷　好	Coho	04-06	04-15	04-16	05-02	05-15～06-02	06-16～07-15
克拉尼	Killarney	03-31	04-06	04-10	05-04	05-10～06-15	06-16～07-10
克西拉诺	Kitsilano	04-06	04-11	04-13	05-04	05-17～06-13	06-18～07-05
拉萨木	Latham	03-31	04-06	04-08	05-03	05-15～06-04	06-18～07-05
拉　云	Lauren	04-06	04-13	04-12	05-02	05-16～06-04	06-16～07-06
来味里	Reveille	04-02	04-06	04-10	04-27	05-10～05-29	06-03～06-27
泰　藤	Titan	04-06	04-13	04-10	04-27	05-13～06-01	06-12～07-10
托　拉	Taylor	04-04	04-13	04-10	05-01	05-14～06-01	06-13～07-14

续表 3-2

品　种		萌芽期	新梢出土	展叶期	现蕾期	花　期	果熟及采收
中译名	品种名						
如　贝	Ruby	04-04	04-06	04-10	05-10	05-20～06-04	06-15～07-10
黑　倩	Black Butte	04-10	04-18	04-15	05-08	05-17～06-14	06-28～07-25
克优娃	Kiowa	04-06	04-18	04-15	05-03	05-16～06-28	06-29～08-04
奥那利	Ollalie	04-10	04-15	04-16	05-02	05-15～06-14	06-19～07-15
萨　尼	Shawnee	04-06	04-19	04-16	04-30	05-09～06-15	06-19～07-26
阿　甜	Arapaho	04-06	04-16	04-18	04-30	05-12～06-25	06-28～07-10
三冠王	Triple Crown	04-06	04-16	04-15	05-10	05-20～06-28	07-10～08-12
托拉蜜	Tulameen	04-10	04-15	04-18	05-03	05-14～06-16	06-16～07-26
那　好	Navaho	04-06	04-16	04-17	05-02	05-15～06-28	07-10～08-12
马拉哈提	Malahat	04-06	04-06	04-14	05-02	05-12～06-12	06-10～07-07
米　克	Meeker	04-07	04-12	04-10	05-01	05-14～06-12	06-14～06-30

续表 3-2

品 种		萌芽期	新梢出土	展叶期	现蕾期	花 期	果熟及采收
中译名	品种名						
维拉米	Willamette	04-04	04-07	04-10	04-27	05-11～05-28	06-16～07-04
缤 纷	Royalty	04-06	04-17	04-10	05-03	05-16～06-03	06-03～06-28
黑水晶	Bristol	03-30	04-15	04-10	04-23	05-10～05-28	06-04～06-28
黑 宝	Boysen	04-07	04-11	04-18	05-04	05-15～06-10	06-04～06-30

注：新梢指树莓春天从地下萌生的新苗，不是指老枝上的新梢

表 3-3 秋果型树莓部分品种的开花结果物候期

（北京密云，2001）

品 种		新梢出土	展叶期	现 蕾	花 期	果熟及采收
中译名	品种名					
爱米特	Amity	03-31	04-10	06-13	06-23～08-10	07-15～09-10
秋米斯	Autumn Bliss	03-31	04-10	06-12	06-18～08-10	07-10～09-15
秋 英	Autumn Britten	04-06	04-12	06-13	06-24～08-14	07-16～09-15
顶 酷	Dinkum	04-02	04-10	06-15	06-20～08-13	07-15～09-10
卡来英	Caroline	03-28	04-06	06-17	06-28～08-11	07-26～09-20
海尔特兹	Heritage	03-28	04-06	06-18	07-01～08-13	07-12～09-23
波拉娜	Polana	04-01	04-06	06-04	06-16～08-10	07-12～09-05
波鲁德	Prelude	04-06	04-10	06-10	06-20～08-15	07-12～09-16
金萨米	Golden Summit	04-06	04-10	06-13	06-26～08-02	07-10～09-10
皇 蜜	Honey Queen	04-10	04-14	06-04	06-15～07-30	07-06～08-20

续表 3-3

品　种		新梢出土	展叶期	现　蕾	花　期	果熟及采收
中译名	品种名					
金克维	Kiwigold	04-01	04-10	06-12	06-20～08-15	07-11～09-07
秋　金	Fall Gold	04-01	04-10	06-03	06-26～08-05	07-23～09-02
萨米堤	Summit	04-07	04-13	06-14	06-20～08-10	07-15～08-30
如　贝	Ruby	04-07	04-10	06-12	06-20～07-30	07-20～09-05

（2）结果期　此时根系生长及扩展已稳定，单株分株能力和根部抽生的初生茎数量均已达最大，由根芽形成的初生茎数量也达最大，果实产量和质量达到高峰，此期一般 6～8 年。

（3）衰老期　此期到来时，根系逐渐回缩减少，根芽稀少，抽生的新梢生长纤细，主芽已逐渐丧失抽发初生茎能力，初生茎的生长势和结实力下降，产量低，品质差。衰老期一般延续 3～4 年，即树莓一般在 10～15 年进入衰老期。栽培环境和栽培技术对生命周期影响很大。树莓在美国俄勒冈和华盛顿等地生命周期长达20～25 年，但为了维持高产期，一般 5～6 年即可更新 1 次。

第三节　对环境条件的要求

影响树莓生长的环境因素很多，包括温度、土壤、水分、湿度、光照、风、地形等。了解这些环境的影响，对正确选择栽培品种和提高果实的产量与品质都非常重要。

一、温　度

红树莓生长的最佳气候是夏季较凉爽，收获季节少雨，冬无严寒。红莓可忍耐的低温约为 $-29℃$，紫莓可忍耐 $-23.3℃$，黑树莓为 $-20.6℃$，而黑莓是 $-17℃$。冻害以几种方式伤害树莓。晚霜害可杀死夏果型树莓的嫩梢或花；秋季严重的霜害或冻害可使果实停止发育而减产,初生茎停止生长而焦梢。最普遍的温度影响是冬季休眠期的低温和波动性温度变化。

红树莓露地休眠需 4.4℃ 的平均低温,经 800~1 600 小时后才能充分休眠。如休眠期温度过低或波动性变化,植株很难充分休眠;休眠期如温度达 15℃~21℃,翌年不能正常发芽。未经低温处理的芽可长期休眠而不萌芽,最长一年之久。我国除福建、广东、广西、海南和台湾外,其他绝大多数地区都可满足休眠期的需冷量。当低温满足植株休眠后,植物开始对寒冷很敏感,所以冬季变温可使冻害更频繁,但不是绝对低温的影响。因此,夏果型品种在无充沛雨雪的地区越冬必须采取防寒措施。在北方山地种植树莓,应选择半阳坡,尽量减少冬季阳光直射引起温度波动,以减轻冻害。我国华北和西北冬季寒冷少雪,早春土壤冻结或地温过低,使树莓根系不能或极少吸收水分,干旱多风的天气使枝条蒸腾失水严重后出现抽条(生理干旱)。在这些地区栽植树莓,冬季必须埋土保墒防冻,春季解冻后及早灌溉。

树莓花芽分化需要冷凉气候,通常在 15.5℃ 条件下,无论是 9 小时的短日照或 16 小时的长日照,均不能正常形成花芽;在 12.7℃ 的 9 小时短日照条件下,则叶芽能分化成花芽,但在 16 小时长日照条件下则不能分化成花芽;如果温度为 10℃,则无论是 9 小时短日照还是 16 小时长日照,新梢均能形成花芽。

如晚秋温暖期延长后突然降温,植株因不能充分调整抗性可受冻害,使整个植株的芽甚至茎死亡;轻者使茎中水分流动受阻,虽在春天仍可发芽,但新梢易枯萎,叶和果生长偏小。

高温对树莓也有伤害。温度升高时,果实成熟快,叶和果易受日灼。当蒸腾量超过根吸水量时会发生萎蔫,关闭气孔使生理活动停止,造成生长迟缓、植株活力降低、果变小。所以在气温过高地区树莓果实较小,成熟期不一致,香味减少,着色不良,维生素 C 含量低。

二、土　壤

树莓要求深厚疏松、保水保肥、富含有机质、pH 值 6.5～7.0 的土壤。土壤黏粒(颗粒直径小于 0.002 毫米)大于 30％时树莓生长很困难,因为黏土容易积水不透气,甚至是临时性的积水也能造成根系严重伤害,生长期水渍十几小时则根系即开始腐烂,重者植株整体死亡。

如灌溉条件好,并能采取覆盖措施保护湿度,沙壤土也宜种植树莓。某些轻黏土壤,通过适当改良,安装排灌系统后也能改造成适宜的土壤。

三、水　分

树莓喜湿但不耐涝,在过度潮湿土壤上表现不良,这是由于较湿土壤利于病原菌生长繁殖。疫霉病是一种普遍的根病病源。红莓根系要求较高的氧气,水淹土壤的含氧极少,可将根渍死。因此栽培树莓时要避开排水不良的土壤和立地。秋季土壤过湿植株更易遭受冬季冻害。土壤水分不足不利于树莓茎生长。树莓栽培区适宜的年降水量为 500～1 000 毫米且分布均匀。年降水量低于500 毫米的地区干旱季节要灌溉;年降水量超过 1 000 毫米的地区要有排水措施并适当稀植。滴灌最好,可稳定地为植株提供水分。红树莓在果实成熟期若降雨量过大,不能及时采收,易造成落果、霉烂,直接影响当年产量。

四、湿　度

树莓对空气湿度要求严格,空气干燥植株易萎蔫。开花期适宜的空气相对湿度应为 55％～60％;空气湿度过低或过高都不利于授粉受精。结果期空气相对湿度以 70％～80％为宜,以免果实遭受灼伤。空气干燥是我国北方冬季树莓遭受伤害的主要原因。

五、光　照

光与茎的生长、产量、果的品质都有关。一般来说，增加光照明显增加产量。可用修剪和搭架调节光照。光照影响的另一个重要因素是日照长度，但无法改变，只可以采取相应栽培技术（如修剪和棚架）人为补光。秋果型树莓的花芽分化需每日 6～9 小时日照和 4℃～14℃的温度，因此种植地每日至少要有 6～9 小时日照才能满足光照需求。树莓在果实膨大至成熟期光照不宜太强，尤其是 7 月份果实成熟时高温强光有抑制生长作用。通风、散射光是适宜的环境条件。太阳总辐射大于 900 个辐射单位（10 瓦/米²）的地区果实易受日灼危害。

六、风

树莓对风害特别敏感，高风速可造成土壤水分更多蒸发，大风可吹折树莓基部，剧烈摇晃摩擦可伤害茎叶。冬季的风能造成花茎失水干枯死亡。解决风害的办法是搭架，棚架既能提高光能利用率，同时也起到支撑固定的抗风作用。另外，用风障保护树莓，可将风速从 20 千米/小时降至 14.5 千米/小时，使植株增高 30%，增产 40%。

七、地　形

地形的影响是通过海拔、坡度、坡向等影响光、温、水、热的地面分布。在山地种植树莓，除要土壤适宜外，还要注意海拔高度引起的气候垂直变化。在气候较寒冷地区，树莓种植在北坡或东坡较适宜。一般应选择坡度低于 20°的直形、阶形或宽顶凸形坡地种植树莓。总之，山地树莓园应阳光充足、温度适宜、空气流通、水分充足和有防风设施，避免洼地和寒流汇集区，以防霜害等。

第四节 种类和品种

一、主要种类

树莓属于蔷薇科（Rusaceae）悬钩子属（Rubus L.）。全世界已鉴定野生悬钩子400多种，但可食的仅36～48种，主产北温带，少数产亚热带及热带。我国约有150种，产于南北各地。

栽培上最重要的树莓是空心莓亚属（Subgenus Ideobatus）和实心莓亚属（Subgenus Eubatus）（图3-6），其主要区别见表3-4。

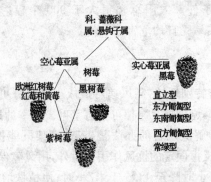

图 3-6　树莓分类系统及其相关性

表 3-4　树莓类两个亚属的主要区别

亚属名	主要性状
空心莓亚属	落叶灌木，茎直立或半直立；被刺毛或腺毛；叶3出或5出、掌状、稀羽状复叶；托叶线形、连于叶柄上；果色红、黄、金黄、紫红、黑红，聚合果与花托分离
实心莓亚属	落叶或常绿灌木，茎匍匐或攀缘、稀直立；皮刺坚硬；叶常3出或5出，掌状或羽状复叶，稀单叶；托叶宽、深裂成条状，连于叶柄上；果色黑色，聚合果与花托同落

（一）空心莓亚属　有3个种群,即欧洲红树莓、黑树莓和紫树莓。

1. **欧洲红树莓**　主要有红莓和黄莓2个种,均由野生覆盆子驯化培育而成。红莓依其农艺性状(果形、颜色、茎的形态和粗度、耐寒性等)划分为欧洲红莓和美洲红莓;现代红莓品种多为杂交种,含有欧洲和美洲2个亚种的基因。黄莓来源于红树莓和黑树莓2个种的隐性突变体,果金黄色或琥珀色,其小核果极甜,但聚合果很软,小核果易分离,货架期极短,有些黄莓品种非常适于市场需要,可在农户家庭果园种植。

2. **黑树莓**　由主要分布于北美东部的野生种糙莓培育而成,主要栽培种有红莓和黑树莓杂交的黑红莓,果实黑红色或紫黑色,聚合果较小,产量低。但由于独特的色香口味颇受市场欢迎,售价很高。

3. **紫树莓**　由紫茎莓驯化培育而成。现代栽培种紫树莓是黑树莓和红莓的杂交种,最新的紫树莓品种是紫红莓和红莓的回交种。紫树莓通常有半直立、强壮的拱形茎和侧枝(分枝),果实大,果酸而味浓,制果酱极佳。

（二）实心莓亚属　现有4个种群,即黑莓、无刺黑莓、匍匐型黑莓、树莓与黑莓杂交种。

1. **黑莓(或普通黑莓)**　产于北美东部,生于沙地、平地或坡地。落叶灌木,茎直立或半直立,被皮刺。栽培上最重要的有3种,即黑莓、沙黑莓、叶状花黑莓,从中选培出了最重要的早期美国黑莓栽培品种,如 Eedorado、Suyden、Lavoton 等。

2. **无刺黑莓**　产于欧洲和美洲。落叶或常绿灌木,直立、半直立或伏生,全株无刺。主要种有欧洲裂叶黑莓(常绿无刺型变种),欧洲和美洲黑莓种如 Rubus procerus、R. nitidoids、R. thyrsiger 等。现代无刺黑莓品种是从这些无刺黑莓种中人工杂交培育的,如著名的无刺黑莓品种 Merton 等。

3. **匍匐型黑莓**　主要有加州露莓、大瓣黑莓,产于北美西部。

茎柔软匍匐,长 3~5 米。花雌雄分离,果实风味极佳。现代匍匐型黑莓品种如 Wdor 等是这些匍匐黑莓的人工杂交种。

4. 树莓与黑莓杂交种　杂交种表现出黑莓特征,但也具有红色或黑色的果实,主要有:①罗甘莓,该杂种是从美国西部露莓R. ursinus 中选育出的天然杂交种,在美国加州园艺场表现出欧洲红莓变种特征。②杨氏杂交莓,为黑莓和树莓人工杂交种,由美国园艺家培育。③博伊森莓,产于美国加利福尼亚,为树莓与黑莓的杂交种。

二、主要栽培品种

全世界树莓栽培品种多达 200 个以上,但有一定规模的近 30个,成为国际市场商品的不超过 20 个。我国引进树莓品种已有60 个以上,下面介绍的是经引种试验表现较好的品种。

(一)树　莓

1. 宝尼(Boyne)　来自加拿大马尼托巴,由吉夫(Chief)×夏印第安(Indian summer)杂交选育而来。强壮,分蘖多。果早熟,平均单果重 3 克,暗红色,冻果加工质量好。可耐-36℃低温,是最抗寒品种,在吉林延边生长良好,是寒冷地区的优良品种。

2. 托拉蜜(Tulameen)　来自加拿大,由奴卡(Nootka)×金普森(Glen prosen)杂交选育而来。晚熟,平均单果重 5.4 克,果硬,亮红色,香味适宜,采果期可长达 50 天,是鲜食佳品。货架期长,在 4℃下可维持良好外观达 8 天之久。非常适宜速冻。由于夏天成熟,口味诱人,有"夏蜜"美誉,适合市场需要。该品种分蘖很少,耐寒力较差,但在辽宁省表现良好。在河北、河南、山东、陕西等省的大城市周边沙壤土上试种表现良好,也是设施栽培的首选品种。

3. 维拉米(Willamette)　美国俄勒冈树莓产业标准认定的优良品种。果大,近圆形,暗红色,稍硬,平均单果重 3.5 克,含糖量较低,是加工的标准品种。在美国华盛顿州栽培面积占 20%,一直延伸到太平洋西北部。植株强壮,产量高,茎粗细中等,高而蔓生,根蘖力强,易繁殖。抗寒性较差,由于果色较暗,虽风味佳但不宜鲜食。

4. 米克(Meeker)　来自美国华盛顿州,是太平洋西北部第二大主栽品种。高产,不易感染根腐病、疫霉病,是极好的加工与鲜食品种。平均单果重 3.8 克,果亮红色。在有机质高的沙壤土上可持续高产。品种起于维拉米×考博(Cuthbert)杂交种,在俄勒冈和华盛顿州西北部栽培面积占 60%,加拿大、哥伦比亚以及智利南部均能生长。该品种成熟迟,产量中等。风味和坚硬度均佳,故速冻果占比例较高。缺点是抗寒性较差,某些年份比其他品种易受霜害。在温暖季节出现“盲芽”,这可能与低温有关。在河南黄河沿岸试种良好,而在东北发展面积不大。

5. 菲尔杜德(Fortodi)　来自匈牙利,2002 年由商人带入我国。在辽宁、黑龙江部分地区种植较多。

6. 海尔特兹(Heritage)　美国纽约州农业试验站培育,由米藤(Milton)×达奔(Durbam)杂交选育而成,栽培面积极广。果实品质优良,果硬,色香味俱佳,平均单果重 3 克,冷冻果质量高。该品种占智利树莓栽培面积的 80%。海尔特兹适应性强,茎直立向上,通常不需很多支架。对疫霉病、根腐病相对有抗性。可忍耐较黏重土壤,但在排水不良地区易遭根腐病。根蘖繁殖力强,是商业化栽培的优良品种。缺点是成熟迟,不宜种植在生长季短即 9 月 30 日前有霜冻的地区。在河南黄河沿岸地区采果期可到 11 月底。

7. 波鲁德(Prelude)　该品种来自 NY817 号杂交种,由美国纽约州农业技术推广站及康内尔大学培育而成。植株强壮,茎稀疏,刺少,根条多而强壮。果圆形,较硬。在北京地区试种表现好,产量高,质量好,易于采摘。在秋果型中成熟早,目前尚未大面积推广。

8. 秋英（Autumn Britten）　来自英国，1995 年开始推广栽培。果中等大小，平均单果重 3.5 克，果型整齐，味佳。茎稀疏，需密植。成熟较海尔特兹早 10 天。

9. 秋来斯（Autumn Bliss）　来自英格兰马林东部。果早熟，味佳。平均单果重 3.5 克，果托大。耐寒，也能耐热。家系复杂，由多种树莓杂交而成。在北京地区试种表现结果早，较海尔特兹早成熟 14 天。不抗叶斑病。目前我国栽培较少，是寒冷地区有希望的品种。

10. 紫树莓（Royalty）　是红莓黑树莓的杂交种，来自美国纽约，由卡波地（Cumberland）×纽奔（Newburgh）×夏印第安杂交而成。茎高而强壮，产量高。抗大红莓蚜虫，从而降低了花叶病毒侵染的可能性。果成熟迟，平均单果重 5.1 克。果实成熟时由红到紫，在较坚硬的红色阶段果实含糖量已达到一定数值，风味和外表已完美，此时采摘，货架期会更长，因此采收期可采红色的果，也可采紫色的成熟果。适宜华北、东北、西北较温暖地区种植。

11. 黑水晶（Bristol）　即黑树莓，来自美国纽约。植株强壮而高产，果实早熟，平均单果重仅 1.8 克，但果硬，风味极佳，做果酱最佳，也是鲜食佳品。抗寒、抗白粉病，但易感染茎腐病。适宜种植在华北、东北南部地区。由于产量低，很少大面积种植。

12. 黑马克（Mac Black）　果实较黑水晶大，平均单果重 2.5 克，结果迟，味淡。其抗性强，采摘时间长，是鲜食优良品种。

13. 金维克（Kiwigold）　即黄树莓，来自澳大利亚。果大，质优，单果重 3.1 克。属秋果型黄莓。在北京地区试种生长好，产量中上，果色金黄，美观。

14. 丰满红　由吉林市丰满乡栽植的树莓中优选出来（郑德龙，1990），审定命名为丰满红。果大，鲜红色，单果重 6.9 克（带花托)。早果,高产,质优,属初生茎结果型。适应性强,可耐-40℃的低温,适宜在无霜期 125 天,大于或等于 10℃ 的有效积温 2 700℃地区种植,冬季无须埋土防寒。同时植株矮小,便于设施栽培。目前尚未大面积栽培。缺点是种子大而多。

(二) 黑 莓

1. **阿拉好(Arapaho)**　美国阿堪萨斯大学 1992 年推出。无刺,直立,生长势中等,萌蘖力强,产量中等。果实中等大小,平均单果重 4.5~7 克,坚实。种子小。风味极佳,可溶性固形物含量可达 10%。成熟期 5 月下旬至 6 月中下旬。抗锈病。需冷量 400~500小时。

2. **黑布特(Black Butte)**　美国俄勒冈州立大学推出。带刺,枝蔓生,生长势强,抗寒性强。抗炭疽病,丰产。成熟果黑色,果大,单果重 7~14 克,果形一致。6 月成熟。适宜加工。

3. **黑沙丁(Black Stain)**　1974 年美国农业部(USDA)推出。无刺,半直立,生长势较强,丰产。成熟果实紫黑色,坚实,中等大小,平均单果重 3.46 克,成熟期 7 月初至 7 月底。果实有轻微涩味,主要用于加工。

4. **宝森(Boysen)**　美国 1935 年推出。带刺,枝蔓生,生长势强。丰产。成熟果近乎黑色,果大,相对较软,平均果重 7 克左右,有特殊香气。成熟期 6 月上旬至 6 月下旬。鲜食、加工皆宜。

5. **布莱兹(Brazos)**　由美国得克萨斯农业实验站 1959 年推出。带刺,直立,生长势强。丰产。成熟果黑色,较大,最大果可达 10 克以上。成熟期 6 月中旬至 6 月底。果实含酸量较高,主要用于加工。对丛叶病敏感。

6. **肯蔓克(Comanche)**　带刺,直立,生长势强,株型较大。成熟果紫黑色,中等大小,平均单果重 4~5 克。成熟期 6 月中旬至 7 月上旬。对丛叶病敏感。

7. **切斯特(Chester)**　美国农业部(USDA)于 1985 年推出。

无刺,半直立,生长势强。丰产稳产。成熟果紫黑色,较大,平均单果重6～7.6克,风味佳,酸甜。成熟期7月上旬至8月初。耐贮运,鲜食、加工皆宜。需冷量700～900小时。江苏省中国科学院植物研究所已审定。

8. 乔克多(Choctaw) 美国阿堪萨斯大学1988年推出。带刺,直立,生长势强。成熟果紫黑色,中等大小,平均单果重5克左右,种子非常小,风味佳。成熟期6月中旬至7月上旬。果实品质好。耐运输,但不耐贮藏。需冷量300～600小时。

9. 赫尔(Hull) 美国农业部(USDA)1981年推出。无刺,半直立,生长势强。丰产稳产。成熟果紫黑色,大果,平均单果重6.45～8.6克,最大达10克以上,坚实。味相对甜酸,汁多,品质佳。成熟期7月初至7月下旬。需冷量750小时。江苏省中国科学院植物研究所已审定。

10. 卡瓦(Kiowa) 美国阿堪萨斯大学1996年推出。带刺,棘刺多,直立,生长势中等。丰产。大果,平均单果重10～12克,整个采收期果实大小保持一致,坚实,味酸甜,可溶性固形物含量平均可达10%。果实采收期可达6周,江苏南京地区成熟期6月初至7月上旬。需冷量100～300小时。

11. 酷达(Kotata) 美国USDA于1984推出。带刺,生长势强。丰产。成熟果亮黑色,果大,风味佳,坚实。

12. 马林(Marion) 带刺,直立,生长势强。成熟果紫黑色,果形不整齐,中等大小,平均单果重4克左右。成熟期6月上旬至6月下旬。风味佳,加工性能好。

13. 耐克特(Nectarberry) 美国1937年推出,据说是由Young实生选育出的,也有可能是Boysen的嵌合体。无刺,蔓生。大果,深红到紫黑色,围绕果心的小核果大,只有9个,种子小。成熟期7月下旬至8月下旬。风味佳,适宜加工。

14. 那好(也称纳瓦荷)(Navaho) 美国阿堪萨斯大学1988

年推出。无刺,直立。株型中等,丰产。成熟果黑色,有光泽,果实小到中等大小,5 克左右,风味好,可溶性固形物含量 8.6%～11.4%,坚实,耐贮运。抗寒。江苏南京地区 6 月中下旬至 7 月中旬成熟,采收期长。低温需求量 800～900 小时。

15. 奥那利(Ollalie) 有刺,蔓生,生长势强。丰产稳产。成熟果黑色,果大而长,坚实,味甜,有野生果的风味。

16. 三冠王(Triple Crown) 美国 USDA 于 1996 年推出。无刺,半直立,生长势强。株型大,丰产稳产。成熟果紫黑色,大果,平均单果重 8.5～9.5 克,最大可达 20 克以上。种子大。坚实。味甜,品质佳。易采收。成熟期比切斯特早 4～7 天。

17. 无刺红(Thornless Red) 美国 1926 年推出。无刺,蔓生。丰产。成熟果深红色,果中等大小,平均果重 3.82 克,最大可达 8 克以上。酸甜可口,香气浓郁。在江苏南京地区为特早熟品种,5 月底至 6 月中旬成熟。冷冻后能保持果实风味,适宜加工。

18. 大杨梅(Young) 无刺,蔓生。株型较小,产量中等。成熟果红至深红色,果中等大小,平均果重 4.3 克左右,最大可达 8 克。味甜,香气浓郁,籽少而小。5 月下旬至 6 月中旬成熟。

三、品种选择与栽培区域化

品种区域化是指在不同生态地区选择适宜当地的最佳品种,以达到最高经济效益。根据我国树莓引种区域试验初步结果,可分以下几个主要栽培区。

(一)东北地区 东北三省冬季严寒,夏季凉爽,春秋干燥,雨季一般在 7 月来临。2009 年统计表明,该地区目前是我国红树莓的主产区。

黑龙江省树莓主要集中在尚志及周边市县,是我国树莓栽培历史最长地区,2008 年种植面积约 800 公顷。主要品种为欧洲红及菲尔杜德,也有少数农户或公司种植美国 22 号、澳洲红、维拉米等。吉林省树莓栽培较少,约133公顷。

辽宁的树莓生产在快速发展。2000年前只有少数庭院零星种植供自食。2009年栽培面积达到近2 000公顷,已形成新型果品种植产业。目前主栽品种为菲尔杜德、美国22号及托拉蜜,也有少量的欧洲红、澳洲红、早红等。2008年以来,部分地区开始种植双季树莓,包括秋福和海尔特兹。

树莓产业快速发展使优良品种筛选工作落后于生产需求。因此,发展和更新树莓时一定要根据当地气候特点及产后用途慎重选择栽培品种。

(二)华北地区 华北地区包括北京、天津、河北、山东、山西、河南等省(市),是典型的暖温带半干旱半湿润大陆性季风气候,四季分明,夏季炎热多雨,冬季寒冷干燥,春秋短促。年均气温13℃～14℃,年降水量400～800毫米,但集中于7～8月。此地区土壤多样,适种区广泛。本区很多地方的气候既适合红莓也适合黑莓,地理区位优势独特,交通运输便利,配套速冻食品加工企业众多,特别是冷藏设备较齐全。

在大城市周边地区(京、津、冀地区),可选择发展鲜食为主的品种。夏果型托拉蜜(Tulameen)、黑水晶(Bristol)、来味里(Reveille);秋果型波鲁德(Prelude)、秋来斯(Autumn Bliss)、黄树莓金维克(Kiwigold),再配以鲜食黑莓那好(Navaho),包装成五彩果盒,很受欢迎。这几种品种搭配可自6月上旬至10月下旬不断有鲜果供应。如将秋果型品种于霜前扣上大棚,采摘期可延至12月中旬,效益会大大提高。

在山东、河南黄河沿岸地区有大面积的沙壤土地,是种植树莓的理想土壤。山东近海地区夏果型品种无须埋土防寒,秋果型品种比东北地区采果期延长近1个月。本区农业较发达,食品加工业也发展较快,栽培品种应选择产量高的加工型品种,如维拉米(Willamette)、米克(Meeker)、紫树莓(Royalty)、海尔特兹(Heritage)、波鲁德(Prelude)等。

（三）西北地区　本地区地域辽阔,气候多样,气温和年降水量变化大,秦巴山区也是我国野生悬钩子的东亚分布中心。引种试验初步表明,陕西关中、新疆玛纳斯和伊宁等地适宜树莓生长。

新疆天山北坡伊犁河谷地区,是树莓最佳适生区。这里气候十分独特,虽属温带大陆性气候,但由于特殊地形地貌形成了逆温气候,西来湿润气流沿伊犁河谷直入过程中爬升山地形成丰富的地形雨,使这里成为有"海洋性"气候特色的温带湿润小区。气候湿润,降雪量较大,正符合红树莓夏季不耐高温、怕涝的生物学特点;雪厚使得不需冬季埋土防寒,降低了成本。由于日照时间长、昼夜温差大、有效积温高,加之冰川雪水浇灌,树莓红色素和可溶性固形物含量大,产量高,病虫害少,霉菌少,是无污染的纯绿色食品。加之交通相对便利,树莓产品可迅捷地运往国内外。不利因素是大面积栽培会造成劳动力紧张,应选择成熟期集中、高产的夏果型品种为主栽品种,如托拉蜜(Tulameen)、维拉米(Wil-lamette)、菲尔杜德达赛莱克特(Fortodi)等,秋果型品种可选择波鲁德(Prelude)等。

（四）西南地区　西南地区地形复杂,有"十里不同天"之说。经在海拔1 500~2 000米的四川北川、茂县试种,红树莓表现出很强适应性。2 000米以下地区气候温和,四季分明,雨量充沛,年均气温15.6℃,无霜期125~128天,降水量1 399毫米,平均日照时数931.1~1 111.5小时。土壤酸碱适中,有机质含量较高。区内污染少,空气和水质均达国家1级标准。在四川阿坝州境内,冬季空气相对湿度50%以上,种植夏果型红树莓可不必埋土防寒。不利因素是夏季雨量集中,易引发病害,可通过栽培技术和选择品种来缓解。夏果型红树莓宜选择结果早的品种如来味里(Reveille),该品种在本区5月中下旬结果,可在雨季之前采收完毕;秋果型品种选择海尔特兹(Heritage)和波鲁德(Prelude),这2个品种在8

月中旬结果,可避开雨季。

从气候土壤来看,目前引进的黑莓品种基本适应西南地区,但各地适宜品种有个选择过程。黑莓品种冬季需冷量 300~750 小时,因此在低纬度和低海拔的地区,需选择需冷量低的品种,以利于花芽分化。四川等地夏季雨量集中,不仅易引发病害,对夏季采收品种的果实保鲜贮藏也有很大影响。因此,需要通过引种试验,选择适宜品种。四川农业大学于 2004 年开始引种试验,初步认为阿拉好和宝森可在四川亚热带湿热寡日照生态区及气候相似地区推广栽培。另外,贵州等地引种了少量切斯特和赫尔,目前表现良好。

(五)华中地区 本区为北亚热带季风气候,大部分属中亚热带和北亚热带。年均气温 15℃~20℃,年降水量 1 000 毫米以上,其中大别山区可达 1 300 毫米,武夷山一带最高达 2 200 毫米。梅雨是本区重要气候特征,夏季台风易引起该区东南部作物倒伏减产。季风气候带来降水的年内和年际不稳定。与美国黑莓产地相比,我国中部虽存在夏季温度偏高、雨量和雨日太多等不利因素,但水热因子总体比较接近北美主产区,因此江苏省中国科学院植物研究所在 20 世纪 80 年代开始了黑莓引种筛选,并于 90 年代首先在江苏溧水推广其中表现较好的赫尔和切斯特。近几年这 2 个品种在苏北、山东等地推广较快,由于日照率高和昼夜温差大等有利因素,这些地区的产量和品质甚至优于江苏溧水。浙江、江西、湖南等地也开始引种试栽。

第五节 育苗与建园

一、育 苗

树莓在美国和加拿大仍以自根营养繁殖为主,营养繁殖的苗木占 85%。对某些易感病的品种,如黑树莓个别品种,为获得无病毒苗木,可采用微体繁殖技术。我国引种树莓时间短,尚未发现有严重病害品种。采用常规营养繁殖方法既适合目前种植者情况，又能获得大量合格苗木，是快、好、省的简单方法。

（一）苗圃地选择和整地　选择交通方便、地势平坦、背风向阳、不易遭受风害和霜害的沙壤土作苗圃。地下水位在 1.5 米以下，有充足水源可供灌溉。应避免利用种过茄科植物和草莓的地块，换茬或休耕 3 年才可作树莓苗圃。如是弃耕荒地，其他条件适合也要经过 1～2 年土壤改良，彻底清除杂草和土壤病虫害，培肥土壤后再作苗圃。

使用深耕犁全面翻耕一遍，再耙平。依运输和操作管理的需要，设置主道和支道，将苗圃划分为若干小区，便于经营管理，并能提高土地利用率。育苗床长短、宽窄依据地势高低和灌溉方式制定。

苗床做好后立即每 667 米^2 施优质有机肥（家畜或鸡粪）2 000～2 500千克、磷酸二铵 20～25 千克，均匀撒施后翻耕一次，使肥料均匀混入土壤。整平苗床，灌透底水，以备育苗。

（二）繁殖方法　在主要生产国美国和加拿大，树莓繁殖方法主要有 3 种：根蘖、压顶和组培（图 3-7）。

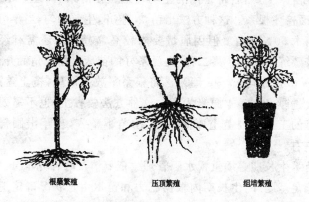

根蘖繁殖　　　　压顶繁殖　　　　组培繁殖

图 3-7　树莓繁殖方法
（引自 Bramble Production Guide）

1. **根蘗繁殖** 是利用休眠根的不定芽萌发成根蘗苗。红树莓类品种一般都根蘗繁殖,因这些品种的茎难生根或不生根,而其根系产生许多不定芽,不定芽不断萌发形成根蘗苗,并有易成活、成苗快、繁殖简便的特点。根蘗繁殖通常用水平压根法。首先在树莓休眠期土壤结冻前或早春土壤解冻后芽萌发前,从种植园或品种园里刨出根系,注意防止根系风干失水并及时包装贮藏。若土壤结冻前刨出根系,需经较长贮藏期,根系宜在0℃～2℃冷库里贮藏。入库前洗净根系上泥土,喷万霉灵65%超微可湿性粉剂1000～1500倍液消毒,塑料布包裹后装入纸箱,再放入冷库贮藏到春天育苗或出售。育苗量不大或就地育苗可在春季育苗季节随刨根随育苗,但必须提前做好整地、施肥准备工作。

通常用两种方法压根育苗。第一种:在准备好的苗床上用平板锹起一层厚3～4厘米的土,有序地堆放在苗床两侧备用,起土后用平耙平整苗床床面。从包装箱取出根系,不要分开粗细根,也不要剪断根系,按20～25厘米的行距,将1～3条根系并列成条状平放在苗床上,然后将备用的土均匀地撒在苗床上,覆土3～4厘米,全面盖住根系。这种方法出苗快、整齐,生长均匀,当年可出圃合格苗木50%左右。但因质量要求较高,较费工,还需有经验和操作较熟练的工人。第二种:在已备好的苗床上用三角锄开沟,沟距30～35厘米,深7～8厘米。将根系平放入沟里,覆土盖严,覆土不要过厚,以3～4厘米为宜。这种方法较省工,也不需要技能很熟练的工人。因盖土厚薄不一,出苗不整齐,当年出圃合格苗30%左右。

苗木生长期必须重视水肥管理。依墒情及时补充水分。除育苗前施足基肥外,生长期内根据肥力和苗木生长状况确定追肥次数和数量。一般需追肥1～2次,每667米² 用肥料(尿素)10～15千克。根蘗苗前期生长缓慢,应及时清除杂草。要避免苗木感病后落叶枯萎。

苗木出圃后,地里仍遗留足量根系,翌年又可自然萌发根蘖苗,管理精细时可多年产苗。

2. **压顶繁殖** 黑莓具有茎尖(生长点)入土生根的特性。初生茎生长到夏末或秋初,其顶尖变成"鼠尾巴"状态,新形成很小的叶片紧贴在茎尖上。此时茎尖最容易触地生根,并抽生新梢,长成新植株。将茎尖压在土壤里并用湿土覆盖,为生根创造条件,此过程即称为压顶繁殖(图2-7)。

生产上直接在黑莓果园或专用苗圃利用株间和行间空地压顶。茎顶被压入土后,很快产生许多不定根,并生长出新植株。新植株生长到休眠期,从老茎(母茎)上分离出来,贮藏越冬后春季栽植。压顶是黑莓、紫莓和黑树莓的传统繁殖方法。

3. **组培育苗** 在有条件的地方可组培育苗,大量、快速地繁殖优良品种苗木。分4个步骤:①建立无菌苗。取枝条茎段,去掉叶片后分小段用流水冲洗干净,用酒精杀菌30秒,再换用升汞灭菌10分钟,最后用无菌水冲洗3~5次。在超净工作台上剥离出树莓小茎尖接种到培养基上进行培养。②扩大繁殖。根据不同品种筛选适合的增殖培养基,约30天继代1次,可获得大量无性繁殖的树莓组培苗。③生根培养。树莓在扩繁培养基中不易形成根,因此必须转入专门的生根培养基进行生根培养。生根培养基一般采用半量的扩繁培养基的矿质元素并加入适当生长素。④移栽锻炼。当试管苗长出根后即可移到温室河沙苗床进行锻炼,40~50天后再移到田间定植成苗。

组培苗根系发达,植株成活率高,生长健壮,分蘖能力强,进入丰产期快,值得推荐。

(三) **苗木出圃和贮藏** 冬季干燥寒冷地区,苗木露地越冬易枯死。因此,在越冬前要将苗木出圃进行贮藏。起苗前将苗木的茎剪短,留长度20~30厘米。地径小于0.5厘米的苗木留圃露地越冬,翌年再培养一年方可出圃。起苗后,随即将苗床裸露根系用土盖严并灌水,翌年又可发出小苗。起苗时注意少伤根系,随起苗随捆扎,50或100根1捆,及时运到假植沟假植。假植沟要在起苗前1个月挖好备用。有条件的地区可用2℃~5℃的冷库贮存苗木。

当年不栽种的苗木在土壤封冻前要假植。选择背风、平坦的地方挖假植沟。沟的宽度和深度根据当地气候条件而定,长度根据苗木数量和地块来定。在北京地区,宽80厘米、深60厘米可保持沟内温湿度适宜,在更寒冷地区可加大深度。假植时将捆扎好的苗木5~10把并列成一排置于沟内,用疏松的沙壤土埋住根系,埋土厚度要高出苗木根颈10厘米左右。照此方法一排接一排地假植苗木。假植完及时灌透水,沟口上用苇帘或玉米秸秆覆盖,防冻保墒。

外运苗木要包装运输,做好品种标记,放入纸箱后根部撒满湿锯末,塑料薄膜包严。

二、果园的建立

(一)经营目标　选择好经营目标很重要。在大城市周围,主要选择口感好、果实大、质硬的鲜食品种,注意早、中、晚熟品种搭配,可销售鲜果、现场压果汁、制作冰激凌、开展自采活动。以出口为目的时,更要考虑国际市场质量要求。国际市场对冷冻果加工一般要求果实中型、紧凑、较硬、含酸量低、含糖量高。有些果实很大,如克优娃(Kilwa)但含酸量太高,不受国际市场欢迎。加工用时,则宜选择果实成熟期较为集中、出汁率高的品种。

(二)园地选择　选择阳光充足、地势平缓、土层深厚、土质疏松、自然肥力高、水源充足、交通便利的地块建园。山地应修建梯田栽植,狭谷陡坡不宜建树莓园。依据地形地势进行果园区划,设计道路、作业小区和灌排系统。树莓园不宜选择3~4年前一直种植蔬菜或草莓的地块,因易残留大量病原菌,滋生病虫害。前茬是草皮的地块会残留一些地下害虫如蛴螬等,使用过除草剂的地块也要过了有害残留期方能选用。

需选择离销售市场较近或有加工设备的地方,规模化生产的园地附近要有冷冻设备。在建园规划上,最好是集中连片平地,利于管理。可根据企业加工能力和市场需求确定规模。

（三）果园类型 平原良田建园最好,其土层深厚、地势平坦、水利设施配套,利于栽培管理,生产成本较低,但要注意在土壤物理性质、pH 值及地下水位高低方面符合种植树莓要求。

沙荒地建园潜力很大,因我国北方沙荒地面积较大,不利因素是土壤的土层薄、物理性质较差、肥力低、保水差,但土壤疏松、排水通气良好、有利树莓生长,且沙荒地光照好、地价低廉,只要采取相应改造措施,有水灌溉,也可建成高产园。可采取的改造措施有:①掺土施肥,即按 2 份沙土 1 份黏土的比例混匀,开沟后在沟内客土施肥,将定植沟土壤改成沙壤土,并将适量厩肥均匀掺入定植沟。②种植绿肥植物,土地平整后种植沙打旺、苜蓿、三叶草等,在花期压绿培肥,还可刈青覆盖地面,防止风蚀,提高肥力。③防风固沙,是在风大的沙荒地建树莓园的先行措施,需在迎风面营造防护林带。④引洪放淤,有条件的地方可截流放淤,改善沙地理化性状,增加土壤团粒结构和肥力。

丘陵山地建园指在坡度不大的浅丘选择适宜坡地建园,丘陵山坡上部光照好,空气流通,温度变化剧烈,蒸发量大,土壤易旱,因此有灌溉条件才可建园。坡地树莓园最好选在山坡中下部的东坡或东南坡。南坡树莓成熟比北坡早,但也增加了冻害危险。在气候较冷地区宜种在北坡或东北坡。要做好水土保持,在 5°～8°的坡上水平带状建园时,每条水平带间修筑一条高 30 厘米、上宽20 厘米、下宽 50 厘米的水平环形土埂;如坡度 8°～20°,要修筑宽2～8 米的水平梯田,小于 2 米的窄梯田不宜作为树莓园。

（四）苗木栽植

1. 整地　高标准整地是高产稳产优质的保证。在美国，为提高土壤有机质（一般要求达到 3%）、增加土壤肥力，至少在种植前 1～2 年整地，全面深耕改土，消除杂草，种植豆科绿肥（如苕子、苜蓿）等。种植树莓前进行土壤消毒非常重要，特别是新开垦荒地（包括撂荒果园），其病虫害更为突出，尤其根癌病和线虫对红树莓危害严重，目前对土壤使用农药拌土或熏蒸消毒的效果都不很理想，而试验表明在种植前 1～2 年细致整地（包括深翻、消灭杂草、压绿培肥等）要比土壤消毒更有效。

2. 挖穴或定植沟栽植　栽植前全面深翻整治土地，栽植时挖穴定植。定植穴大小依苗木根系大小而定，一般 30 厘米×30 厘米。没深翻或土壤较硬的地栽植时应挖南北走向的定植沟，宽 60～70 厘米，深 50～60 厘米，挖沟时表土与底土分开堆放，回填时先将表土回填到沟底 10 厘米厚，再将表土与厩肥混合均匀填入沟内，至肥土层离地面（沟口）15～20 厘米时再用熟化的表土填平定植沟。在定植沟两侧做土埂以便于灌水。土黏、雨多的地区，需改良土壤，宜用垄栽，垄间设置排灌系统。

3. 栽植方式与密度　树莓是单株栽植，生长 1～2 年后株数增多可成为带状。树莓栽植的最佳间距要根据使用机具或棚架类型、种植形式和品种类型而定。在美国，种植行宽约 90～120 厘米，行距主要依使用机具宽度而定，如使用割草机或采收机宽为 244 厘米时行间距最少 335 厘米；棚架类型不同时栽植行宽也不同，如用 T 或 V 形架，行间距离必须比 I 形架大；品种类型也影响栽植方式和密度，夏果型红莓株距 60～90 厘米，秋果型红莓株距约 30 厘米，主要靠分枝（二次枝）结果的黑树莓和有刺黑莓株距 90～120 厘米，生长繁茂的紫树莓株距 90～150 厘米，株茎粗壮、分枝旺盛的无刺黑莓株距 90～180 厘米。在国内，因手工采摘，要尽量均匀栽植，试验表明窄行种植产量高，种植行宽太大时因株间光照不足和通风不良会使单株产量低、果小质差,易遭花腐病和灰霉病危害。对夏果型红莓,建议行距 200～250 厘米,带宽 60～80厘米,三角形定植,红莓株距 50 厘米(每 667 米² 栽 500～600 株),紫树莓和黑树莓株距 80～120 厘米(每 667 米² 栽 300～400 株),进入结果期后每 667 米² 结果株数 1800～2000 株。对秋果型红莓,建议行距 180～200 厘米,带宽 40～50 厘米,株距 60～70 厘米,则每 667 米² 定植 500～600 株,进入结果期后每 667 米² 结果株数 2500～3000 株。

4. 栽植时间　主要在春季和秋季栽植,北京地区为 3 月中旬至 4 月上旬、9 月上旬至 10 月上旬。春栽比秋栽成活率高。其他地区可依当地气候确定具体栽植时期。

5. 栽后管理　为缩短栽后缓苗期,提高成活率。栽后第一年要加强田间管理:①保持土壤湿润。栽后要经常检查土壤水分,水分不足时应及时灌水,但不宜过多,润透根系分布层即可。在旱季,沙壤土果园每隔 3～5 天灌 1 次水。雨季要防止栽植沟内积水,避免发生烂根,夏季高温下积水十几分钟就可使树莓死亡。另外要防止土壤板结、杂草丛生,及时中耕除草,宜浅不宜深以免伤害根系和不定芽,保持土壤疏松通气可预防根腐和根癌病。②绑缚和追肥。初生茎长到 60 厘米左右后易弯曲伏地,要立架绑缚。土壤肥力低时初生茎生长缓慢,不能形成强壮植株,影响翌年结果,要在 5 月份和 6 月份各施 1 次肥,每株施尿素 20～30 克,距树干 20 厘米以外开环形沟施入根系分布区,施肥后及时浇水,松土保墒。③越冬防寒。入冬前,北京地区在 11 月中旬前后对夏果型红莓和黑莓的当年生茎埋土防寒。埋土前灌 1 次透水。将整个植株向地面平放在浅沟内,弯倒植株时小心不要折断或劈裂植株,堆土埋严,避免透风。翌年春季撤土不宜过早也不宜太迟,待晚霜过后即可撤土上架。其他地区根据当地气候条件采取相应越冬防寒措施。

第六节　果园管理技术

一、土壤管理

树莓根系需氧量大，最忌土壤板结不透气。树莓生长期管理内容多，人工活动频繁，土壤肥力消耗大，易造成土壤板结和肥力不足。若忽视土壤管理，树莓会不能正常生长发育。行间播种绿肥或永久性种草覆盖、行内松土除草保墒等措施，对增加土壤有机质、改善土壤结构、提高肥力十分有效。主要需进行以下管理工作。

（一）松土　灌水后应浅松土，这能使土壤表层疏松，改善土壤通气，促进土壤微生物活动和有机物分解，利于幼树生长，也利于减少蒸发，使土壤在幼树生长时期内保持一定湿润状态。

（二）除草　树莓园的最大敌害是大量争夺水分养分的杂草。除草是一项经常性工作和保证树莓生长的重要手段。要坚持"除早，除小，除了"，不要等杂草长大了再除。除草虽费时费工，但忽视除草将会严重影响树莓生长，降低产量和质量。建园当年必须全面除草，而且连根拔掉，及时清运出园，如能粉碎沤肥更好。由于杂草长势旺盛，须及时铲除。杂草萌发和旺长期、开花结籽期是一年中除草的关键时期。应用化学药剂可省工和迅速消灭杂草，但除草效果和对树莓有无药害受使用时期、方法、种类、用量、气候及土壤等因素影响，要严格掌握使用条件，经试验后再生产应用，避免环境污染和农药残留。

（三）中耕　树莓植株有随着年龄增长根系上移的特性。建园初期根系上移不明显，此期对树莓的沟畦在春秋进行中耕（刨地），以疏松土壤、蓄水保墒，中耕深度以 8～12 厘米为宜，在不伤根前提下可适当深耕。在树莓生长 5～6 年后，须根会露出地面而逐年上移，这时应逐年培土覆盖裸露根系。在冬季埋土防寒地区，可结合春季撤防寒土时中耕刨地。

二、施肥管理

施肥的目的是在树莓需肥前补充某些不足的营养元素,消除养分缺乏对果实产量和品质的影响。合理施肥需有对土壤和植物的采样分析基础,但目前还缺少足够研究,所以应注重对气候、产量、果实品质、病虫害状况、灌溉、施肥量和施肥时间的系统监测与分析,逐步提出科学施肥依据。有经验的栽培者应综合考虑营养诊断与树相观察,确定合理施肥方案。

(一)氮肥　氮素需求量随栽培密度、生长势、年龄、土壤类型、灌溉方式、降雨量以及栽培品种而变化。一些生长很旺盛的品种,施少量氮肥就能满足初生茎生长发育。此外,栽植当年的氮肥需要量很少,过量氮肥对生长和产量会造成伤害。

可根据营养诊断指标确定氮肥施用量。7月下旬至8月上旬,花茎结果型红莓进入花芽分化期,叶片氮含量在 2.3% ～ 3.0% 为正常。如氮含量高于正常值并且长势很旺,表明氮肥施用过量;氮含量低于正常值并长势不佳,表示需施入氮肥。氮含量高于正常值且长势不佳,表明存在其他生长限制因子。含氮量低于正常值而长势很旺的现象很少出现。

另外,树相诊断可更直观地判断植物营养状况,但只有经验丰富者才能正确运用。初生茎的长势和叶片数(或节数)、叶片颜色和大小,也是判断氮素营养丰缺的指标之一。夏果型品种的理想初生茎高度和径粗分别是 200～220 厘米和 1.2～1.4 厘米。秋果型品种的初生茎生长到 38～45 片叶即形成花芽开花结果,属正常范围。

对于夏果型品种成年果树,在春季每 667 米² 施尿素(含氮46%)13～15 千克,分 2 次施入;2/3 在花茎萌芽期施入,1/3 在结果枝生长和花序出现期施入;沿根际区开施肥沟,深 6～10 厘米,宽 15～20 厘米,施后覆土、灌水。对于秋果型品种成年果树,每667 米² 施尿素 12～15 千克;2/3 于春季在初生茎生长 10 厘米左右施入,1/3 在开花前 1 周施入;撒施后立即灌水。

树莓幼树(栽植到盛果期前的 1～3 年)的施肥需求不同于盛果期。在栽植当年缓苗成活后,距树干 10～15 厘米处开施肥沟,每株施 20 克尿素,开沟时应避免伤害刚生新根的树苗。在翌年春季生长开始时于根系生长范围内每株施 25～35 克尿素,同样要避免损伤根系。第三年,树莓进入结果期,可根据土壤肥力、生长和结果情况按照上述成年果树施肥标准确定施肥的数量和时间。

(二)磷肥 由于磷素在土壤中不易移动,施肥方法不当达不到施肥效果。目前国内缺少相关研究。建议参照美国 BROY 制定的施肥指标(表 3-5)。在根系集中分布区开施肥沟,深 18～20 厘米,宽 15～20 厘米,距树莓两侧 15～20 厘米。使肥料均匀分布在土层内,若能一半肥料在沟底一半在中层,效果更佳。

表 3-5 树莓磷肥施用量

土壤含磷量(毫克/千克)	叶片含磷量(%)	667 米² 施用量(千克)
0～20	<0.16	4.5～6.0
20～40	0.16～0.18	0～4.5
>40	>0.19	0

注:磷肥的施肥量按商品肥料 P_2O_5 的有效成分计算

(三)钾肥 钾是必需元素,树莓果的坚实度得益于组织中有足够钾。尽管如此,用肥量还没有理论性依据。土壤测试可帮助确定栽植前钾肥用量。栽植后的植物分析是确定施钾量的最好指标(表 3-6)。施肥时期是 9 月下旬至 10 月上旬,或翌年春季(北方)撒防寒土时。

表 3-6 树莓的钾肥施用量

土壤含钾量（毫克/千克）	叶片含钾量（%）	667 米² 施用量（千克）
<150	<1.0	4.5
250～350	1.00～1.25	3.0～4.5
>350	>2.00	0

注：钾肥的施肥量按商品肥料 K_2O 的有效成分计算

（四）有机肥 树莓种植园最好以有机肥为主，补充使用化肥。有机肥对土壤肥力的综合作用优于化学肥料，也能提高产量和品质。但必须了解有机肥料的性质和特点，才能充分发挥肥效。与化学肥料相比，有机肥的养分含量变化大且不稳定，增加了施肥难度。有机肥的养分释放特性也要求具有丰富经验和更高用肥技巧。常用的几种有机肥料养分和水分平均含量见表 3-7。

表 3-7 有机肥养分和水分平均含量 （%）

有机肥种类	水分	氮(N)*	磷(P_2O_5)	钾(K_2O)
牛 粪	82	0.65	0.43	0.53
禽 粪	73	1.30	1.02	0.50
猪圈肥	84	0.45	0.27	0.40
羊 粪	73	1.00	0.36	1.00
马 粪	60	0.70	0.25	0.60

注：* 大约 50% 的氮在第一年有效

有机肥的特点是施用量大，如每 667 米² 施入 5 千克氮素，同样氮量的有机肥（假设含氮 1%）需 500 千克。由于所有的氮不能在第一年全部释放，另增 500～600 千克才能满足营养需要。有机肥的另一个特点是氮转化是在生长季中进行的，这时如养分需求超过转化速度会出现营养缺乏。相反，生长季节常出现的高养分释放量，使末期生长过量而出现越冬抽条现象。所以，掌握好有机肥的养分转化过程是有效使用的主要技巧。用完全腐熟的优质有机肥,在植物休眠期结束前均匀深施于土壤中,是提高有机肥效的基本措施。

三、水分管理

合理管理水分,需了解当地年降水量及季节分布。树莓不能忍耐过多水分,特别是红树莓相当敏感,积水或土壤通气不良会破坏根系,植株衰弱,引起病害。水分过量应及时排水。

(一)适时灌溉 在炎热、干旱条件下,灌溉可使树莓产量高、果实大、销价好。是否需灌溉取决于树莓生长阶段的干旱频率和持续时间、栽培品种的抗旱性能、土壤持水能力、提供水源能力。

树莓栽培后应及时灌定根水,特别是在西北、华北及春旱少雨地区,这是提高成活率的主要措施之一,也可促进幼树根系与土壤紧密结合。树莓生长期对表层土壤水分变化非常敏感,当表层土壤干燥时苗木根系已受伤害,因此经常保持土壤表层湿润十分必要。当树莓萌发并开始放叶时,应根据土壤水分状况合理确定灌水时期和灌水量。到树莓开花结果时,耗水量更大,要及时灌水,保持土壤含水达到田间持水量的 60%～80%。

可凭经验用手测法判断土壤水分含量作为参考。如壤土和沙壤土,用手紧握形成土团,再挤压时土团不易破裂,表明土壤湿度在田间持水量 50%以上;如手指松开后不能成团,表明湿度太低需灌水。如为黏壤土,手握土时能结合,但轻轻挤压易发生裂缝,表明土壤湿度较低,需要灌水。灌水时应在一次灌水中使水分到达主要根系分布层,尤其春季温度低土壤干旱时更应一次灌透,以免因多次灌水引起土壤板结和降低土温。

根据树莓需水量的特点确定灌水时期,一般一年需灌水 4 次。主要为:①返青水,在春季土壤解冻后树体开始萌动前。②开花水,可促进树莓开花和增加花量,并为翌年有足够枝芽量打下良好基础。③丰收水,当6月份果实迅速膨大时灌溉,但在以后的雨季中降水基本能满足需求。④封冻水,入冬落叶后,在埋土防寒前灌封冻水可提高越冬能力。

(二)注意灌溉水的水质　这里的灌溉水水质指其物理、化学和生物成分。物理成分指沙质、淤泥、水中悬浮物等,可引起灌溉系统磨损。化学成分指pH值、分解物含量、可溶性离子及有机化合物,此类物质可影响树体生长发育进而影响果实品质,如可造成叶烧并抑制生长;很多树莓品种对氯化物、钠和硼等化学成分很敏感;有机溶剂或滑润剂也能危害树莓生长发育。生物成分指生存在水中的细菌和藻类,对果树本身不造成危害,但可影响灌溉操作。

(三)灌溉系统的选择　基本灌水方法有喷灌、滴灌、地表灌溉和地下灌溉4种。要根据土地坡度、土壤吸水持水能力、植物耐水性以及风的影响,选择适合的灌溉方法。树莓对积水敏感,地表灌溉时要严格控制灌水量。树莓对真菌病害敏感,喷灌能使叶面湿透,可促使真菌滋生。坡度>10°时可妨碍一些喷灌设施的使用。

四、修剪与支架

树莓属弱势树种,干和枝(茎或藤)支持力差,但营养生长繁茂,自然生长状态下植株不能成形,严重影响生长发育和开花结果。因此,需修剪和采用支架(引蔓和绑缚)有效控制植株生长,促进整体发育活力,改善植株(群体或栽植行内)光照,提高叶片光合效率。通过修剪和棚架,可改善树莓生长、果实质量和大小、可溶性固形物含量、病害感染性、收获的难易性以及灌溉的有效性等。因此,修剪和支架是现代树莓栽培管理的重要技术。下面分别论述支架类型与功能,以及不同类型树莓的修剪。

(一)棚架类型及其功能

1. **支架类型**　支架的形式主要有T形、V形、圆柱形和篱壁形等。T形和V形棚架常用于商业化树莓园。圆柱形和篱壁形用于家庭园艺性栽培,具果用和观赏双重作用。以下主要介绍 T形和 V 形支架。

(1)T形支架 用木柱或钢筋水泥柱架设。木柱粗 9～11 厘米、长 2～3 米,选用坚硬耐腐的树木,置于土中的约 0.5 米蘸沥青防腐。水泥柱可自制,长同木柱,厚 9.5 厘米,宽 11 厘米,由水泥、石砾、粗砂和钢筋灌注而成。支柱上端用宽 5 厘米、厚 3～3.5 厘米、长 90 厘米方木条作横杆。横杆在支柱上端用 U 形钉或铁丝固定,使横杆与支柱构成"T"字形。横杆离地高度根据不同品种茎长和修剪留枝长度而定,一般每年调整一次,使之与整形修剪高度一致。在横杆两端用 14 号铁丝作架线,也可选经济耐用的麻绳或强度高的单根塑料线。

(2)V形支架 用水泥柱、木柱或角钢架设。一列 2 根支柱,下端埋入地下 45～50 厘米,两柱间距离下端 45 厘米、上端 110 厘米,两柱并立向外倾斜成"V"字形结构。两柱外侧等距安装带环螺钉,使架线穿过螺钉的环中予以固定。根据品种生长强弱和整形要求,可在"V"字形垂直斜面上布设多条架线,以最大限度满足各品种类型和整形修剪方法的需要。

2. 支架的功能 支架功能与整形修剪方法相关。适宜的支架可减少初生茎与结果茎的相互干扰,改善光照,增加产量。某些栽培品种只要修剪适宜也可不设支架,如干性较强的直立型品种,但必须在休眠期对花茎适度剪短,以增强花茎(结果母枝)的支持力,防止结果后头顶沉重弯曲着地或折断。短截的程度要根据芽的质量而定,因花茎上芽的质量上下有差异,发育饱满芽多在花茎上半部,短截过重则会降低产量。一般规律是短截量不多于花茎长的 25%～30%。

V形架最适于花茎结果型,无论采用哪种整形修剪方法,均可将初生茎(当年生新梢)与花茎分开,避免彼此干扰,且能使阳光照射到植株下部,减轻病害,提高冠内果实产量和质量。使用这种支架可将花茎捆扎在 V 形架两侧壁上,或将花茎和初生茎分别捆扎在两个不同壁面上,使生长和结果互不干扰,并使喷洒、施肥和采收等管理操作更方便。

树莓修剪和支架成本高且耗时多,选择修剪和支架方式时一定要多方面综合考虑。支架支柱可就地取材,其寿命应与树莓寿命一致,一般应达 15 年以上。

(二)不同类型树莓的修剪和支架

1. 夏果型红莓的修剪和支架　夏果型红莓的初生茎在当年只营养生长但不结果,在完整地保留茎枝越冬时完成花芽分化形成花茎(其他果树称结果母枝)后于翌年抽生花茎,由结果枝开花结果。但在初生茎旺盛生长期又与同根生的花茎开花结果争夺水分养分。修剪的目的是将这种干扰减到最低,以保持每年高产稳产。

栽植当年,2 年生茎下部通常可抽生 1～2 个结果枝,但花序少,坐果率低,结果少。此时,沿结果枝旁立一根竹竿把结果枝绑缚扶直即可。另外,在根颈上的主芽(侧芽)还可萌发形成 1～2 株初生茎,让初生茎自然生长不加干预。品种不同,初生茎长势强弱有差异,托拉蜜品种的初生茎较强壮,直立,分枝少。米克品种的初生茎较软,有分枝,易弯曲。不管是直立性强或弱的品种,都不要在生长期短截(或摘心)初生茎。虽然短截初生茎可控制高生长和增加分枝量,但夏果型红莓的花芽主要形成于初生茎上,而不是在分枝上,分枝越多,花芽就越少。另外,夏季湿度大、气温高,病菌易从伤口侵入,特别是茎腐病感染率很高,因此,摘心会带来一定程度的病害发生。果实采收后,立即将结果后的衰老枝连同老花茎紧贴地面剪除,促进初生茎生长。从栽培角度考虑,栽植第一年不应留结果枝,使初生茎得到充分生长。到秋季气温凉爽,初生茎生长缓慢,为了提高花芽质量,对初生茎轻短截,剪留长度约为

初生茎总长的 5/6。如初生茎总长约 200 厘米,短截后保留 160
厘米左右。

栽植后翌年的生长特点是花茎结果量增加,同时初生茎数量
也增加。但到盛果期前植株生长空间大,花茎与初生茎间的矛盾
不突出。修剪方法与第一年相同。

在盛果期(第三年)以后,一年内需数次修剪:

首次修剪在春季生长开始后,即对经越冬休眠的花茎(2 年
茎)回缩,剪留长度根据不同品种的长势或同一品种的花茎长短强
弱而定。因处在花茎中上部的芽一般比较饱满,花芽分化率高,抽
生结果枝强壮,是结果的主要部位,识别有误而剪截过重就会降低
产量。一般的规律是花茎长而粗壮者长留,弱者短留,剪截量为花
茎长的 25%~30%。

第二次修剪是在萌芽后的结果枝和花序生长发育期。当幼嫩
的结果枝新梢生长 3~4 厘米时疏剪,定留结果枝。原则上是留结
果枝部位高的,剪去部位低的,留强去弱,留稀去密。另外,粗壮花
茎多留结果枝,细弱的少留或贴地面剪去使其重发新枝。将花茎
下部离地 50~60 厘米高的萌芽或分枝全部清除,因花茎下部光照
和通风不良,萌生枝营养消耗大,果实小质量低,且易感病霉烂。
修剪后使花茎上结果枝数量适当、分布均匀。然后再把花茎和结
果枝均匀地绑缚在支架线上。

第三次修剪是在结果枝生长期。此时是初生茎和结果枝萌发
与生长最快的时期,也是开花和坐果需养分水分充足供给的时期。
修剪重点是疏剪初生茎,减少初生茎对花茎结果枝的干扰,改善栽
植行内通风透光条件,减少病害感染,对提高果实产量和质量有益
(图 3-8)。

第四次修剪是清除结果后的花茎,培育初生茎生长。花茎结
果后自然衰老枯萎,留在园里影响初生茎生长,而初生茎生长强弱
将直接影响翌年果实产量和质量。因此,果实采收后应立即将结

果后的花茎紧贴地面剪去,增加初生茎生长空间,充分利用夏末和秋季的有利自然条件促进初生茎发育。同时,也要适当疏剪部分初生茎,留强去弱,一般应在每米^{2}的栽植行选留初生茎9~12株(图3-9)。

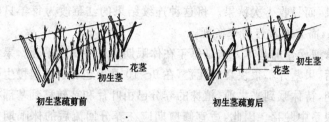

初生茎疏剪前   初生茎疏剪后

图3-8 夏果型红莓开花坐果期修剪

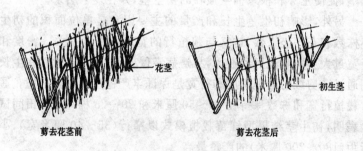

剪去花茎前   剪去花茎后

图3-9 夏果型红莓结果后的修剪

2. 秋果型红莓的修剪和支架

(1)修剪 秋果型树莓的修剪依据其结果习性和产量而定。秋果型红莓每年春季生长开始时,由地下主芽和根芽萌发生成初生茎。初生茎生长到夏末期间,单株有35片叶(或茎节)以上,从茎的中上部到顶端形成花芽,当年秋季结果,因此又称初生茎结果型红莓。如果这种已结过果的茎保留越冬,翌年夏初在2年生茎的中下部的芽将抽生结果枝再次结果,故又称为"连续结果型树莓",即国内报道的"双季莓"。但这种"二次果"的质量和产量不如头年秋果好,这是因受当年初生茎生长干扰,果实发育时养分不足。另外,采收二次果也极为困难。同样,2年生茎的结果也影响初生茎的生长和结果。所以,在美国和加拿大,多数种植者都不要夏季果,而只收1次秋果。将这种连续结果的红莓改为每年只收1次果,需要通过修剪来实现。

修剪操作的基本方法是每年在休眠期进行一次性平茬。果实采收后,果茎并不很快衰老死亡,在9～10月份还有一段缓慢生长恢复期,待休眠到来之前,植株的养分已由叶片和茎转移到基部根颈和根系中贮存。因此,适宜修剪期应在养分回流后的休眠期至翌年2月份开始生长前。剪刀紧贴地面不留残桩,全部剪除结果老茎,促使主芽和根系抽生强壮的初生茎,并在夏末结果。

另外,影响初生茎生长和产量的主要因素是单位面积的初生茎株数和花序坐果数,这又与栽植行的宽度和密度有关。密度和行宽过大会影响光照和通风,易遭病害侵染,并降低产量。在生长期通过疏剪维持合理密度和行宽是保证丰产稳产的主要措施。通常栽植行宽和株数保持在40～50厘米和20～25株/米^2。田间试验表明,初生茎结果型红莓栽植模式以窄行(35～40厘米宽)、小行距(180～200厘米)的产量最高。

(2)支架 初生茎结果时顶端过重易倒伏,在高温阴湿条件下果实很快霉烂。为此,在结果期搭架扶干是必不可少的。T形架较适于秋果型树莓。按植株高度,固定T形架横杆的相应高度,横杆两端装上14号或16号铁丝,拉紧架线,将植株围在架线中,可有效防止倒伏(图3-10)。

3. 黑莓的修剪

(1)有刺黑莓 有刺黑莓的结果习性与夏果型红莓相似,初生茎在当年营养生长,经越冬休眠,花芽分化形成花茎,翌年花茎抽生结果枝开花结果。不同的是黑莓以分枝结实力最强,花茎(主

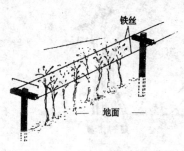

铁丝

地面

**图 3-10 适于秋果型红莓
的 T 形棚架**

茎)结实力弱。因此,有刺黑莓
的修剪首先是定干修剪,培育
强壮的分枝。

春季生长开始后,初生茎
生长迅速,当高度达到 90～
120 厘米时截顶 10 厘米,剪口
留在芽上方,离芽 3～4 厘米斜
切。这种处理的作用除增加径
粗生长和促进木质化外,可使
主茎增加分枝。有刺黑莓的不
同品种分枝能力有差异,无论
是分枝多或少的品种,单株分枝数量不能过多。分枝多,虽结果多
但果实小,降低果实产量和品质。分枝密度过大,株内(或株冠内)
通风透光恶化,病菌感染,采果困难。一般每株选留 2～4 个分枝
较好,每米栽植行留初生茎 7～9 株,将多余的初生茎和分枝一并
剪去。芽萌发和初生茎的生长速率不一致,不是同时达到某一修
剪程度,应注意多次修剪,使株间、分枝间以及分枝与株间不重叠
挤压,保持整个生长群体或绿叶层通风好、光照足。修剪只有达到
一定标准才能起作用。

越冬防寒前短截分枝,剪去其长度的 30%～40%;同时将生
长弱的初生茎、病枝、过密株从基部切除(图 3-11)。在春季解除
防寒后和生长开始前,回缩、修剪分枝,留长 35～40 厘米。采用 V
形支架的把各分枝平展在 V 形架面上,用塑料绳或麻绳等捆扎固定。

分枝的芽不断萌发形成结果枝。在结果枝生长期花序出现
前,通过抹芽或疏枝选留结果枝。每个分枝上留 1～3 个结果枝为
宜,在主茎上部靠近剪口的分枝生长势强,多留结果枝;向下的分
枝生长势渐弱,需留强去弱,少留结果枝。

有刺黑莓的刺一般都很坚硬锋利,给修剪、上架和采收等管理

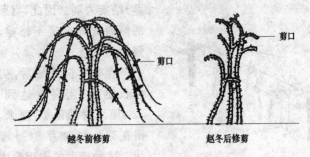

越冬前修剪　　　　　　越冬后修剪

图 3-11　有刺黑莓定形修剪

带来极大困难。但有刺黑莓因果实大、外观美、味道香,颇受消费者欢迎。种植者可选择隔年结果整形修剪方法,以减少有刺给栽培管理和采摘等带来的困难。

(2)无刺黑莓　无刺黑莓栽植后,头 1～2 年初生茎像藤本植物一样匍匐生长。3 年以后,初生茎半直立或直立生长,分枝数量增加,分枝弯曲成拱形向下水平延长生长。

无刺黑莓的初生茎及其分枝都能形成花茎,在翌年生长开始后抽生结果枝开花结果,一般是单株的分枝产量最高。因此,无刺黑莓的整形修剪仍是以培养粗壮的分枝为主,以提高果实的产量和质量(图 3-12)。

修剪前　　　　　　　　修剪后

图 3-12　无刺黑莓定形修剪

无刺黑莓修剪定干高度与有刺黑莓一样,当初生茎高达 90～120 厘米时,短截顶梢 10 厘米,剪口在茎节中间,剪口斜切,以利伤口排水和愈合。修剪后可促进剪口下的分枝生长,提高分枝的质量,为翌年结果打好基础。同时,对过密、生长弱和偏斜生长的初生茎从基部疏除。每一种植穴留初生茎 3～5 株,株与株之间都要有宽松的空间。春季生长开始前回缩分枝,分枝剪留长 45～60 厘米,同时将主茎上多余的分枝全部疏除,随即将保留的分枝绑缚于"V"形棚架上。

第七节　果实采收与采后处理

一、果实采收

树莓和黑莓的果实都容易腐烂,但采取一些措施仍可延长其货架期,满足市场消费。

(一) 采前措施　环境不良可造成果实的腐烂和病害。如选择空气流通的地点栽植,并让栽植行方向与夏季盛行风保持平行,益于改进果实质量。适宜的修剪和搭架,也可改进空气流通和冠部光照条件,使得雨水和露水较快蒸发,减轻空气湿度过大给果实造成的侵害。滴灌不会弄湿果实,因而比采用喷灌时的果实质量好。

适当施肥也可延长果实的货架期,因为健康植株的果实比营养不足植株的果实的保鲜期要长。因此,必须施足钾肥和钙,而且氮肥不能太多。叶分析有助于调整肥料用量。

当花瓣脱落时施用杀虫剂会大大减少果实霉烂数量。灰霉病菌很容易侵入枯萎花朵并在其中生长,在果实成熟前进入发育中的果实,直到收获时才能看到侵染病症。因此,及时给花瓣喷洒药物是必要的,特别是在低温高湿时。

某些害虫取食果实时会造成不太严重的物理性伤害,但是,伤口为真菌入侵创造了条件。某些害虫可以在果实间传播真菌和细菌病害。如果使用杀虫剂防治害虫,必须限制收获日期。

(二)采收 供应鲜食市场的树莓大多手工采摘,用于加工的果实则可机械采收。树莓的成熟时间不一致,所以同一栽植区必须不断采收,可能要每2~3天采收1次。种植者一定要在首批果实成熟之前打通市场渠道。采收之前不要触摸果实,只采收未受伤害、外观完好的果实,采后放入包装袋或容器中,不要直接暴露在阳光下。

掌握合理采摘时间很重要。对于批发的鲜食树莓,最佳采收时期应在果实第一次完全变红并向暗红色转变之前。在充分成熟之前比充分成熟或过熟后采摘的果实货架期要长得多。应培训采收人员从果实外观判断成熟程度和掌握适宜采收时期。某些果实不紧密的品种(如拉萨木、泰藤)的收获时间要早些。风味不佳、果软或色暗的品种(如来味里、维拉米)不宜大量收获。果实香气挥发速度在下午最高,早晨最低。在夜间机械收获黑莓时,果实可更耐贮藏和更甜。

过熟的果实对霉病敏感,一旦感染霉菌就会作为病源继续传播,侵害其他正成熟的果实。过熟果实也吸引蚂蚁、黄蜂和其他害虫。因此,应及时摘除腐烂果实,并运出种植区销毁。从长远来看,将采摘工作分成采摘腐烂果和优质果的两组作业可能更经济。这样不会因采摘人员的操作将真菌孢子传染给可销售的果实。

收获的果实应直接放入小容器中,最好是半磅(227.25克)装。绝不要使用多于4层的采摘容器,因为这样底部浆果可能被压伤。种植者应与零售商协调确定,使用更受欢迎的采摘容器。

不同类型的容器各有优缺点,木质容器易脏且价高;坚固透明的塑料容器干净、价廉,消费者可从外边看到内装浆果。容器有盖时可保存湿度,应避免容器底部积存破碎果实的汁液。有通气裂口的塑料容器可很快冷却而不积存汁液,但通气裂口太宽时浆果可能受损。批发商多使用一种窄裂口的半磅装塑料容器。在进行果实冷藏时,还要考虑冷藏的要求。

二、果实保鲜

呼吸作用会导致采摘后的果实收缩和可溶性固形物降低。树莓和黑莓的呼吸比率较其他果类要高,收获后必须小心处理,以维持令人喜爱的果实外观、贮藏期和耐运输能力。采用严格的采收、冷藏、运输等操作程序,可成功地将鲜果送到鲜食市场。

低温、高二氧化碳和低氧气的贮存条件可以降低树莓果实的呼吸作用。然而,如果氧气受到限制,将在果实中形成乙醛和酒精,造成组织死亡。果实在无氧呼吸的状态下会发出明显异味。将温度控制在最佳状态是延长果实品质的最重要方法,速冻和保持适当温度都是基本的果实保鲜措施。

(一)果实的预冷处理 预冷是在果实收获后和贮存前的直接冷却措施。预冷可将果实的水分散失、真菌生长和果实破裂降到最小程度。及时预冷对树莓果实很关键,最好是采摘后1小时内完成。批发商认为,预冷每延迟1小时,货价期就降低1天。而且果实采收最好在清早进行。

建议使用专用预冷器,通过吸收冷空气(1.7℃)的对流形式快速降低果实温度,这可延长果实保鲜期和可装运时间。要避免果实预冷后继续暴露在快速移动的空气中造成果实失水。大规模种植者可安装一个专门预冷设备,成本并不很高。例如,在可进人的小冷库里安装一个两侧开口的纸板盒冷却通道,内放装有新采果实的专用批发盒,将普通风扇放在一端开口用于吸取冷空气。待果实冷却后,取下批发专用果盒并包装在塑料盒中。用塑料盒可减少贮藏期间的水分丢失,并防止专用果盒从冷库中取出后的冷凝。

(二)果实的贮存 温度、湿度、二氧化碳和氧气含量是影响果实贮存期和质量的四大要素,其中温度或湿度的作用比空气组成更重要。树莓果实的腐败病在 4.4℃时停止活动,灰霉菌在 0℃时停止生长。贮存室本身温度应保持在 −1.1℃,这时果实不会结冰。也可将贮存温度稍微提高至 0℃,以留有温度波动余地。运输者曾报告,在 4.4℃条件下贮存比在 −1.1℃下降低货架期 50%。

某些为贮存干商品而设计的可抽走湿气以维持低温干燥环境的冷冻设施,不适于冷冻或保存鲜食果品。果实周围的空气应湿润以防缩水,应选择能在 0℃时维持空气相对湿度 90%～95%的冷贮设备。

研究表明,树莓特别适于气调贮藏,较高的二氧化碳含量(14%～20%)可降低真菌生长和软果的呼吸比率。但高二氧化碳含量可造成树莓异味,这样的异味通常在货架上几小时以后消失。黑莓可忍耐较高的浓度。低的氧气含量(2%～3%)也可造成果生异味。张晓宇等人(2009)研究表明,树莓果实的最佳气调贮藏条件为二氧化碳含量≤10%、氧气含量≥5%,这种气调环境下树莓果实贮藏 20 天后仍可保持较好的品质。

(三)果实的速冻 鲜果可以速冻起来,用于以后出售。采摘后立即速冻其效果最佳,推迟仅几个小时就会导致香味明显挥发。大多数速冻果的一包装袋含有 55～85 克糖浆,此举可减少冰晶量形成和微生物生长。烘烤食品用果最好用 14 千克的罐头装,有糖或无糖均可。这种罐头果要尽快在 −18℃冷冻,以减少包装内的冰晶量、保持果实的完整和色泽、降低维生素 C 的丢失、维持果实的完美风味。速冻果的贮存期为 14 个月。

第四章 穗醋栗与醋栗

第一节 概 述

穗醋栗属于虎耳草科茶藨子属下的茶藨子亚属(Subgen Ri-bes),为多年生小灌木。株丛高1~1.5米,果实为浆果,成串着生在果枝上,故名穗醋栗。我国古书上称其为茶藨子,英文名加仑(Currant),又名黑豆果、黑果茶藨。醋栗(Ribes spp.)也称灯笼果或茶藨子,属于虎耳草科茶藨子属下的醋栗亚属。穗醋栗和醋栗是适合于冷凉气候地区栽培的小浆果灌木果树,主要分布于北半球温带地区。

一、营养与经济价值

穗醋栗和醋栗是极具寒地特色的小浆果树种。近年来,随着风靡世界的"第三代果树"的兴起,穗醋栗和醋栗越来越受到国内外的高度重视,这主要是源于穗醋栗和醋栗具有较高的营养和经济价值。

(一)果实中内含物质丰富,营养价值极高 穗醋栗和醋栗果实中营养成分极其丰富。以黑穗醋栗为例,含糖7%~18%、柠檬酸及苹果酸1.8%~3.7%,还含有大量的维生素A、维生素B、维生素C、维生素P,其中以维生素C的含量最高,每100克鲜果中含100~400毫克,在普遍含有较高维生素C的水果中,仅次于猕猴桃,高于大多数水果。黑穗醋栗果实中含有多种矿质营养元素和人体生长发育所需的氨基酸。醋栗果实含糖5%~11%,有机酸0.9%~2.3%,每100克鲜果含维生素55毫克、蛋白质0.8克、脂肪0.2克以及微量元素铁、磷、钾(170毫克)、钙(22毫克)、镁(9毫克)等。

黑穗醋栗果实和枝叶中含有非常丰富的生理活性物质。研究表明:黑穗醋栗果实中含有大量的花青素类成分,可以作为天然色素和抗氧化剂而广泛应用。总花青素含量为每100克鲜果中含350毫克,是草莓的8.8倍。黑穗醋栗果实和叶片中还含有酚酸、黄酮醇、儿茶素和鞣质等酚类化合物,总酚类物质含量为每100克鲜果中含1.18克,是草莓的7.8倍。穗醋栗果实的营养价值众所公认,这使得穗醋栗果实及其加工产品备受青睐。

(二)果实加工性能好,加工产品种类丰富 穗醋栗和醋栗果实少量鲜食,主要用于加工,一直是果汁生产的重要原料。醋栗不同成熟度的果实都可生食或加工。青熟的果实酸度高,生食开胃,也可做罐头。半成熟的果实最适于加工,加工产品主要有果汁、果酒、果酱、果冻、蜜饯等。黑穗醋栗的果汁色素含量高,深紫红色而透明,并具有独特的芳香,近年来除传统的加工品外,以穗醋栗为原料生产的冰点、蛋糕、乳制品等产品更是琳琅满目,丰富多彩,深受国内外消费者青睐。

穗醋栗可谓浑身是宝,除果实可以直接加工外,种子、枝、叶中同样含有丰富的营养物质,可从中提取花青素、类黄酮作为食品添加剂。黑穗醋栗枝叶也是提取珍贵香料的原材料。穗醋栗和醋栗是营养价值极高并适宜加工的优良树种。

(三)具有特殊药用成分,医疗保健价值高 穗醋栗是一种重要的药用植物。早在400多年前人们就发现黑穗醋栗是治疗扁桃腺炎的良药。英国一直将黑穗醋栗果实及其产品列在药典内,成为唯一一种可以作为医疗使用进入医院的果实,为病人补充维生素C。目前随着科学技术的发展,穗醋栗的药用价值越来越受重视,药物开发和药理研究开展得越来越广泛,其药理作用主要表现在降血压、降血脂、抗肿瘤、提高免疫力等多个方面。

(四)结果早、产量高、效益好 穗醋栗和醋栗繁殖容易,成园

较快,定植后翌年即可结果,第三年进入丰产期,产量高,每公顷 7
吨左右,高产的达到 10～15 吨。按近几年国内鲜果平均收购价格
每千克 4～6 元计算,每 667 米² 纯收入 3 000～4 000 元。穗醋栗和
醋栗管理容易,病虫害少,生产成本低,果农的纯收入将超过大田
作物及其他树种。对于加工企业来讲,如每公顷年产果 8～10
吨,可生产浓缩果汁 3 500～5 250 吨;按每吨果出种子 100 千克左
右计,每公顷可出种子 350～525 吨,提取种子油 75～112.6 吨;如
果制成果汁、果酒、果酱等加工产品,加上提取色素、种子油、开发
保健功能性系列产品投向市场,其经济效益更为可观。

二、国内外栽培历史与现状

穗醋栗和醋栗是世界上最重要的小浆果类果树之一,也是近
年来发展较快的果树树种之一。

穗醋栗主要分布在北半球气候冷凉的地方,以北纬 45°左右
为适宜地区。全球主要栽培穗醋栗地区是欧洲、北美、中国的东北
和新疆。世界上栽培穗醋栗的国家约 40 个,主要集中在欧洲,其
中北欧的丹麦和瑞典以红穗醋栗栽培为主,东欧的波兰以黑穗醋
栗栽培为主。种植面积和产量居前列的依次是波兰、前苏联、德
国、英国、瑞典。黑穗醋栗在国外主要用于果汁饮料生产,其次是
加工成果酱、果糖、果酒等或鲜食。醋栗的栽培和利用已有 400 多
年的历史,最早是在法国、英国这些西欧国家开始的,而后传遍世
界各地。目前世界醋栗主要栽培于气候冷凉地区。前苏联集中在
莫斯科、列宁格勒(现名圣彼得堡)和高尔基等地。法国、英国、波
兰、荷兰、保加利亚、比利时等国家都有较多的栽培。在美国、新西
兰和澳大利亚仅有少量栽培。

我国是醋栗原产地之一,人们久已习惯采果鲜食,并作为药材
加以利用,但并未引入栽培。1917 年前后,俄国侨民迁入我国时
带来穗醋栗和醋栗,在黑龙江省滨绥铁路(哈尔滨至绥芬河)沿线

落户,集中在尚志、阿城、海林。当时只是私人小面积栽培,消费及加工量很少。新中国成立以后得到党和政府的重视,特别是在党的十一届三中全会以后,穗醋栗和醋栗生产迅速发展起来,生产上主要以黑穗醋栗为主。据不完全统计。截至 2009 年,全国黑穗醋栗种植面积约 1730 公顷,年产果 1.3 万吨。加工产品种类由原来的果汁、果酒、果酱等发展到色素提取、生物制药、果实制干、烘制茶叶等综合开发,产品质量大大提高,企业的市场竞争与开拓能力进一步增强。目前,80％的鲜果以速冻果形式供应国内外市场,浓缩果汁也有相对稳定的国内外市场。

第二节 主要栽培品种

一、穗醋栗

(一)丰产薄皮 该品种株丛开张半圆形,高 1~1.3 米。萌芽力强、成枝力中等,基生枝多。老熟新梢灰白色、稍弯曲、节间长 7 厘米。3 年生以上老枝暗紫色,皮孔散生成排成短行。芽较圆。顶芽 3 个并生,枝条中部侧芽也是 3 芽并生,可以抽出 9 个果穗。果穗长 6~8 厘米,平均坐果 12~16 个。自花结实率高。单果重 0.7~0.8 克,果粒大小整齐,萼片宿存或干瘪脱落。果皮薄、果粉厚。种子长梭子形。浆果含总糖 5％~6％、总酸 2.5％、维生素每 100 克含 120 毫克。盛果期平均单株产果 3~4 千克,物候期比亮叶厚皮黑豆果早 5~7 天,果熟期 7 月初,成熟期集中而不脱落。该品种在黑龙江省牡丹江地区,1~3 年生树冬季不埋土防寒可以正常生长和结果,3 年生以后不埋土则有枯梢现象。丰产,产期集中,可一次采收。不抗白粉病及芽螨,不耐高温、干旱。它曾经是黑龙江省主栽品种之一。该品种为 20 世纪 80 年代黑龙江省主栽品种,后因产量偏低、感染白粉病严重、不抗芽螨等原因在生产中逐渐淘汰。

（二）奥依宾（Ojebyn）　原产于瑞典，1986 年由东北农业大学、哈尔滨市蔬菜研究所从波兰引入，1991 年通过黑龙江省农作物品种委员会审定。株丛生长强健，树体较矮小，枝条直立，适合密植和机械化采收。3 年生株高 63 厘米，冠径 77 厘米，新梢节间短，间距 1.76 厘米，枝粗而硬。每个花芽着生 2 个花序，每个花序上着生 5～7 朵花。自花结实率 52％。果实基本呈圆形，萼片宿存，果皮厚、黑色，果点明显，纵径 1.3 厘米，横径 1.25 厘米，平均单果重 1.08 克。可溶性固形物 14％，总糖 7.01％，总酸 2.95％，每 100 克鲜样中含维生素 C 107.51 毫克。5 月中旬开花，7 月上旬果实成熟。成熟期一致，可一次采收。抗白粉病，越冬性较强，在黑龙江省冬季雪大、小气候条件好的地方可露地越冬，但在绝大多数地区最好埋土防寒越冬。

（三）黑珍珠（Ben Lomond）　原名 Ben Lomond，系苏格兰国家作物研究所于 1971 年杂交选育出的优良品种，1985 年从波兰引入我国，1993 年通过吉林省农作物品种委员会审定。该品种株丛丰满，树势中等开张，花期比其他品种晚 5～7 天，从而有效避开了晚霜危害，克服了其他品种因霜害造成的产量不稳定的问题。果实较大，平均单果重 1.33 克，鲜食风味佳，可溶性固形物含量 14 ％，在辽南地区可达 17 ％。果面光洁明亮，形似珍珠。晚熟，在吉林长春 7 月 25 日前后可采收，成熟期结果整齐。丰产期每公顷产量 13 500 千克。果实中色素含量高达 1.55 克/千克。适宜加工果汁。高抗白粉病。辽宁沈阳以北地区栽培时需要冬季埋土防寒。

（四）利桑佳（Risager）　1981 年、1985 年分别由吉林农业大学、东北农业大学从波兰引进，1996 年由黑龙江省农作物品种审定委员会审定，定名为利桑佳。并于 1993 年通过吉林省农作物品种审定委员会审定，定名为密穗。该品种生长势中庸，树冠半开张，皮孔明显，呈黄褐色，较稀。叶片呈掌状，叶片小，较平展，叶色浓绿。该品种具有明显的早实性,绿枝扦插(6 月下旬扦插嫩枝)幼苗在翌年定植后有 87% 的植株可以开花结果。每个花芽平均着生 2~3 个花序,每个花序平均着生 13 朵花,自然授粉坐果率达 78%,结果枝连续结果能力强。果实 7 月中旬成熟。果实纵径 1.25 厘米,横径 1.15 厘米,平均单果重 0.96 克;萼片宿存,直立;果皮较厚,黑色。可溶性固形物 14.4%,总糖 7.11%,总酸 2.73%,每 100 克鲜样中含维生素 C 130.72 毫克。四年生树每 667 米^2 平均产量 830.3 千克。该品种极抗白粉病,在不施药的情况下发病率为零。冬季需埋土防寒方可安全越冬。

(五)黑丰 黑龙江省农业科学院牡丹江农科所引入的波兰品种,1996 年 2 月通过黑龙江省农作物品种审定委员会审定。该品种树势较强,枝条粗壮、节间短,株丛矮小。进入结果期早,丰产。高抗白粉病。该品种果实近圆形、黑色,果实大小整齐,平均单果重 0.9 克。可溶性固形物含量 14.5%,果实成熟期一致,可一次性采收。丰产性好,进入盛果期早,2 年生平均 667 米^2 产量 230 千克,5 年生 1 183 千克,盛果期产量达 17 750 千克/公顷。无采前落果。在黑龙江省 4 月中旬萌芽,5 月中旬开花,7 月 20 日左右果实成熟,10 月中下旬落叶。抗寒性较差,需埋土越冬。该品种植株较矮,适合于密植。

(六)布劳德(Brodrop) 该品种原产于芬兰,1986 年由东北农业大学从波兰引入,2001 年通过黑龙江省农作物品种审定委员会审定。品种生长势中庸,树冠开张,枝条较软,结果后易下垂。栽后 2 年开始结果,果穗长而密,自然授粉坐果率 75%。7 月中旬果实成熟,熟期一致,可一次采收。果实纵径 1.45 厘米,横径 1.4 厘米;平均单果重 2.3 克,最大果重 3.6 克,以大果粒著称。萼片残存,果形整齐一致,果皮厚。可溶性固形物 11.3%,总糖 6.51%,总酸 2.49%,每 100 克鲜样中含维生素 C 49.84 毫克。一般管理水平条件下,2 年生每 667 米^2 平均产量 262.36 千克,3

年生 754.85 千克,4 年生 924.33 千克。抗白粉病。越冬性较强,冬季在黑龙江省大部分地区越冬需埋土防寒,个别地区不埋土或少量埋土也可安全越冬。

（七）大粒甜（Bona）　吉林农业大学 1985 年从波兰科学院果树花卉所引进的大果、鲜食与加工兼用的中熟品种,2005 年 1 月通过吉林省农作物品种审定委员会审定。该品种树冠开张,长势中庸,5 年生株高 1.0 米、冠幅 1.1 米。叶片 3～5 裂,平展,绿色有光泽。浆果黑色,有光泽,圆球形。果粒大,平均单果重 1.62 克,最大 2.73 克。果穗长 7 厘米。基生枝发生数量较多。定植第一年基部可抽生 3～5 个基生枝,翌年即可结果,结果能力强。果实含可溶性固形物 12%、可溶性糖 10.6%、有机酸 3.8%,维生素 C 每 100 克鲜样中含 168 毫克,出汁率 72%,甜酸可口,鲜食口味佳。该品种在吉林长春 4 月上中旬萌芽,4 月下旬现蕾,4 月下旬至 5 月上旬开花,6 月中下旬果实开始着色,7 月中旬成熟,为中熟品种。第五年进入盛果期,产量达到 10 100 千克/公顷。无白粉病、斑枯病发生,干旱年份有红蜘蛛、蚜虫发生。

（八）甜蜜（Kanta-ta）　吉林农业大学 1985 年从波兰引进,2005 年 1 月通过吉林省农作物品种审定委员会审定并定名。株丛半开张,生长势强。5 年生株高 1.5 米,冠幅 1.5 米。枝条粗壮。叶片大,3～5 裂。果穗长 10 厘米左右。浆果圆球形,成熟时黑色。平均单果重 1.47 克,最大 2.25 克。果实含可溶性固形物 14%、可溶性糖 11.6%、有机酸 3.0%,维生素 C 每 100 克鲜样中含有 16 毫克。果实出汁率 70%。风味酸甜,鲜食口味佳。在吉林长春地区 4 月中旬萌芽,7 月中下旬成熟,晚熟。翌年结果,自然坐果率 30%～40%;第五年进入盛果期,产量为 10 300 千克/公顷。

（九）红瑞（Cherry）　吉林农业大学于 1985 年从波兰引进,2006 年 1 月通过吉林省农作物品种审定委员会审定并定名,是目前我国第一个通过审定的红穗醋栗品种。该品种5年生株高1.2米,冠幅1.2～1.5米。浆果为亮红色,圆球形,呈半透明状。百果重42克,最大单果重0.67克。直径0.9～1厘米。果穗长7～13厘米,每穗着果10～22粒。果实含可溶性固形物9.0%、可溶性糖7.6%、有机酸3.0%,维生素C 180毫克/千克。味甜酸。果实出汁率63%,果汁鲜红色,风味品质佳。可鲜食或加工果汁等。在吉林长春地区4月上中旬萌芽,4月下旬至5月上旬开花,花期持续大约10天,7月上旬成熟,从开花到浆果成熟需要65～70天。成熟期较一致,可以一次性采收。自然坐果率90%以上。6月下旬新梢停止生长,7月上中旬开始二次生长。10月中旬落叶。枝条扦插容易生根。多年生结果枝组易下垂。定植翌年即可结果,第五年进入盛果期,产量达6150千克/公顷。

(十)亚德列娜娅(Ядреная) 东北农业大学1999年由俄罗斯西伯利亚李沙文科园艺研究所引进的品系,2008年通过黑龙江省农作物品种委员会审定。该品种树姿开张,生长势中庸,4年生株高90厘米,株径110厘米。基生枝发枝能力较弱,多年生枝深褐色,1年生枝褐色。叶片中等大小,略狭长,叶面褶皱明显。每花芽着生花穗1个,每穗花数9～15朵。自交结实率44.55%,自然坐果率64.47%。果实黑色,个大整齐,最大果纵径2.2厘米,横径2.0厘米,最大单果重4.9克,果实中可溶性固形物含量13.6%,维生素C含量每100克鲜样含118毫克。熟期比较一致。该品系具有明显的早果性,绿枝扦插苗定植当年结果植株达100%,且单株产量高(第一年结果平均株产1.5千克以上)。在黑龙江哈尔滨地区4月23日萌芽,5月4日初花,6月17日果实开始着色,7月1日可采收。10月下旬进入休眠期,为早熟品种。不感染白粉病。该品种喜冷凉,持续高温干旱叶片及果实有灼伤现象,适于在山区及黑龙江省、吉林省北部地区栽培;在黑龙江省、吉林省冬季越冬需埋土防寒。

　　（十一）寒丰（原代号 83-11-2）　黑龙江省农业科学院牡丹江农科所以亮叶厚皮和野生兴安茶藨为亲本杂交选育，2006 年 2 月通过黑龙江省农作物品种审定委员会审定。该品种树势强健、基生枝多。果实近圆形，大小整齐。纵径 1.1 厘米，横径 1.2 厘米，黑色。果穗长 3～5 厘米，每穗着生 7～15 粒，果柄长 3～4 厘米，果皮较薄，皮紧。果实出汁率 82％；平均单果重 0.90 克。可溶性固形物含量 16％，维生素 C 含量为每 100 克鲜样中含有 151 毫克。无采前落果现象。在黑龙江中部和东部地区，4 月中旬芽开始膨大，5 月 15 日左右开花，7 月 20 日左右浆果成熟，10 月中旬落叶，果实发育期 65 天，营养生长期 180 天。抗白粉病，整个生育期不用施药。抗寒性强，在我国任何地区越冬均不用埋土防寒。

　　（十二）晚丰（代号牡育 96-16）　1990 年以寒丰为母本、黑丰为父本进行杂交，2002 年通过黑龙江省农作物品种审定委员会审定。该品种树姿较开张，多年生枝灰褐色，皮孔圆块状纵向排列，1 年生枝黄褐色。株高 114.2 厘米，冠径 114 厘米，叶面光滑，叶片长 8.75 厘米、宽 9.75 厘米。初花期花紫红色，盛花期粉白色。果实圆形，纵径 1.18 厘米，横径 1.25 厘米，平均单果重 0.91 克，果皮黑色，果肉淡绿色，种子褐色，可溶性固形物含量 14.6％，维生素 C 含量每 100 克鲜样中含有 142 毫克。以 2～3 年生枝结果为主。自花结实率及自然授粉率均较高，无须配置授粉品种。在黑龙江省牡丹江地区，4 月中旬萌芽，5 月初展叶，5 月上旬现蕾，5 月中旬初花期，5 月 20 日盛花期，7 月下旬果实成熟，10 月中旬落叶。在黑龙江省越冬不用埋土防寒。抗白粉病。

　　（十三）黛莎（原代号 17-29）　东北农业大学于 1986 年由波兰引进黑穗醋栗种子实生选育，2005 年通过黑龙江省农作物品种审定委员会审定登记并命名。20 世纪 80 年代引入新疆，被命名为世纪星。该品种枝条较直立，树姿半开张，生长势中庸。4 年生株高 90 厘米左右，冠径 115 厘米。多年生枝灰褐色，1 年生枝黄褐色,皮色较浅。叶片中等大小,鲜绿色。穗状花序横生,每花芽着生花穗 1 个,每穗花数 12～17 朵,花萼紫红色,自交结实率40.07%,自然坐果率 78.4%。果实近圆形,平均单果重 1.23 克,果肉浅绿色,果实中可溶性固形物含量 14.6%,每 100 克鲜果中含维生素 C 127 毫克 。果实成熟期比较一致,果穗较长,适合机械化采收。果实较硬,耐贮运。成熟期较晚,属晚熟品种。抗白粉病能力强,经多年观察不感染白粉病。冬季需埋土防寒。

二、醋栗

坠玉(Pixwell) 原产于美国,1986 年由吉林农业大学引入我国。其果实以长梗悬坠于枝条上,如玉珠而得名为"坠玉"。该品种生长势强,多年生枝灰褐色,针刺渐消失,1 年生枝黄绿色,5～7年生株丛高 1.2 米左右。果实圆球形,直径 1.5～2.0 厘米,平均单果重 3.2 克,最大果重可达 5.0 克;近成熟时果实为黄绿色,充分成熟后为紫红色,果面光亮半透明。含可溶性固形物 13%。果皮薄,果肉软而汁较多,风味甜酸,鲜食品质好并适用于加工果汁、果酱、果糕等。自花结实率高,丰产性好。在吉林长春地区 6 月中旬果实即达到可采时期,7 月下旬果实着色。该品种品质较好,生长势强,单株产量高,抗白粉病能力很强,醋栗叶斑病很轻。浅覆土越冬安全,连年丰产。被推荐为东北地区优良品种。

第三节 生物学特性

一、株丛特点

穗醋栗和醋栗是典型的多年生小灌木,其地上部分由许多不同年龄的骨干枝构成株丛,地下部分为须根众多的根系。株丛形状依种类、品种特性而不同,有直立紧凑形、半开张或开张形等。株丛的高度也依种类、品种不同而有差异,黑穗醋栗株高多数集中在 80～120 厘米,据报道红穗醋栗和黄穗醋栗能达到 2 米。穗醋栗株丛的骨干枝是逐年形成的。从定植开始每年从枝条基部的基生芽中发出强壮的基生枝,使株丛增大;同时在基生枝靠近地面的部分发生不定根,使株丛的根系部分扩大。如此 3～4 年之后,形成有 5～20 个不同年龄基生枝或称为骨干枝的株丛,其中 1 年生骨干枝各有 3～4 个。这时,2～4 年生骨干枝已经结果,株丛进入盛果期,最早结果的大骨干枝顶端的延长生长逐渐缓慢,再过 1～2 年,其延长生长完全停止,顶端衰亡,枝条生长势减弱,产量下降,以新的基生枝来更新。不同种类骨干枝寿命长短不一,一般黑穗醋栗为 5～6 年,红、黄穗醋栗为 6～8 年,株丛寿命一般为 15～20 年。

醋栗的株丛较穗醋栗矮小,平均株高 1.5～2 米,株丛开张,但欧洲醋栗的品种中有的株丛高达 2 米以上并且枝条近于直立。枝条的寿命一般为 7～8 年,如果及时缩剪及除去不必要的基生枝,枝条寿命可达 20 年以上。基生枝以及骨干枝下部的大侧枝一般在第二年很少结果,它们发出分枝,形成骨干,第三至四年才在其上形成大量短果枝。栽植后最初几年基生枝发生得较多,几年后株丛内形成了一定数目不同年龄、不同级次的骨干枝后,基生枝发生的数目始渐减少,株丛的增长也减少。在生产园中,醋栗的经济效益较高的年龄约有 8～10 年,在管理好的条件下可延长至 15 年,在不断更新的情况下株丛的寿命达 30～40 年时,仍有一定的产量。株丛的另一个特点是枝条上多刺,给田间管理工作带来困难,尤其是修剪和采收,比较费工。

二、器官特征、特性

(一)根　黑穗醋栗和醋栗的根可分为主根、侧根和须根。种子萌发后,实生苗有主根和侧根,形成发达的根系,属直根系。而通过无性繁殖的苗木可产生大量的不定根,没有明显的主根,逐年从基生枝的基部发生不定根,有的不定根发育成骨干根,扩大根系分布范围。穗醋栗根系活动范围主要集中在 0～60 厘米深的土层内。在整个生长季节,根系出现 2 次生长高峰。4 月中下旬,根系首先在 0～40 厘米深土层(上层)中开始活动,当土温上升至 12℃～13℃时(5 月下旬至 6 月上旬)进入发根高峰,而分布在下层(40～100 厘米)土壤中的根系在 5 月中下旬才开始活动,约在 6 月下旬至 7 月中下旬才出现生长高峰,这个高峰比上层土中的小,但是到 8 月中下旬则出现第二个比较明显的高峰。9 月中旬,当土温降至 18℃以下时,上层土壤中的根系进入第二个生长高峰,这个高峰的出现主要是由于根系在上层土壤中又长出大量吸收根,特别是一级吸收根上又长出二级根,增加了根系的活动。10 月末以后深土层中根系仍继续生长,到 11 月中旬土温下降至 0℃～4℃时,根系才被迫停止生长。

(二)茎(枝)　穗醋栗嫩枝的茎由表皮、皮层、维管束、髓部组成。株丛直立的品种其角质膜较厚,皮层和髓部的细胞较小;株丛开张的品种多为角质膜较薄,皮层和髓部的细胞较大,髓部较大,故茎较柔软而易下垂。黑穗醋栗幼茎表皮上分布有表皮毛及腺体。表皮毛为单细胞。腺体是由 2 层细胞组成的短柄和由 3～4 层分泌细胞组成的圆形头部所构成,其形状如碟,在其细胞壁和角质膜之间充满黄色挥发性液体,当角质膜破裂时,散发出特殊的气味。黑穗醋栗的叶、幼果、花萼等部分都分布有这种腺体,花萼外侧碟状突起。此外,乌苏里茶藨、水葡萄茶藨、臭茶藨等也有这种腺体。

穗醋栗幼茎老熟时,茎上的气孔变成皮孔,其排列成线形,散生。皮孔的排列在 3～4 年生老枝上尤为明显。

成熟的 1 年生枝,顶芽形成早的品种(奥依宾等)枝条上下部位粗度几乎相同,有 2 次生长高峰的品种,其枝条下粗上细,顶芽形成晚。成熟枝条有的直、有的稍弯曲,色泽也不一,有灰褐、灰黄、灰绿等,依种类、品种而不同。

醋栗的当年生枝为嫩绿色,其上密被茸毛或茎刺,随着枝条的不断成熟颜色转为褐色。多年生枝表皮粗糙龟裂,茎刺坚硬。醋栗发枝能力很强,每年由基生芽发出大量基生枝。枝条的生长量基本在发枝的当年形成,翌年延长生长很少,第三年更少。醋栗枝条上的茎刺因品种不同分为多刺、稀刺、无刺几种类型。刺位于芽的基部,一般为2~3个,多者达4个,有的品种节间也被有刺。刺长4~18毫米。刺的粗细、形状、色泽以及与枝所呈的角度也因品种不同有所差别,有的品种刺易折断,有的品种茎刺在生长过程中退化或完全脱落。茎刺是识别种类与品种的主要特征之一。

穗醋栗和醋栗的营养枝主要是指1年生的基生枝,其长度可达到0.5~1米。2年生基生枝可以结果,但结果少。结果枝有长果枝(混合枝)、中果枝(结果枝)、短果枝及花束状果枝。长果枝的长度15~35厘米或更长,确切地说,长果枝为混合枝,其顶芽及侧芽可能是叶芽,也可能是花芽,这种枝为基生枝或大侧枝转变而来。中果枝的长度10~15厘米,几乎所有的芽皆为花芽,其顶芽可能是花芽或叶芽,所以称这种枝为结果枝。花束状结果枝即长为5厘米以内的短枝,其上紧密地排列着花芽,顶芽是叶芽,可以发出0.5~20厘米长的延长枝,白穗醋栗的这类果枝多。短果枝是长3厘米以内的结果枝,其上外部年轮及叶痕密集,仅着生1~3个芽。2~3年之后形成短果枝群。黑穗醋栗的短果枝寿命短,红、白、黄穗醋栗的短果枝可以连续结果4~5年或更长。黑穗醋栗的产量主要集中在2~4年生骨干枝,以及1~2级大侧枝上5年生枝产量明显下降;红、黄穗醋栗的最高产量集中在4~6年生骨干枝上。

(三)叶及叶幕 穗醋栗叶片为掌状三裂或不明显的五裂,为单叶、互生。边缘锯齿或大、或小、或尖、或钝,叶柄基部平或带有不同深度的柄洼。叶面对称或不对称,叶片颜色有淡绿、绿、深绿、暗绿、灰黄等。叶表面光泽或暗,有不同程度皱褶,叶身平或有凸凹,叶质软或硬,以及带有不同程度的腺体和茸毛。红穗醋栗叶片具有 3 个大裂片,其下部 2 裂片很不明显。叶背被茸毛,无腺体。黄穗醋栗叶片貌似醋栗,通常为绿色,秋天变成红黄色。醋栗的叶片比黑穗醋栗小,单叶、互生,3～5 裂片,裂片先端圆,边缘有波状齿,叶片无毛,无腺体,或有茸毛,革质,叶色浓绿,秋天遇低温后变为红黄色。

(四)芽及花芽分化 穗醋栗和醋栗枝上芽的排列及形状因种类、品种而不同。黑穗醋栗长果枝上芽排列稀疏而均匀,红、白穗醋栗的芽排列不均匀,枝上部的芽密集。枝上有花芽、叶芽之分。醋栗的叶芽及花芽都比穗醋栗小,1～2 年生枝上叶芽较多,3～4 年生枝上花芽数目多,4 年生枝上花芽占 2/3。株丛基部的叶芽可发育成强壮的基生枝,1 年生的基生枝可长达 80～100 厘米。成龄树每丛 1 年可长 15～50 个基生枝,基生枝当年可形成花芽,第二年见果,第三年丰产,第四、第五年开始衰老,一般枝条寿命在 6～8 年。

花芽为混合芽,一般位于枝条中上部。从混合芽能发出带有几个叶片的短枝,其顶端为花穗。黑穗醋栗花芽分化大体历经 4 个时期。

1. **叶芽期** 萌芽之后(4 月中旬),很快抽出新梢(5 月初),在新梢叶腋中腋芽随之分化、长大,在生长点外围先分化出鳞片叶、过渡叶,而后分化出 3 裂突起叶原基。此时期的芽处于叶芽阶段。

2. **花序原基分化期** 6 月中旬叶芽通过生理分化期,转入生殖分化时期。穗醋栗为总状花序,进入生殖分化阶段首先是分化花序轴原基。此时叶芽的原生长点变大、高起、伸长,在伸长的生长点周围自下向上分化成苞叶原基和花原基,形成花序原基。

3. **花的各部分分化期** 花序原基分化的同时,位于基部的花原基开始分化,自外向内产生花的花萼、花瓣、雄蕊、雌蕊等各部分。

每一花序上,花的分化顺序是自基部依次向上分化,数目不等(3~20朵),依种类、品种而不同。入冬之前花的各部形态分化基本完成,而后越冬,处于休眠状态。

4. **性细胞形成期**　黑穗醋栗的性细胞形成期是自翌年春萌动至开花之前的一段时间里进行的。该期的特点是花芽快速生长,花序不断伸长,每朵小花的各个部分也迅速生长。与此同时,雌、雄蕊内部的性细胞不断地分化。

黑穗醋栗花芽分化临界期为6月中旬,7~8月份为分化盛期。花芽分化先后历经11个月,其中有2个明显阶段:越冬前为花芽分化的形态建成阶段和翌年春花芽分化的性细胞形成阶段。在实践中必须注意加强肥水管理,早春时期肥、水不足,特别是干旱,不但影响性细胞分化,还会导致严重的落花、落果,致使当年得不到收获;春夏期间肥、水不足则不能顺利通过花分化的临界期。果实采收之后施肥对入冬前花芽形态建成及越冬有特殊重要意义。

(五)**花和果实**　穗醋栗和醋栗不同种类及品种的花略有区别。花为钟形、杯形或浅杯形,有双层花被,萼为筒形、薄片向外翻转,萼部为紫色、红色、浅绿色,花瓣比萼片短,5枚,白色、淡黄色、淡绿色或粉红色,雄蕊5,雌蕊花柱2,黏合在一起,柱头分离。子房下位,雌蕊可能与雄蕊等长、稍短或超过。黄穗醋栗的花朵大,萼筒细而长,达到花的一半,萼片先端细而尖,向外翻,花黄色至金黄色。花序为总状。一个花芽内花序单生或簇生(2~5个)。一个花序上有3~20朵花,排列紧密或疏松,花序与茎呈放射形或下垂。

黑穗醋栗开花后,花药即可开裂,释放出芳香气味,引诱大量的蜜蜂、野蜂和蝴蝶等为其授粉。不同年份由于气温等条件差异,授粉后由萌发到花粉管进入子房上部需2~4天。当花粉管伸长到花柱基部时,大量花粉管从花柱道进入子房,沿子房内壁表面和胎座向下生长,并通过珠孔进入胚囊,完成双受精过程。

穗醋栗果实是由萼筒和子房愈合而成的假果。浆果的色泽不一定是分类的唯一依据。醋栗果实为圆形或椭圆形,果皮多为绿色,充分成熟时为淡粉红色,果皮上脉纹纵向清晰排列,外观酷似灯笼。浆果单果重 1~1.2 克,最大可达 5 克。穗醋栗浆果大小不一,一般约 1 克重,大果可达 2~3 克重,最大的可达 3 克以上。形状有圆、椭圆、扁圆,或有纵沟。萼片宿存或脱落。果穗上的浆果或大小均匀、成熟期一致,或不均匀、成熟期不一致,果皮厚或薄,果肉绿色、淡红色或淡黄色。风味酸甜、甜以及具有特殊气味。

第四节　育苗与建园

一、育　苗

穗醋栗和醋栗育苗主要采用无性繁殖的方法。穗醋栗的枝条(茎)易发生不定根,适宜扦插和压条繁殖,同时由于其株丛的枝条数目多,可以进行分株繁殖;也可以通过组织培养的方法进行快速繁殖。生产上穗醋栗以扦插繁殖最为普遍,而醋栗主要采用压条繁殖。

(一)穗醋栗扦插繁殖

1. 硬枝扦插　在春季萌芽前利用 1 年生健壮的木质化枝条作插段进行扦插,苗木成苗率高,成熟度好,管理方便,是主要的扦插繁殖方法。

(1)枝条的采集和贮存　枝条的剪取在秋季穗醋栗落叶后埋土防寒以前进行,剪取当年生基生枝。剪下的插条去掉未落尽的叶片,每 50 或 100 根为一捆立即进行贮存。贮藏的方法主要有 2 种:一种是沟藏。在露地选择高燥向阳处,挖深 50~60 厘米、宽 1~2 米的沟,沟长可根据插条的多少而定。然后将捆成捆的枝条摆放在沟内,每摆放一层填一层土,尽量使土填满枝条间的空隙。

一般摆放 2～3 层,然后浇足水,最后盖上 15 厘米左右厚的碎土,待上大冻以后再用土将沟全部封严,这样即可安全越冬。第二种是窖藏。事先准备好干净的河沙。枝条入窖时,先在窖底铺一层湿沙,再把成捆的枝条横卧摆放至窖中,一层湿沙一层枝条,使湿沙进入捆内枝间空隙。堆放枝条不能太高,1～2 层即可,否则透气不良易引起霉烂。控制窖温在 0℃左右。要定期检查,防止干燥或发霉。

(2)扦插时间　根据当地的气候特点选择扦插的时间,在黑龙江哈尔滨地区一般在 4 月中下旬为宜。当地土壤化冻 15 厘米以上就可以扦插。

(3)整地做畦(床)　育苗地应选择在土壤肥沃、土层深、地势平坦、灌水方便的地块。选好地后,每 667 米² 先施入 2500～3000 千克腐熟的有机肥,然后深翻 20 厘米左右。这项工作最好在扦插前一年的秋季进行。春季土壤解冻后即可做扦插床。在地势较低洼、地下水位高的园地宜做高床;畦(低床)浇水方便,适于地势高和春季干旱的园地。畦(或床)的宽度为 1～1.2 米,长度应根据地面平整情况而定,一般 10～20 米,沟或埂(作业道)宽 30 厘米左右。畦(或床)要南北向延长。床面要搂平,插前灌足底水。

(4)插条的处理　在扦插前一天将枝条从贮藏沟中取出,放在水池中浸泡 12～24 小时,使其充分吸水,然后剪成插段。插段长10～15 厘米,保留 2～3 个饱满芽,上端剪口要平,下端剪口斜下,呈马蹄形,便于插入土中,并增加生根的面积。剪后立即扦插,避免风干。

(5)扦插方法　扦插的株行距为 10 厘米 ×(10～15)厘米。插条与地面呈 45°角斜插,使插条基部处于温度高水分多的地方,以利于发生新根。扦插的深度以剪口芽与地面相平、覆细土后剪口微露为宜。扦插后立即浇水。水渗下后要在畦或床面上盖一层细土,以防土壤干裂。

为了减少灌水次数,提高地温、提高成活率,还可以采用地膜覆盖的扦插方法。即扦插前先将地膜展开平铺在床(或畦)面上,在地膜上直接扦插,扦插后立即灌透水。

(6)扦插后的管理 扦插后1周即可萌芽,2~3周后开始生根。要经常检查土壤湿度情况,及时灌水、除杂草和松土。苗高20厘米左右时应追肥1次,每667米^{2}施入硝铵或尿素15~20千克。

2. 绿枝扦插 在生长季节利用当年生半木质化新梢作插段进行绿枝扦插。

(1)插床的准备 绿枝扦插床的基质要求在10~18厘米厚的筛过的细壤土(或腐熟的草炭土)上铺5~10厘米厚的细河沙,或用泥炭土与蛭石、珍珠岩的混合物作床土,床面要平整。插床上要有遮荫条件,可采用简易的塑料棚,棚不必过高,30~50厘米即可,也可用较密的竹帘在距床面30~40厘米高处搭遮荫棚,目的是遮荫和保水。

(2)枝条的剪截与扦插 扦插时期一般在基生枝半木质化时,在黑龙江哈尔滨地区为6月中下旬。枝条应采自品种纯正、生长健壮的母株,也可以结合夏季修剪采集。将枝条截成插条,每个插段大约2~3节,并保留1~2个叶片。剪好的插条也要立即浸入水中。扦插的株行距为10厘米×15厘米。将带叶的插段斜插入基质中,深度要插到叶柄基部,露出叶面,随插随喷水,立即遮荫,防止叶片萎蔫。

(3)扦插后管理 扦插后管理的关键环节是采用喷水、遮荫等方法来调节湿度与温度。对扦插苗的管理还应该注意光照,早晚或白天天气不太热的时候,可以除去遮荫物,以便叶片充分利用光能进行光合作用。扦插后5~8天就可以形成愈伤组织,2周左右便可生根。生根后可以减少浇水的次数,当新梢长到2~3厘米长时,便可去掉遮荫,进行正常的管理。

利用全光照弥雾扦插设备进行扦插,用控制器控制湿度,自动调整喷水的次数及时间,省工、省水效果好。

(二)压条繁殖

1. **水平压条**　醋栗和穗醋栗在春季解除防寒以后(黑龙江哈尔滨地区在 4 月中旬至 5 月上旬),在紧靠株丛处挖放射状沟,沟深 5～6 厘米,将株丛外围的基生枝剪去顶端细弱部分后引入沟中,并用木钩或铁丝钩加以固定,然后用细土填平。萌芽后新梢出土,当新梢长至 20 厘米以上时再向基部培一次湿土,土堆高出地面 10 厘米左右,土下即可生根。秋季落叶后将每株带根的小株分开,即成一新株。

2. **垂直压条**　醋栗和穗醋栗供垂直压条的株丛于春季时对基生枝要进行重剪,只留下 5～6 厘米,以促使接近地表处发生新的大量的基生枝。当新梢达到 20 厘米时再培一次湿土,土堆不要超过新梢的 1/2,过 3 周左右再培一次土,使土堆高最后达到 40 厘米以上。到秋末,每一个枝条的基部都生有良好的根系,可与母株分离,成为独立植株。

(三)分株繁殖　醋栗和穗醋栗于落叶后或萌芽前在株丛的外围挖取带根的基生枝或多年生枝,重新栽植到另一处,成为一个新的株丛。此法繁殖系数低,但形成株丛快,方法简单,容易成活。

(四)组织培养繁殖　目前生产上用得较多的是采用穗醋栗的茎尖作外植体进行茎尖培养。

1. **外植体的灭菌**　取穗醋栗生长健壮的基生枝于清水中冲洗 2～3 小时,然后剪成每节带 1 个饱满芽的茎段。用滤纸吸干茎段表面水分后,用 70％酒精浸泡 15～30 秒,再用无菌水冲洗 3 次,然后用 0.1％氯化汞溶液浸泡 8 分钟。

2. **茎尖的接种**　取一茎段,用镊子轻轻剥掉芽生长点外包被的鳞片,直至露出生长点。打开三角瓶,在酒精灯周围转动瓶口,使瓶口全部烧灼到足够的热度,杀死病菌。用手术刀将生长点切下,置入三角瓶中的培养基上。50毫升的三角瓶中可接种5~6个茎尖。接种后用封口膜封严瓶口,转入培养室。

3. 起始培养及继代增殖　接种后的茎尖在培养室中开始生长与分化。用的分化培养基为 MS+6-BA 2~3 毫克/升+GA₃ 1~1.5毫克/升。接种2~2周后外植体开始长大、转绿,5~6周出现腋芽突起,8~9周大量腋芽出现并生长出小植株,呈丛生状。每隔2~3周可继代1次,继代培养基可采用 MS+6-BA 1~1.5毫克/升+ GA₃ 2~3 毫克/升。将丛生苗切分成单株接种在新鲜培养基上,1株可繁殖15~20株,然后新生苗再按1：15~20的比例增长。当扩繁到一定数量时,可转入生根培养基。

4. 根的诱导　外植体大量增殖后多数情况下是无根的芽苗,所以需要将分化的植株转移到生根培养基中诱导生根。试验表明降低 MS 的无机盐浓度、添加生长素有利于根的分化;常用的培养基为 1/2 MS+IAA 0.3~0.7毫克/升。为了使生根整齐,可将健壮的植株转入生根培养基中,其植株移入新鲜的继代培养基中扩大繁殖。

5. 小苗移植驯化　小苗生根后在移栽之前要将三角瓶放在光照好的温室内,打开瓶口,锻炼1周后开始移栽。移栽时首先必须把附着在组培苗根部的培养基冲洗干净。用泥炭土、珍珠岩、蛭石按体积比2：1：1混合的营养土有利于穗醋栗的生根。移植后的小苗易干枯,因而必须用保湿罩或间歇喷雾的方法来保持湿度,同时要严格控制温度,也要注意光强和光照时间,使驯化移植的小苗逐渐适应外界环境条件。

(五)苗木出圃

1. 起苗时间　穗醋栗和醋栗的苗木宜在秋末冬初落叶后起苗,黑龙江省一般在10月中旬进行。起苗的先后可根据苗木停止生长早晚而定,停止生长早的品种可先起苗,停止生长晚的品种可晚起苗。

2. 起苗方法 起苗前在田间做好品种标记,以防止苗木混杂。如果土壤干燥应先灌水,这样容易起,并且可以减少根系损伤。起苗时因穗醋栗和醋栗已经进入休眠,根系可以不带土,如果马上定植,稍带些泥土更好。起苗时先将净植株上未落的叶片,然后从苗床或垄的一端开始,用铁锹距苗木 20 厘米处下锹,四周各一锹可挖出,尽量不伤根和苗干。将根系中挖伤及劈裂的部分剪掉,按苗木不同质量进行分级。优质的苗木标准是:品种纯正,根系发达,须根多,断根少,地上部枝条健壮充实并有一定的高度和粗度,芽眼饱满,无严重的病虫害和机械损伤。

3. 苗木假植 秋天挖出或由外地运进的苗木,如果不进行秋季栽植时需假植。假植地应选择地势平坦、避风、高燥不积水的地方。假植沟最好南北延长,沟宽 1 米,深 50 厘米左右,沟长由苗木数量多少而定。假植时,苗向南倾斜放入,苗间根部要充分填以湿土,以防漏风。一层苗木一层土,培土厚度至露出苗高 1/2～1/3,上大冻前用土将苗全部埋严,整个埋土厚度 15～20 厘米。土干时应浇水,防止苗木风干。不同品种苗木要分区假植,详加标记,严防混杂。

4. 苗木的运输与包装 外运的苗木,为防止途中损失必须包装。包装材料就地取材,最好用草袋或蒲包,并在根部加填充物——湿锯末或浸湿的碎稻草以保持根部湿润,外边用绳捆紧把根部包严。一般 50 或 100 株捆 1 包,挂上标签,注明品种名称、收苗单位即可发运。如果远途运输,在途中还应浇水,以防苗木抽干影响成活率。

二、果园的建立

(一)园地的选择 穗醋栗和醋栗是多年生果树作物,在建园之初必须对园址依地形、土质、水分等影响生长发育的重要条件加以选择。本着因地制宜的原则选择地块,发挥生产潜力,提高产量,获得最大的经济效益。

穗醋栗和醋栗喜欢生长在中性或微酸性黑土层较厚、腐殖质较多、疏松而肥沃的土壤上。油沙土、草甸土和沙壤土都很适宜,土壤黏重或盐碱含量过高不适于穗醋栗和醋栗的生长。建园最好选择平地,因平地灌水条件好,便于管理及机械化作业。但要注意地下水位高的地方不易建园,应在1.5米以下,否则土壤湿度大、地温低,不利于生长,同时夏秋多雨季节排水困难易形成内涝,使树体贪青徒长,枝条成熟度差,营养积累不好,抗寒力下降。

园地也可以选择山地与丘陵地。这些地方地势高燥,空气流通,光照充足,排水良好。山地的地势、地形、坡度、坡向等都十分复杂,因此存在着山间局部小气候的差异。选地最好选择在山腰地带,坡向最好是朝南或西南。山脊土层薄,风也较大。山麓虽然沃土层较深,灌水方便,管理也方便,但往往土壤水分和空气湿度过大,光照不良,不适合穗醋栗和醋栗的生长。山间谷地和山间平地下沉的冷空气难以排出的地带易遭受早霜和晚霜危害,尤其是穗醋栗和醋栗花期早,最易受晚霜的危害,因此这样的地带不适于建园。丘陵地的土质、水利和管理条件等介于平地和山地之间,其顶部土层薄,风蚀水蚀严重,肥力差;下部土质较厚,肥沃,在丘陵地区选择园地时要根据土壤肥力,水源条件,交通运输条件等综合考虑,择优选用。

选地时还要注意利用园地周围自然屏障如高山、森林等或栽植人工防风林来减轻风害,有利于冬季积雪,保持土壤水分和空气湿度。

(二)定　植

1. **定植时期**　穗醋栗和醋栗的定植可在春秋两季进行。

春栽利用假植越冬的苗木于4月上旬土壤化冻而芽未萌发时进行,此期墒情好,有利于成活。但春栽由于苗木在贮藏中根系和枝条受到一些损伤,栽后缓苗期长,不如秋栽的旺盛。另外,春季时间较短促，一旦栽得过晚，苗木芽已萌动，影响成活。

秋栽在 10 月上中旬进行。起苗后立即定植，栽后灌透水而后埋土防寒。秋栽优于春栽，由于苗木省去贮藏过程，起苗后直接栽到地里，苗木不受损伤，枝芽活力好。当年秋季一部分根系能恢复生长，翌年春返浆期根系就可以开始活动，化冻后就可萌发生长，生长整齐旺盛。秋栽还可避免因假植不当而引起的苗木发霉或抽干而造成的损失。

2. 定植株行距　株行距大小主要受品种和机械化作业程度的影响，应以密植和便于行间取土防寒为原则。目前生产上多采用小冠密植，株行距为 1 米×2 米，1.5 米×2 米或 1.5 米×2.5 米，每公顷 5 000 丛、3 000 丛或 2 600 丛。为了早期丰产，近年来国内外趋向合理密植，行距为 2～2.5 米，株距 0.4～0.7 米，每穴栽苗 1 株，每公顷需苗 10 000～12 000 株，单行排列，定植 2 年后株丛相接连成带状。这种结构更能合理利用光源和土地，通风好，便于防寒取土、机械化采收和田间管理。

3. 定植方法　先按株行距测好定植点，做好标记，然后挖深度和直径各 50 厘米的定植穴。挖时将表土和底土分开放置，表土与肥料（每穴 7.5～10 千克有机肥或 100 克过磷酸钙）混拌后填入穴内，接近穴深 1/2 时就可栽苗。带状栽植可利用大犁开沟，沟深40 厘米，沟底宽 50 厘米，沟面宽 80 厘米。将基肥与沟土混合，填到沟深 1/2 时拉上测绳，按株距栽苗。

定植前要剪枝，即在根颈以上留 10 厘米左右剪下，经过剪枝的苗木不但成活率高，还可以发出 2～4 个壮条。定植时每穴 1 株的将苗放在定植穴中央，2 株的要顺着行，株距 20 厘米，3 株的呈等边三角形栽植。根系要尽量舒展开，接触根系的土尽量用细土，当填平定植穴时要轻轻提苗，避免窝根，然后踩实。以定植穴为直径做灌水盘，灌透水。栽植后根茎低于地表 3～4 厘米为宜。

4. 定植后的管理　秋季定植的苗木灌水后用土将苗埋严越

冬,翌年4月中旬撤土,接着灌一次催芽水。春季定植的苗木灌水1～2天后要松土保墒。不论是秋栽还是春栽,都要根据土壤水分状况随时灌水,确保成活。定植的苗木春季萌芽展叶后要进行成活率检查并及时补栽缺株。以后进行正常的田间管理。

第五节　栽培管理技术

一、土壤管理

幼龄果园行间较大,可进行间作。间作物应选择生长期短的矮棵作物,如小豆、绿豆、马铃薯、萝卜、大葱等。间作物要与穗醋李和醋李无共同的病虫害。不宜种高棵、爬蔓作物,以防遮荫影响生长。间作物要距株丛0.3米以上,株丛周围要松土除草。

成龄果园由于穗醋李和醋李树冠不断扩大,行间变小,根系吸收范围加大,不宜再进行行间间作。此期土壤管理的任务是提高肥力,满足生长与结果需要的营养物质。除正常的肥水管理外,还应注意铲地或中耕,清除杂草。灭草的方法除勤铲勤耕外,还可采用除草剂,如锄草醚钠盐、西玛津、百草枯、拿扑净等。施用除草剂应在秋季落叶或春季萌芽前进行,既能抑制杂草,又不影响枝条的生长。

二、水分管理

穗醋李和醋李喜湿但也怕长期水涝,水分管理主要是做好灌水和排水工作。

根据穗醋李和醋李一年中对水分的要求,应重点满足以下4个比较关键需水期水分供给:①催芽水。要在4月中旬解除防寒后马上浇灌,目的是促进基生枝和新梢的生长,促进根系的旺盛生长和花芽的进一步分化充实,满足开花期对水分的需要。②坐果水。要在落花后的5月下旬浇灌。此期基生枝和新梢生长迅速,果实刚刚开始膨大，是需水的高峰期，缺水会引起落果。③催果水。于6月中旬浇灌。此期气温高，植株蒸腾量大，应根据果园的土壤含水情况进行灌水，以保证果实迅速膨大。④封冻水。在10月下旬埋土防寒前灌封冻水，可以满足冬春季节对水分的要求，同时具有防止土壤干裂，提高地温的作用，对减轻越冬抽条、安全越冬十分重要。

几次灌水不能机械照搬，要根据植株生长状况、土壤湿度和天气情况灵活运用。灌水方法除盘灌和沟灌外，最好采用滴灌或喷灌。灌水可以配合施肥进行。灌水时必须将根系分布的土壤灌透。灌水后覆盖浮土以利保墒。

在雨季、积水的地方需设排水沟排水，或通过种植绿肥来减少水分，以后再将绿肥翻到地里增加土壤肥力。

三、施肥管理

施肥对穗醋李和醋李增产有显著的效果。施基肥在秋季和早春进行。成龄园每公顷施厩肥 50 000～60 000 千克，幼龄园施 30 000～40 000 千克。一般采用开沟施，在距根系 30 厘米处开沟，深 10～20 厘米，宽 10～15 厘米，施肥于沟内，而后盖土。施肥沟的位置应逐年向外移，沟也加深、加宽，直到全行间都施过肥。追肥可分为土壤追肥和叶面追肥。落花后，新梢速长、果实开始膨大，是最需肥时期。此期进行 1 次土壤追肥，每株丛施入尿素 50～75 克，硝铵 75～100 克，可促进新梢生长提高坐果率。叶面追肥一般在 6～7 月进行，用 0.3% 尿素补充氮肥、30% 过磷酸钙浸出液补充磷肥、40% 草木灰浸出液补充钾肥，每 10 天左右叶面喷施 1 次。

针对东北地区穗醋李和醋李普遍缺钾的问题，在栽培中应重视钾肥的施用，克服现在生产中单纯施氮肥的现象。施入氮、磷、钾等肥料，应根据当地土壤、气候、栽培管理条件等科学地进行。

近年来,国内外学者对叶片进行分析后确定出标准值,作为合理施肥的参考依据。

四、修剪技术

(一)整形修剪的作用和原则　穗醋栗和醋栗寿命很长,如果任其自然生长结果必然是枝条纵横交错,株丛中强、弱、新、老、死枝并存,树冠郁闭,结果部位外移,产量下降。通过修剪可以人为地控制株丛的留枝量,使株丛内有一定数量、一定比例的不同年龄的枝条,并使其合理分布形成良好的株丛结构。修剪还可以调节营养生长和生殖生长的矛盾,不修剪的株丛生长与结实难以得到调节,虽枝叶繁茂,但只是零星结果,产量甚低。

穗醋栗和醋栗是喜光的作物,要求株丛通风透光。自然生长的情况下无法实现合理利用光能和改变通风条件,而整形修剪可以合理控制枝量及分布,创造通风透光条件,尤其是带状密植修剪更为重要。修剪还有利于田间管理,如打药、中耕除草、灌水施肥、果实采收、秋季埋土防寒等。

整形修剪的原则是根据定植密度,使株丛有一个比较固定的留枝总量。一般为 20～25 个,其中 1 年生、2 年生、3 年生和 4 年生枝各占 1/4 左右,即每年株丛中都有 1～4 年生枝各 5～6 个,5 年生以上枝条因产量下降全部疏除。

(二)整形修剪方法

1. 短截　即剪去枝条的一部分。对基生枝进行适度的短截后,可以促使其当年长出长短不同的结果枝,这些结果枝翌年成为最能丰产的 2 年生骨干枝。短截一般在基生枝的 1/3 或 1/4 处进行。

2. 疏枝　即将枝条从基部剪去,这是黑穗醋栗修剪中应用最多的方法。主要用于结果 3～4 年以上的老枝、过密枝,纤细瘦弱枝、下垂贴地枝以及受到机械损伤、虫害等的枝条,将其从基部疏去,以健壮枝代替。

(三)整形修剪时期 分夏季修剪和春季(休眠期)修剪2个时期。

1. 夏季修剪 5月下旬至7月份以前都可进行。5月下旬,当基生枝长到20厘米左右时,大量的基生枝使树冠郁闭,消耗营养,要通过修剪合理留枝。每丛选留7~8个健壮的基生枝,均匀分布在株丛中,其余的基生枝全部疏除,但欲进行绿枝扦插或秋季剪插条的株丛应适当多留一些。夏季修剪主要是疏去幼嫩的基生枝,使保留下来的骨干枝生长健壮,花芽分化好,为翌年丰产奠定基础。

2. 春季(休眠期)修剪 春季修剪应在4月解除防寒后萌芽前进行。主要疏除病虫枝、衰弱枝和因埋土防寒受到伤害的枝条。对留定后的枝条顶部细弱部分或有病虫害的部分进行短截,对多年生枝上的结果枝及结果枝群也要进行疏剪和回缩。

(四)整形修剪的具体过程 现以黑穗醋栗每穴定植2株为例来说明整形修剪的具体过程:

第一年(即定植当年):苗木定植时已在根茎10厘米处短截,当年6月份每株苗就可以从留下的10厘米处枝段上发出2~3个新枝,2株苗共4~6个。

第二年:春季株丛中有4~6个2年生枝,在其中选留3个较粗壮的枝条短截1/4左右,为翌年培养结果枝,其余的枝不短截,可以少量结果。在它们的基部又发出十几个基生枝,在夏剪时,剪去过弱的基生枝,其余大部分留下,大约10个。

第三年:株丛有4~6个3年生枝,开始大量结果;有10个左右2年生枝,春剪时选留7~8个,并在2年生枝中留3~5个在1/4处短截,其余疏除。夏季修剪时再从大量基生枝中选留10个。

第四年:株丛中有4~6个4年生枝,相继大量结果;7~8个3年生枝也开始大量结果。春剪时对上年留下的10个左右基生枝中选留 6～7 个。此时已形成具有丰产能力的株丛,正常情况下结果 2.5～5 千克。夏季修剪重复第三年的做法。

第五年:株丛进入盛果期,除了春季将 5 年生枝疏除外,其余剪法与第四年完全相同,以后每年剪法皆同第五年。如此年复一年,株丛的枝量、不同枝龄枝条的比例和结构自然被固定下来,在此基础上再处理好病虫枝、衰弱枝、结果枝和结果枝群,整形修剪的目的就能实现。

五、越冬管理

我国北方地区冬季气候严寒、干旱,由于穗醋栗和醋栗的大部分品种越冬能力差,冬季经常发生枝条受冻及抽条干枯现象,使株丛部分枝条甚至大部分枝条死亡,严重影响长势和产量。不同品种抽条现象发生程度不同。关于黑穗醋栗越冬后发生抽条死亡的原因,研究认为主要有 3 点:一是生理干旱。研究表明,枝条枯死与其自身的含水量有关,初冬时枝条含水量达 50% 以上,第二年 3～4 月枝条含水量降至 24%～21%,枯死率达 100%。生理干旱发生在整个冬春季节但突出表现在春季,即 3 月末至 4 月初,这期间由于冻融交替的气候条件和植株状态的变化,枝条蒸腾明显加大,枝芽很快枯死。二是冻害。冻害发生在深冬季节,发生的部位在距地表之上 5～20 厘米,受冻器官主要是芽枝条髓部、芽和枝条向阳面的皮层和韧皮部,冻害的程度随着冬季的度过不断发展,日趋严重,初春(3 月末至 4 月初)冻融交替期冻害达到极重程度,加上此期又遇到天气转暖,芽膨大,所以枝条水分由蒸腾和冻害引起的枝条干枯致死。可见引起黑穗醋栗抽干致死的主要是生理干旱与冻害共同作用的结果。另外,一部分枝条抽干是由于茶藨透羽蛾蛀入枝条髓部形成失水通道而引起。

抽条干枯致死的原因除生理干旱、冻害、虫害之外,还有一个最根本的问题即品种的问题,关键是品种的越冬能力。越冬能力强的薄皮和奥衣宾秋季落叶早,枝芽成熟度好,自身保护能力强。越冬能力差的厚皮亮叶等品种秋季落叶晚,自身保护能力差。

在解决上述问题的同时,要积极采取以下栽培措施,预防冻害和减少蒸腾,减少枝条抽干死亡。

一是注意防风。建园时应栽植防护林或有天然屏障,以防风和积雪。

二是加强综合管理,提高果树越冬能力。做到合理施肥灌水,加强其他田间管理,使植株生长发育正常,保证枝梢秋季正常停止生长,增加营养积累。浆果采收后要减少氮肥和水分的供给量,雨水过多时要及时排水,越冬前灌封冻水。

三是注意树体保护。及时防治病虫害,尤其是茶藨透羽蛾、大青叶蝉等。

四是越冬时埋土防寒。埋土防寒应在秋末大地封冻前进行,一般在10月中下旬。防寒以前要将果园的枯枝落叶先打扫干净,集中起来埋入土中或烧掉,然后灌透封冻水。埋土时应在行间取土,避免根系受伤和受冻。先向株丛基部填少量土,以免在按倒枝条时将其折断,然后将枝条顺着行间按倒,捋在一起,盖上草帘或单层草袋片,再盖土。土不必过厚,以不透风不外露枝条为原则,一般15~20厘米。可先用大块压住,然后再填碎土,最后形成一条"土龙"。如资金困难,也可以不盖草帘直接埋土,但用土量大、费工,解除防寒时易碰伤枝条。冬季要经常检查,将外露的枝条或缝隙处用土盖严,勿使透风。

解除防寒一般在4月中旬进行。盖有草帘的撤土时简单省力。没盖草帘的要先撤株丛外围的土,当枝条露出后小心扶起,再将株丛基部的土撤净,保持与地面平行,不能留有残土,否则株丛基部土堆升高,根系也随之上移,容易受旱和受冻,并且给以后的防寒带来不便。在撤完防寒土最好直接做出树盘,以便灌水。

撤土时尽量注意要少伤枝芽,撤土后要根据土壤墒情及时灌水,促进萌芽开花与抽枝。撤下的土填回原处,使行间保持平整,用过的草帘临时放在田间,霜冻过后(用于遮盖树体防晚霜危害)保存起来,草帘可连用 3 年。

第六节 果实采收与采后处理

一、果实采收

穗醋栗浆果于 7 月中下旬成熟,不同品种果实采收期不同。果实的品质主要决定于其风味和营养,两者除受品种特性的影响外,对于同一品种的果实来讲成熟度是其决定因素。穗醋栗果实的成熟正值夏季,收获后果实中的各种成分变化相对较快,所以采收期是否适宜直接关系到采后贮藏及加工效果。目前生产上多将果实充分成熟定为最佳采收期,但缺点是充分成熟的果实不能贮放,运输中易破碎,在进行加工之前损失大。对穗醋栗果实在成熟过程中的可溶性固形物、糖、可滴定酸、氨基酸、维生素 C 等的变化进行了分析,发现果实基本着色时是各种营养达到最高值的时期,因此从营养学角度来讲此时应为最佳采收期,而且此时采收的果实比充分成熟的果实耐贮运。

二、果实采后处理

采收后的穗醋栗果实应保持新鲜完整。因穗醋栗品种大部分采收期比较集中,加之采收期正值 7 月份的炎热高温天气,果实呼吸旺盛,放出大量的热,极易感染病菌而引起腐烂,或因堆放后"发烧"而引起发霉。所以采收后的果实应该马上放低温通风处,散去田间热,降低果实表面的温度,然后送往加工厂及时加工。

如不能立即加工,有条件的地方应将浆果贮放在 2℃～4℃ 的冷库中贮存。采用浅型塑料箱包装,也可在箱垛外围加盖一层塑料薄膜,以减少水分蒸腾,可贮放 15～28 天。

如果果园距加工厂较远,当日无法运往加工厂冷冻或加工,也可以在自家院中搭一简易遮荫棚。遮荫棚要选择通风、高燥、背阴处,棚高 2.5～3 米,棚上覆凉席或稻草。果实采收后,先剔除破碎溢汁的果粒,然后在地上铺上麻袋、塑料布、厚牛皮纸等,将果轻轻倒在地上,铺开摊平,厚度不超过 5 厘米。棚内要保持通风、干燥,这样可以贮放 3～4 天。待运输时,将果实轻轻收入容器中。运输途中注意容器堆码高度不要过高,尽量避免机械挤压,以保持浆果的商品价值,减少损失。目前果实采收主要靠手工,浆果成熟前要组织好人力和用具等,沟通好产销关系,做到丰产丰收。

第五章　沙　棘

第一节　概　述

一、特点与经济价值

沙棘,英文名 Sea Buckthorn,又名醋柳、酸刺、酸溜溜、黑刺、戚阿艾等,为落叶灌木或小乔木。

沙棘是一种珍贵的资源植物,从沙棘的根、茎、叶、果实已检测出有生物活性的物质 200 多种,包括蛋白质、氨基酸、油、脂肪酸、维生素、磷脂、有机酸等,特别是黄酮类物质,有防癌、治癌的作用。此外有些物质对心脑血管疾病、胃溃疡、皮肤疾病、烫伤烧伤等都有明显疗效,也是优良的皮肤营养剂。因此沙棘是加工保健饮料、食品以及医药工业的重要原料,具有很高的经济价值。

据中华预防医学会副会长黄永昌教授撰文介绍,沙棘果实的主要营养成分是:①维生素类。沙棘果实含有丰富的维生素 C,每 100 克果实的含量为 580～800 毫克,大约是山楂的 20 倍、橘子的 6 倍、番茄的 80 倍。含有较丰富的维生素 E、维生素 A、维生素 B 等,类胡萝卜素含量约为 100 克果实中 4.5 毫克。② 蛋白质和氨基酸。沙棘果、果汁、种子汁的蛋白质含量分别为 2.89%、0.9%～12%、24.38%,沙棘果的果肉、果汁、种子都含 7～8 种人体必需的氨基酸。③黄酮类。沙棘叶中黄酮类化合物含量最多,如槲皮素、异鼠李素、山奈酚、儿茶素、黄芪苷等。④脂肪酸和油类。沙棘果实特别是种子中含有丰富的脂肪酸,包括豆蔻酸、月桂酸、棕榈酸、硬脂酸、亚油酸、亚麻油酸、花生烯酸等。⑤有机酸。沙棘果总含酸量约为 3.86%～4.52%,主要为苹果酸、柠檬酸、草酸琥珀酸、五倍子酸等。⑥微量元素。从沙棘果汁或油中检出钾、钙、钠、镁、铜、铁、锰、硒、磷、氮等常量元素或微量元素。⑦沙棘叶和果实中还含有多种三萜烯类、甾醇类、生物碱、糖类以及挥发性成分。

沙棘属植物中黄酮类化合物的含量以叶中最为丰富。据测定,同样是100克样品,鲜果汁中含黄酮类物质365毫克,干浆果中885毫克,鲜浆果中354毫克,果渣中502毫克,叶中876毫克。沙棘黄酮含量随株龄而增减。日照时数多、气温高、年降水量相对少、空气相对湿度小有助于沙棘中黄酮醇等活性成分的积累和生物合成。

种植沙棘具有明显的生态效益,对加速山区及半沙漠区的地表覆盖、防止水土流失、固氮改良土壤有明显作用。我国"三北"地区由于干旱少雨,土地瘠薄,大部分地区种植乔木树种成活率低或长成"小老树",植被恢复难度很大。而沙棘具有耐旱、耐瘠薄的特点,适合在干旱半干旱地区生长。据报道,每667米^{2}荒地只需栽种120~150株沙棘,4~5年即可郁闭成林。由于沙棘的苗木较小,便于进行大规模种植,快速恢复植被。

二、研究与生产现状

(一)世界沙棘发展概况　沙棘分布广泛,欧洲、亚洲的温带均有分布。由于具有较高的营养保健价值、良好的生态价值和较高的经济价值,其研究和开发利用受到世界上很多国家的重视。

20世纪50年代,国外就开始了沙棘固氮生物学研究;20世纪60年代以来,前苏联在沙棘的良种选育和果实加工利用方面得到了迅速发展;20世纪70年代以来,蒙古、波兰、德国、芬兰、意大利、罗马尼亚、加拿大、美国等对沙棘的生物学特性、保水保土、提高土壤肥力、维持生态平衡等方面做了大量研究。

(二)我国沙棘发展概况　我国是世界上沙棘资源最多的国

家,沙棘广泛分布于西北、西南、华北、东北等地区的山西、陕西、内蒙古、河北、甘肃、宁夏、辽宁、吉林、黑龙江、青海、四川、云南、贵州、新疆、西藏等近 20 个省(自治区)。我国沙棘利用的历史悠久,远在 8 世纪末成书的藏医学典籍《四部医典》和清代出版的藏医药典籍《晶珠本草》中均收集和记述了许多沙棘在医疗和医药方面的应用资料。直到 20 世纪初,俄国人开始研究《四部医典》并探讨沙棘在藏药合剂中的协调机理和单一成分的特殊药性,才逐渐将沙棘的丰富实用性开发利用之重点转向医用性研究和更进一步的开发利用。

我国现代沙棘研究及开发的兴起虽然在 20 世纪 80 年代后期,但发展速度极快。据统计,1993 年资源保存总面积为 113.3 万公顷。1985 年以来,全国共营造人工沙棘林 133 万公顷,平均每年营造人工沙棘林 8 万公顷。截至 2001 年,全国沙棘总面积达到 200 多万公顷,占世界沙棘种植面积的 90% 以上,我国已经成为世界沙棘种植大国。

1985 年,国家在全国水土保持领导小组下设了全国沙棘协调办公室,联合发改委及农业、水利、林业等部门和多学科的专家,系统地开展沙棘综合利用,已开发出了食品饮料、医药保健、日化、饲料、饵料等八大类约 200 多种产品,年产值 3 亿~5 亿元;初步建立了与前苏联、蒙古、芬兰、瑞典、匈牙利、日本、印度、尼泊尔、不丹、加拿大、美国、玻利维亚、南非、东南亚等国家和地区以及世界银行(World bank,WB)、联合国开发计划署(United nations development program,UNDP)、国际山地综合发展中心(International center for integrated mountain development,ICIMOD)等国际组织的交流与合作联系;重点组织了全国多行业的专家进行沙棘良种选育、旱地育苗、高产栽培、飞播造林、沙棘油提取及其标准制订、医药保健等领域的深入研究,并逐步应用于生产生活之中。

但我国野生及种植的沙棘多数果粒太小、枝刺太多、产量偏低,采摘困难,经济价值较低。分布于新疆阿尔泰地区的蒙古沙棘虽然果粒较大、枝刺较少,但由于未经人工选育,利用受到限制。20世纪中期,我国开始从前苏联引种,特别是引进大果、无刺、高产沙棘品种,并在黑龙江、吉林、辽宁、新疆、宁夏、甘肃、山东等地试栽,并陆续选育出一些沙棘优良栽培品种,进一步推动了我国沙棘种植业的发展。

三、存在问题及发展方向

目前,我国沙棘栽培存在的主要问题是栽培技术落后,如仍以实生方式繁育苗木、定植时雌雄株比例配置不合理、定植后管理粗放、采收方法原始等。

种植类型和品种单一,不能根据栽培目标选择具有不同用途的优良品种。种植的种类仅为中国沙棘亚种和中亚沙棘(主要在新疆)亚种。而这2个亚种都具棘刺多、果型小、果柄短、难采摘等缺点。单一的种植类型和品种与落后的栽培技术组合,很难取得理想的效果。

病虫害严重。近年来,部分沙棘分布区暴发的大面积沙棘木蠹蛾灾害,造成16万公顷的沙棘林受害,成为沙棘开发利用的主要限制性因素之一,对沙棘开发利用事业造成巨大损失。

科学的科研体系框架没有形成。基础研究十分薄弱,科技含量相对较低,产业发展后劲不足。实质性国际合作有待提高。

产品加工的高科技含量低。由于科研滞后,使加工业生产的产品水平和档次低,市场份额小,沙棘资源开发利用的程度低。市场培育较薄弱。由于从业者市场经验不足,市场营销策略和战略设计与实际相差较大,市场认可度较低。

第二节 种类和品种

一、主要种类

沙棘（Hippophae rhamnoides L. ）属于胡颓子科沙棘属植物。广泛分布于欧亚大陆温带地区，南起喜马拉雅山脉南坡的尼泊尔和锡金，北至斯堪的纳维亚半岛大西洋沿岸的挪威，东抵我国内蒙古哲里木盟库伦旗以东地区，西到地中海沿岸的西班牙，跨东经2°～123°，北纬27°～69°。其垂直分布从北欧及西欧海滨到海拔3 000 米的高加索山脉，直到青藏高原地区及海拔5 200 米的喜马拉雅山区。

中国是世界上沙棘属植物类群分布最多的国家，目前在山西、内蒙古、河北、宁夏、甘肃、辽宁、青海、四川、云南、新疆、西藏、等19 个省（自治区）都有分布，总面积达 200 万公顷（表 5-1）。

表 5-1　中国各省（自治区）沙棘种及面积　（公顷）

省（自治区）	种/亚种数	天然林	人工林	合计
云　南	1/1	100	0	100
西　藏	4/4	55	20	75
四　川	4/4	267	50	317
青　海	4/1	498	700	1198
甘　肃	3/2	1221	810	2031
宁　夏	1/1	40	230	270
陕　西	1/1	1334	1550	2884
山　西	1/1	2640	2100	4740
河　北	1/1	266	560	826
内蒙古	1/1	144	4090	4234
辽　宁	1/1	0	2030	2030
新　疆	1/2	289	206	495
其　他		0	800	800
总　计	6/7	6854	13146	20000

二、主要优良品种

我国是世界上沙棘种质资源丰富、优良类型众多的国家,但开展沙棘良种选育工作较晚,目前选育出的适于不同用途、可在人工种植中推广的优良品种还较少。

近年来,为了弥补这一缺陷,我国利用国际交流之机,从前苏联和蒙古等国家引进了一些果型较大、果柄较长、无刺、适于栽培管理和加工的优良品种,并在黑龙江、内蒙古、甘肃、陕西等省、自治区试栽成功,已逐步在国内推广。

(一)国外引进品种

1. 巨人 引自俄罗斯,为大果沙棘。4 年生树高 1.5～1.6 米,树冠 1.7 米×1.5 米,树势较强,枝条半开张,基本无刺,抗寒,属中熟品种。果实呈近圆柱形,金黄色,果柄 4～5 毫米,平均单果重 0.85 克。4 年生株产 2.1 千克。在吉林省栽培 4 月 20 日萌芽,5 月 3 日开花,8 月上旬果实成熟。

2. 向阳 引自俄罗斯,为大果沙棘。4 年生树高 1.8 米,树冠 1.9 米×1.7 米,树势较强,枝条微张,基本无刺,抗寒、抗病。果实圆柱形,橙黄色,果柄 5～6 毫米,平均单果重 0.92 克。4 年生株产 2.4 千克。在吉林省 4 月 17 日萌芽,5 月 4 日开花,8 月上旬果实成熟。

3. 楚伊(丘伊斯克) 俄罗斯大果沙棘。枝条无刺或少刺,为俄罗斯西伯利亚地区主栽品种之一。树体灌丛型,树高约 2.0 米。果实多卵圆形或椭圆形,橘黄色,果柄长 3～5 毫米,果实横径 0.7～0.9 厘米、纵径 0.9～1.1 厘米。百果重 40～50 克,产量 10 吨/ 公顷。

4. 丰产 引自俄罗斯,为大果沙棘。俄罗斯西伯利亚里萨文科园艺科学研究所育成,亲本为谢尔宾卡 1 号×卡通。4 年生树高 1.8 米,树冠 1.9 米×1.7 米,树势较强,枝条微张,基本无刺,抗寒、抗病。枝条中粗,浅褐色;棘刺少。叶片深绿,微凹,尖端卷曲,叶脉被有黄色茸毛。果实椭圆柱形,深橘黄色,果柄5～6毫米。百粒重86克,4年生株产2.5千克。盛果期产量17～20吨/公顷。果实含糖6.9%、酸1.18%、油4.9%,100克果中含胡萝卜素2.9毫克、维生素C 142毫克。8月底成熟。味酸,适于鲜食或加工果汁、果酱和甜煮。在吉林省4月17日萌芽,5月4日开花,7月末果实成熟。

5. 琥珀　引自俄罗斯,为大果沙棘。俄罗斯西伯利亚里萨文科园艺科学研究所育成,亲本为谢尔宾卡1号×卡通。4年生树高1.6米,树冠1.7米×1.5米,树势较强,枝条微张,基本无刺,抗寒、抗病。果实圆柱形,橘黄色,果实横径0.8～1.1厘米,纵径1.0～1.2厘米,果柄4～5毫米;百粒重68克,4年生株产2.3千克。果实含糖7%、酸1.6%、油6.6%,100克果中含胡萝卜素6.4毫克、维生素C 189毫克。味甜。8月底至9月初成熟。适于鲜食,可加工果汁、果酱和甜煮。树长势中庸,树冠椭圆,中等密度。1年生枝条浅绿色,顶部有茸毛。枝条中粗,深褐色被稀疏茸毛,结果后开张,无棘刺。叶片微凹,浅灰色,长7厘米,宽0.7厘米。在吉林省4月17日萌芽,5月4日开花,8月上旬果实成熟。

6. 卡图尼礼品　引自俄罗斯,为大果沙棘。俄罗斯西伯利亚里萨文科园艺科学研究所育成。树高1.6米,树冠1.8米×1.7米,树势中庸,枝条微张,基本无刺,抗寒、抗病。叶片绿色,略呈灰色,长0.8厘米。果实卵圆至椭圆形,淡黄色。果柄4～5毫米,在萼片和果柄基部有少量红晕。果百粒重40克,每公顷产量可达10～12吨。果实含糖5%、酸1.6%、油6.8%,100克果中含胡萝卜素3毫克、维生素C 66毫克。酸味适中。8月底成熟,适于加工果汁和果酱。在吉林省4月中旬萌芽,5月上旬开花,8月上旬果实成熟。

7. 优胜　引自俄罗斯,为大果沙棘。俄罗斯西伯利亚里萨文科园艺科学研究所育成,亲本为谢尔宾卡1号×卡通。树高2米,树冠1.7米×1.5米,树势中庸,树丛紧凑,树冠开张。抗干缩病。枝条褐色,中粗,无刺。叶片长,绿色,对摺呈龙骨状突起。果实圆柱形,橘黄色。果百粒重76克;每公顷产量可达12～15吨。果实含糖6%、酸2.0%、油5.6%,每100克果中含胡萝卜素2.5毫克、维生素C 131毫克。8月底至9月初成熟,可鲜食或加工果汁、甜煮、果酱。在吉林省4月中旬萌芽,5月上旬开花,8月上旬果实成熟。

8. **橘黄色沙棘** 俄罗斯西伯利亚里萨文科园艺科学研究所育成。亲本为卡图尼礼品×萨彦岭。果实椭圆形,橘黄偏红色。百粒重66.6克。果实含糖5%、酸1.2%、油6%,100克果中含胡萝卜素4.3毫克、维生素C 330毫克。味酸甜。果柄长,易采收,其采收效率较对照品种提高1.9倍。9月中旬成熟。适于加工果汁、果酱、甜煮。株丛中密,椭圆形树冠,棘刺数量中等。叶色深绿,叶面平,侧面略呈弯曲;叶片平均长8厘米、宽1厘米。

9. **金色** 俄罗斯西伯利亚里萨文科园艺科学研究所育成,亲本为谢尔宾卡1号×卡通。果实大,椭圆形,橘黄色。果实百粒重80克,含糖7%、酸1.7%、油6.4%,100克果中含胡萝卜素5.5毫克、维生素C 165毫克。9月初成熟。适于鲜食或加工果汁、甜煮、果酱。树势中庸,树冠中密。皮褐色,棘刺少。叶色深绿,叶片凹,宽而短,长6.5厘米、宽0.7厘米。

10. **巨大** 俄罗斯西伯利亚里萨文科园艺科学研究所育成。亲本为谢尔宾卡1号×卡通。果实圆柱形,橘黄色,百粒重83克。果实含糖6.5%、酸1.7%、油6.6%,100克果中含胡萝卜素3.1毫克、维生素C 157毫克。9月中旬成熟,适于鲜食或加工果汁、果酱、甜煮。植株具中央领导干,圆锥形树冠,中等密度。皮灰褐色。枝条发育很好,基部浅绿色,上部深绿,有茸毛。叶子长,狭窄,深绿色;叶片对摺呈龙骨状突起,所以从下面很容易看到。

11. **阿列依** 俄罗斯沙棘中最优良的授粉品种。树高 3 米以上,树冠 3.1 米×3.4 米,树势较强,枝条较开张,基本无刺,树枝粗大,绿褐色。抗寒、抗病,花芽大,花粉量大,花粉具有很高的生活力。可采用 1∶8(雌株)的方式配置。

(二)我国培育品种

1. **金阳** 吉林农业大学从俄罗斯大果沙棘的实生后代中选育。生长势强,枝条基本无刺,抗寒、抗旱、抗盐碱,早熟。4 年生树高 1.55～1.65 米,冠径 1.6 米×1.5 米。果实圆柱形,橙黄色,果柄 5～6 毫米,平均单果重 0.81 克,4 年生株产 2.2 千克。在吉林省 4 月 18 日萌芽,5 月 2 日开花,8 月上旬果实成熟。

2. **秋阳** 吉林农业大学从蒙古大果沙棘实生后代中选育。枝条生长势强,基本无刺,抗寒、抗旱、抗盐碱,早熟。4 年生树高 1.65～1.75 米,冠径 1.7 米×1.6 米。果实圆柱形,橙黄色,果柄 5～6 毫米,平均单果重 0.75 克,4 年生株产 2.4 千克。在吉林省 4 月 18 日萌芽,5 月 2 日开花,8 月上旬果实成熟。

3. **辽阜 1 号** 俄罗斯大果沙棘楚伊的后代。枝条无刺或少刺,树体灌丛型,较开张,生长旺盛,萌蘖力强;树高 1.5～2.0 米,果实多卵圆形,橘黄色,顶端有红晕,果柄长 4～5 毫米。果实略小,横径 0.7～1.0 厘米、纵径 0.9～1.1 厘米,百果重 40～60 克,每公顷产量 10～15 吨。成熟期在 7 月底至 8 月初。

4. **辽阜 2 号** 俄罗斯大果沙棘楚伊的后代。枝条无刺或少刺,树体较紧凑,分枝角度小,顶端优势明显,生长旺盛,萌蘖力强;树高约 1.5～2.0 米,果实多卵圆形,橘黄色,顶端有红晕,果柄长 4～5 毫米。果实略小,横径 0.7～1.0 厘米、纵径 0.9～1.1 厘米,百果重 40～60 克,每公顷产量 10～15 吨。成熟期在 8 月中旬。

5. **橘丰** 在中国沙棘中选出的大果、丰产型品种。树体主干型,树高约 4 米。果实近球形或扁圆形,橘黄色,果柄长 2.5 毫米,果实横径 0.8～0.9 厘米、纵径 0.5～0.7 厘米。百果重 25～35

克,单株产量 20 千克,每公顷产量可达 15～18 吨。缺点是枝条有刺。

6. **橘大** 在中国沙棘中选出的大果、丰产型品种。树体主干型,树高约 4 米。果实近球形或扁圆形,橘黄色,果柄长 2 毫米。果实横径 1.0 厘米、纵径 0.8 厘米,百果重 40 克,单株产量 20 千克,每公顷产量可达 10～13 吨。缺点是枝条有刺。

7. **绥棘 3 号** 黑龙江省浆果研究所育成。树势强,开张,树冠椭圆形,枝条直立,近无刺,丰产。果实橘红色,平均百粒重 69.3 克,最大单果重 1.1 克,果柄长 3.5 厘米。1 年生枝棘刺每 10 厘米 0.3 个,2 年生枝 1.0 个。结实密度为极密,每 10 厘米 60～65 个果,果实较整齐。每公顷产量可达 12～18 吨,在当地果实成熟期为 8 月 15～20 日。

8. **绿洲一号** 辽宁省阜新市绿洲沙棘良种选育推广中心育成。植株生长强旺,枝条粗壮、紧凑,叶片宽大、厚,生物量大,果实密集;果皮橘红色,鲜果百粒重 67.5～80 克,最大单果重 1.1 克,果味较酸。在当地 9 月上旬果实成熟。

9. **绿洲二号** 辽宁省阜新市绿洲沙棘良种选育推广中心育成。植株生长健壮,树形类似整形后的苹果树。果皮暗橘红色,倒纺锤形,鲜果百粒重 75 克,果实密集。在当地 8 月中旬果实成熟。

10. **绿洲三号** 辽宁省阜新市绿洲沙棘良种选育推广中心育成。植株生长健壮,枝条较长,略下垂,果实密集。果皮橘黄色,鲜果百粒重 80～96 克,最大单果重 1.2 克。果味较酸。在当地 8 月中旬果实成熟。

11. **绿洲四号** 辽宁省阜新市绿洲沙棘良种选育推广中心育成。植株生长健壮,叶片窄而密集。果皮橘黄色,外观美,果实纺锤形。鲜果百粒重 67.5～80 克,最大单果重 1.3 克。有特殊香味。在当地 8 月下旬果实成熟。

12. **草新 1 号** 从中国沙棘中选出的无刺或少刺型雄株无性

系品种,为饲料型品种。生长旺盛,适应性强,适口性好。

13. 草新 2 号　从引进的大果沙棘中选出的实生雄性后代,为饲料型品种。生长旺盛,适应性强,萌蘖力强,适口性好,牲畜啃食后可再发新梢,很快恢复树势。

14. 红霞　从中国沙棘中选出的无性系观赏品种。树体主干型,特征与中国沙棘无差异。果实近球形或扁圆形,橘红色,果柄长 2 毫米,果实横径 0.7 厘米、纵径 0.6 厘米,百果重 20～25 克,果实极密,单株产量 15～20 千克。果实 9 月下旬成熟,落叶后,橘红色的果实依然挂满枝头,极为美观,观赏期可达 3 个月以上。枝刺较多,容易保存。

15. 乌兰蒙沙　从中亚沙棘中选出的无性系观赏品种。树体主干型,特征与中亚沙棘无差异。果实卵圆形或长圆形,橘红色,果色艳丽。果柄长 3.5 毫米,果实横径 0.6～0.7 厘米、纵径 0.8～1.0 厘米,百果重 20～25 克。结实量大,单株产量 15～20 千克。果实 8 月成熟,果实和种子含油量高。观赏期可达 4 个月以上,从果实成熟至翌年春浆果不落。

第三节　生物学特性

一、植物学特征

沙棘灌木状,一般高 2～4 米,但在条件较好的山涧河谷一般能长成高达 5～8 米的乔木,有个别植株甚至能够超过 15 米。沙棘速生期为 3～7 年,寿命长达 60～70 年,在四川省和云南省都发现有 300 多年的沙棘乔木。

中国沙棘 3～4 年为初果期,5～16 年为盛果期,17 年之后进入衰果期。种子千粒重一般为 5～8 克。

(一)根系　沙棘实生苗的根系是由种子胚根发育而成,分为主根、侧根和须根。水平方向生长的根较发达,随着树龄的增长根系不断向四周延伸扩展,水平扩展幅度可达 6~12 米,集中分布在 20~40 厘米深的土层内,特别是细根和吸收根均分布在这一区域。因此,沙棘属于浅根系树种。

人工栽培的大果沙棘均为扦插苗,垂直根系不发达,多是水平分布生长,至 4 年生时,水平分布于干周 1.5~3 米,垂直分布深度集中在 0~0.4 米的表土层中。根系易形成根瘤,大小为 0.5~1.5 厘米,为弗兰克氏内生菌对根系侵染形成,不同于豆科植物的根瘤菌,具有较高的固氮能力和改土培肥作用,对增加土壤有机质及氮含量、改善土壤结构、提高林地生产力等具有极其重要意义。13~16 年生的沙棘每公顷可固氮 179 千克,固氮能力超过大豆根瘤菌。大果沙棘根瘤较大,中国沙棘根瘤小。

在沙棘林地土壤中,由于土壤温度、通气状况等特点,10~30 厘米土层内的内生菌数量较多,从而造成了根瘤的集中表层分布。内生菌对沙棘根系的侵染,虽然在老根原结瘤部位会形成根瘤簇,但单个根瘤多发生在幼嫩根组织上。因此,适当的断根有利于新根的大量发生,从而促进植株的结瘤。

沙棘根系较耐涝,同时也具抗旱能力。

沙棘的水平根上产生不定芽的能力较强。正常情况下,2 年生的植株其直径 0.1~1 厘米粗的根上即可产生不定芽,萌发后形成根蘖苗。当受到修剪等刺激后,能发生大量萌蘖,有利于沙棘灌丛迅速扩展和覆盖地面。到 7~8 年生时,根蘖苗即可封住行间,形成单一的沙棘群落。

(二)枝条 沙棘的枝呈单轴生长特性,由于 2 年生或多年生枝尖端约 10 厘米常发生枯死现象(也称自剪),多由下部的叶芽发枝,因而多年生枝多为假轴分枝。沙棘 1 年生枝条呈分枝生长的特点,能形成二次枝、三次枝,其分枝能力随着树龄的增加逐渐减弱。

1. 枝序 大果沙棘枝条的枝序为对生、近对生、轮生、近轮生、互生等多种。当年生枝均呈绿色,微带黄色,枝条被灰色蜡质。2年生以上枝条均表现为棕色,其中俄罗斯品种为浅棕色,蒙古品种为暗棕色,枝条表面被一层银灰色或暗灰色蜡质。

2. **枝条棘刺** 大果沙棘枝条无刺或少刺。少刺品种一般每个2年生成龄枝条上具1～3个短刺,多数品种当年生枝条顶端为尖刺(刺枝),转年干枯。中国沙棘刺较多,多级枝条顶端多为尖刺,二次枝等短枝也常称为刺枝,湿润条件下,刺着生较少,枝刺具自剪现象。沙棘骨干枝一般在8～12年后即开始衰老,以后逐渐枯死。

3. **枝条性质** 分为营养枝和结果枝2类。营养枝着生叶芽,结果枝着生花芽开花结果同时也着生叶芽,作为更新生长的基础。营养枝和结果枝之间可以相互转化。

4. **枝条生长规律** 大果沙棘新梢自萌芽展叶后开始生长,至8月上中旬果实成熟后基本停止生长,采果后只有微量生长。新梢快速生长期为5月下旬至6月上旬和6月下旬至7月上旬2个时期,7月中旬后进入缓慢生长期,8月中旬基本停止。阿列依雄株进入缓慢生长及停长稍晚。中国沙棘的新梢生长高峰期为5月下旬至6月中旬、7月中旬至下旬、8月中旬至下旬3个高峰期,9月中旬基本停长。

5. **生长量** 与中国沙棘比较,大果沙棘新梢生长量小,成枝率较低,当年生枝条产生二次枝较少,只有卡图尼、金阳等的当年枝平均有1～2个二次枝,其他品种几乎没有二次枝。新梢的生长表现出明显的顶端优势。

(三) 叶 沙棘的叶较小,叶序与枝序相同。当年生枝上多互生,其他多为对生、近对生、轮生、近轮生。叶形有披针形、狭披针形、弯镰形、狭条形多种,形似柳叶,但较小,叶较厚,具角质层,正面灰绿色,背面银白色(图5-1)。叶大小与生活环境有关,干旱条件下叶小而狭长。

大果沙棘的叶着生与枝序
相同,多为对生、近对生、轮生、
近轮生、互生。自萌芽后展叶
生长,至 7 月下旬基本停止生
长。叶细长,多为线状披针形。
从叶的解剖结构上看,大果沙
棘的叶具较厚的角质层和栅栏
组织,表皮毛密集,因而具较好
的抗旱能力。其中俄罗斯沙棘
叶偏长,中国沙棘的叶则较短。
叶片色泽各种间和品种间无大
变化。

中国沙棘叶片具有旱生结
构特点,抗旱能力更强。

(四)芽 沙棘的芽分为叶
芽和花芽。叶芽为单芽,着生
于当年生及多年生枝条叶腋。

图 5-1 中国沙棘

花芽为混合花芽,由于沙棘雌雄异株,分雌花芽和雄花芽。雌花芽
形成于当年生短丛生枝及当年生枝的叶腋,以二次短枝的基部着
生最多;雄花芽除形成于当年生枝上外,也形成于 2 年生以上枝条
的叶腋。花芽在一短缩的枝条上呈螺旋状排列,外由鳞片保护,呈
闭合状态。叶芽具早熟性,当年萌发形成分枝枝条,花芽则不萌
发。一般雄花芽比雌花芽大 2~3 倍,雌芽仅 2~3 个鳞片,雄芽则
6~8 个,依此可判别雌雄株。大果沙棘的叶芽当年很少萌发形成
二次枝,叶芽多由 2~3 片鳞片包被,黄棕色;雌花芽也多由 3 片鳞
片包被,黄棕色;雄花芽则由 6~8 片鳞片包被,棕色,被浅黄色蜡
质。雌花芽明显大于雄花芽。

沙棘的芽具较强的异质性,表现为枝条上部的芽最强壮,中部

芽次之,下部芽最弱。芽的萌发率较高。

(五)花　沙棘花小,单性,雌雄异株,每花芽具 4～24 朵小花。枝条中上部的花芽萌发后,花序轴伸长,小花交互对生于花序轴上,花开时,顶部抽生绿色新梢。枝条基部花芽花开后顶部新梢枯萎成刺。一般雄花先开 2～3 天,花期 6～12 天,整片园地可延续半个月以上,单花花期 3～5 天。风媒传粉,传粉距离 10 米左右。

大果沙棘的花一般一个叶腋上着生 1 花芽,花芽在枝条上呈螺旋状排列,芽闭合;每个花芽具 3～12 朵小花,多为 5～9 朵。花芽萌发后花序轴伸长,小花交互对生于花序轴上,顶端抽生枝叶。雌雄花均无花瓣,雄花可见 2 近圆形萼片(萼片 2 裂),内中包被 4 个花药(雄蕊 4 枚);雌花为一钟状花柱管,上端可见两裂,花均为淡黄色。风媒传粉,花期 5～7 天。

大果沙棘的花芽分化在每年的 8～10 月,雄花在 8 月上旬、雌花则在 8 月中下旬开始出现。雌花与雄花原基在芽鳞腋上开始形成,在腋生花芽未来的枝条生长点上,形成叶原基,叶原基腋上为单个的小花,至 9 月中下旬,花芽分化基本结束,从外形上可区别雌芽与雄芽。

(六)果实　沙棘实生苗一般定植 4～5 年开始结果,而无性繁殖的扦插苗一般定植第三年即可开花结果,6～7 年进入盛果期。

沙棘传粉受精后,果实开始发育。中国沙棘从终花到果实成熟需 110～120 天,结实率 60% 左右。果实是由萼筒肥大发育成的浆果,红或黄色,圆或椭圆形,果实大小 10～15 毫米×7～10 毫米。大果沙棘果实多着生于 2 年生枝条的中上部、每花芽着生 2～5 粒,多呈棒状结果状。从终花到果实成熟约需 80～90 天,果实橙红或橙黄色,椭圆或圆柱形,果较大,果柄长。果实汁多柔软,较酸或酸甜。

(七)种子　沙棘果实只含 1 粒种子。种子形状为倒卵形,深褐色、淡褐色或棕褐色，顶端平截、斜截或圆，具突尖或无突尖，具凹沟或凹沟不明显，基部偏斜；种皮坚硬，无休眠期。沙棘果实的大小与种子大小呈正相关关系，果实越大其种子越大，千粒重也越大。

二、生长结果习性

（一）**物候期**　无刺大果沙棘与中国沙棘一样基本可分为 4 个物候期，即萌芽生长期、开花坐果与果实发育期、花芽分化期及休眠期。

1. **萌芽生长期**　东北地区一般在 4 月中旬根系活动后，芽开始膨大，4 月末 5 月初芽萌发。鳞片展开后，叶腋枝条开始伸出生长。新梢旺盛生长期在 6 月及 8 月份。山西沙棘萌芽时间为 3 月下旬至 4 月上旬，展叶期为 4 月下旬。甘肃张掖大果沙棘芽萌动时间 4 月初，展叶期 4 月中旬。

2. **开花坐果与果实发育期**　东北地区一般在 5 月中旬至 9 月。5 月初芽萌发后，花芽露出。随着花序轴的伸长，5 月中旬小花逐渐开放。授粉后 7～10 天受精，5 月下旬果实开始发育、胚膨大，7 月果实迅速膨大，8 月生长缓慢，进入成熟阶段，9 月初即可成熟。大果沙棘 6 月果实迅速膨大，7 月下旬着色，8 月上中旬成熟。山西沙棘初花期 4 月上旬，盛花期 4 月下旬，果实成熟期 8 月下旬至 9 月上旬。甘肃张掖大果沙棘花期 4 月中旬，果实成熟期 8 月上旬至下旬。

3. **花芽分化期**　一般在 7～10 月份。7 月中旬，在新梢生长变缓时花芽开始分化。雄花芽先分化，约 8 月雌花芽才进行分化。9 月末至 10 月初花芽分化的形态分化阶段结束，入冬温度下降至 0℃前，雌雄花芽达到应有的标准。

4. **休眠期**　10 月末，叶片开始脱落，随后进入休眠阶段，直到翌年的 4 月中旬气温回升至 0℃以上根系开始活动为止。大果沙棘在甘肃张掖 10 月中旬开始落叶。

(二)树体年龄时期　中国沙棘的结实规律是：Ⅰ 龄级(1～2年)为营养生长阶段,Ⅱ 龄级(3～4 年)为初果期,Ⅲ 龄级(5～6 年)到Ⅷ 龄级(15～16 年)为盛果期,Ⅸ 龄级(17～18 年)以后可能进入衰果期。中国沙棘初果期的果实较小,盛果期的果实最大,衰果期的果实有减小的趋势。所以兼顾果实的中国沙棘能源林的轮伐期应在 20 年前后。

第四节　对环境条件的要求

一、温　度

沙棘属于喜温树种,多分布于寒温带地区。在积温为 2 500℃以上地区生长良好。但冬季严寒或霜冻会造成物候期晚的种类(品种)的枝条死亡。

沙棘种子发芽要求温度 10℃～12℃,比一般果树高约 8℃,但生长期温度不要求太高,花期适宜温度为 10℃～12℃,枝条生长适宜温度为 17℃～20℃,果实成熟需 22℃～25℃即可。沙棘可耐35℃以上高温,但也具有较强的抗寒性,可忍受海拔 5 000 米 的高寒气候,并可忍耐－40℃低温。沙棘在日平均温度 0℃时即开始生长,因此早春低温会使沙棘生长受到影响。

二、光　照

沙棘是最喜光的树种之一,正常情况下,温度适宜、光照良好可促进果实着色。沙棘不耐荫蔽,当沙棘纯林盖度大于或等于80％时,植株的冠幅变小,下部枝条枯死严重,使开花结果部位上移。草本覆盖物可使根蘖生长不良。生长在乔木林下的沙棘,由于光照不足,一般都生长不良或最终导致死亡。夏季光照可提高沙棘果实的含油量,有利于沙棘块林的形成。

每年的适度修剪有助于改善植株光照条件,增加产量。

三、水　分

土壤水分不足容易造成沙棘叶片枯萎、变黄直至脱落,特别是在早春开花和幼果形成时期,长期干旱状态下会导致幼果脱水、脱落。但太多的水分或高地下水位常会引起生长不良和根系腐烂。沙棘在年降水量 350 毫米以上地区即能满足其生长对水分的要求,但建立人工沙棘园则降雨量应不少于 400 毫米。

沙棘是一种典型的兼有双重生态特性的中旱生植物,这是由沙棘长期生长在山地河谷和沿海岸地带而形成。沙棘肉质根系在湿润的土壤里,供给地上部分水分,土壤干旱可造成生长不良和减产。沙棘同时又具有较明显的旱生形态结构,即枝条具刺及刺枝,叶片小而窄,角质厚,灰绿色有光泽,根系较深,因而使水分蒸发减弱,形成较耐大气干旱的特性。

四、土　壤

沙棘对土壤的适应性较强,适宜在肥沃、疏松、湿润、中性的土壤上生长,微酸性、盐碱性及黏性土壤上也能生长良好,但平原地区的重黏土地、持水性差的砂石地不宜栽植沙棘。沙棘喜肥沃土壤,在干旱、盐碱的贫瘠地也能生长,使其成为盐碱地改良的重要树种。

第五节　育苗与建园

一、育　苗

沙棘的繁殖方法很多,有种子繁殖、扦插、压条、根蘖和嫁接等。除营林、良种选育、水土保持及观赏园艺中采用实生繁殖外,其余均应采用无性繁殖。中国沙棘造林以实生育苗为主。种子繁殖的实生苗,不仅品种形状不能保持,而且雄株所占的比例很大。根蘖繁殖又因其速度慢、繁殖系数低,在生产中也只能作为一种辅助方法应用。所以,沙棘作为药用植物和果树树种栽培时最理想的集约化育苗方法是扦插。

近年来,沙棘组织培养育苗技术的研究不断深入,并在生产上开始应用。

(一)扦插繁殖

1. 绿枝扦插

(1)建立母本园 母本植物园的建立对地理位置、土壤要求同其他果树。其栽植的品种要经过严格鉴定并确认是纯正的、生长发育健壮的自根苗木。母株栽植的行距为 2.5 米,株距 0.5 米,每公顷栽植 8 000 株。其中,雄株按低于 15% 的比例配置。母本植物园面积的大小应视扦插繁殖苗木的数量而定。一般从一株发育中等的母株上可采 50 根枝条。若扦插 10 万株嫩枝插条,则至少应该有 2 000 株沙棘母株。

(2)嫩枝插条的采集和处理 插条应选自树冠外围生长势中等的半木质化的生长枝和一次分枝。以清晨采集为宜。采后将插条剪成 7～10 厘米长(10～15 个芽),下切面距最下一芽 3～4 毫米,上切口距上芽 2～3 毫米。剪截后,去掉下部 5～6 片叶,每 50 条一捆。注意保湿防止过多失水。

为促进插条迅速生根,扦插前可用萘乙酸、ABT 生根粉、吲哚乙酸和吲哚丁酸进行处理,其中以吲哚丁酸处理效果最好。通常不成熟的插条使用 10～25 毫克/升吲哚丁酸溶液,较成熟的插条用 25～50 毫克/升溶液处理,充分成熟的插条用 50～100 毫克/升溶液处理。处理插条的水溶液温度保持在 20℃～25℃,处理时间 14～16 小时,浸泡时插条浸入溶液的深度宜为 1.5～3.5 厘米。

(3)扦插基质 扦插的最佳基质为纯粗沙或沙与泥炭土混合物,体积比为 3∶1。应对基质进行杀菌消毒,保证扦插基质疏松、透气、保湿、无病原。并且应根据插穗的粗细和发根难易,选择适当粒度的基质,粗壮和易发根的品种插穗可用相对粗糙的基质以增大孔隙度,较细弱和不易生根的插穗底层可选用较粗糙基质,上面再铺一层细小的基质。

(4)扦插　东北地区沙棘绿枝扦插适宜时间为 6 月下旬至 7 月上旬,华北地区可在 6 月下旬至 8 月上旬。此时插条处于半木质化状态,有利扦插成活。扦插密度为 7 厘米×3 厘米。扦插过密,通风和光照不良,易引起树叶凋落、插条霉烂和影响生根。

扦插深度根据插穗粗细和发根难易确定。粗壮易生根的插穗,扦插深度可略深些,约 5 厘米,细弱和不易生根的插穗扦插深度以 3～3.5 厘米为宜。

(5)水分管理　扦插后,与葡萄等一样,要注意控制插床土壤湿度,及时灌水。在插穗愈伤组织形成期喷水的要求是少喷勤喷,即每次喷水量以叶片表面刚产生径流现象为标准。缩短每次喷水间隔时间,即第一次喷水后到发现插穗顶端第一、第二个叶片边缘稍有下垂萎蔫时即刻进行第二次喷水。在生根期喷水的间隔时间应逐渐加大。到成活稳定期每次喷水量应逐渐加大,喷水间隔期逐渐拉长。临近秋季,要逐步减少灌水,使插条得到锻炼,发育充实。秋末落叶后,将苗挖起入窖。此外,及时做好除草等田间管理工作。

(6)温度的调控　沙棘插穗生根对温度的要求大体可以分为3 个阶段:

根原基形成期:气温要求较高,应保证 25℃～35℃,土壤温度25℃较好。白天控制在 30℃左右,温度低时增加光照。此期主要是穗下端愈伤组织形成和分化不定根,需要相对较高的温度。

根形成期:此期气温宜控制在 28℃～30℃,土壤温度 20℃以上较好。因该期主要是根的生长,温度过高会抑制或减缓生根。

炼苗期:此期温度宜控制在 20℃～30℃,因此时根系已经形成,适当降温有利于根系生长和组织充分成熟。

(7)光照的调控 在不同阶段对光照要求不同：

根原基形成前期：不宜强光直射,尤其扦插后的前3～4天,应半遮荫以防止接穗脱水萎蔫。

根原基形成后期：此时接穗已经度过缓苗期,应提高光照以增加叶片光合能力。

根成熟期：增加光照,逐渐使苗适应全光照。

(8)全光照弥雾扦插法 为提高扦插成活率和成苗率,沙棘绿枝扦插也可采用全光照弥雾扦插法。基本原理是：弥雾扦插在全光照条件下,采用定时间歇喷雾的方法,提高苗床的湿度,使插穗叶面经常保持一层水膜,通过水膜蒸发和吸热,降低叶面温度,保证光合作用不间断,使插穗在生根前始终保持较高湿度,促进其迅速生根。

①建苗床 苗床建在距电源、水源近的避风向阳地上。苗床为圆形,直径根据扦插量大小而定。四周用砖砌成20厘米高的围台,每隔1米留一个排水孔,中心固定喷管底座。苗床铺20厘米厚的洁净河沙作基质,床面中间略高,外缘略低。最后在基质上用砖铺设4～5个同心圆形步道。

②建水箱 水箱底部距地面2米左右,水容积3～5米^3,经常蓄满水,用自动控制仪器控制电磁阀实现自动间歇喷雾。

③扦插 插前将插床喷透水。扦插密度为每平方米约为400根插穗,扦插深度4～5厘米。插时要使插穗基部与基质紧密相接,不留空隙。插完立即用多菌灵800倍液喷洒消毒。

扦插一般在6月上旬开始进行,插后1～3周开始生根,插床基质温度以25℃左右对生根有利,40天左右即可移栽。每年可生产2～3批苗木,苗木根系发达,生长旺盛。采用这种方法不仅育苗周期短、生根率和成活率高,而且插条源丰富,是进行沙棘无性繁殖的最有效途径之一。

也可采用大棚弥雾扦插,即在大棚中用砖砌成高 20 厘米、宽 1 米、长 3～3.5 米的 2 排插床,在空中用胶管进行定时人工控制间歇定时喷雾,其他同前。

2. 硬枝扦插

(1)采集插条 东北等寒冷地区采集插条时间一般在早春树液未流动时,约 3 月下旬为宜。方法是从母本园选好的雌、雄株,剪取直径 0.6～1.5 厘米的 1 或 2 年生枝条,雌、雄株分开放置,防止混乱。将采下的枝条每 50 根打成一捆并挂牌标记,插条基部插入湿沙中,保存在 1℃～3℃的冷窖中或放在阴凉处用湿麻袋盖好备用。存放期间要经常使麻袋保持湿润。

华北等地区主要在冬季采接穗。将接穗用清水洗净,用 0.2％多菌灵浸泡灭菌 3～6 小时后,洗净阴干,假植。注意保持水分。

(2)扦插时间 东北地区在 4 月下旬至 5 月上旬、华北地区在 3 月下旬至 4 月上旬进行扦插。

(3)插条处理 扦插时将插条剪成 15 厘米长,下端剪成斜茬,上端剪成平茬,剪口下留一饱满芽。

把剪好的插条每 50 根捆成一捆,做好雌、雄标记,先用清水洗净,再用 NAA(萘乙酸)1000 毫克/升溶液速蘸插条基部 2～3 分钟,或用 ABT 生根粉 400 毫克/升浸泡插条基部 2～3 小时,然后再扦插。

(4)苗圃整地 选择有灌溉条件、交通方便、距造林或种植园较近的肥沃土地作苗圃。先施足基肥(农家肥),深翻耙平,做畦。畦宽 1～2 米、长 10 米左右。畦上做垄,宽 25～30 厘米、高 10～15 厘米,修好灌溉渠道。

(5)扦插育苗 将处理好的插条按类别、雌雄分开后,垂直插入垄中,插条上端露出 2～3 厘米。扦插行距 20～25 厘米,株距 10 厘米,每公顷插 20 万～30 万根插条。插后插条周围要踏实,然后立即灌水,渗水后用地膜进行覆盖。

当新梢长到 10 厘米左右时,只保留 1 个健壮新梢,其余去掉。苗圃要及时松土、除草,适时灌水,并注意防止土壤板结。到秋末即可出圃。

(二)压条繁殖　主要有水平压条、弓形折裂压条和直立堆土压条。

1. 水平压条　早春芽未萌动时剪取 2 年生枝条,去掉顶部未木质化部分,剪成 15 厘米的段,每 2～3 条一束埋入湿锯末中,10℃～15℃保温。10 天后愈伤组织长出,取出枝条埋入苗圃。苗圃浇水后挖 5 厘米浅沟,放入枝条,埋土 3 厘米,再覆 2 厘米湿锯末,2 周后可萌出新梢。

2. 弓形折裂压条　春季在株丛四周松土后,挖浅坑,将枝条弯向地面,放入坑中,将入土部位折断,梢部露出,以利愈伤组织形成。秋季生根后,扒出剪离母体即可。

3. 直立堆土压条　春季在株丛每一分枝的基部树皮上做一切口,以利生根。切口用纱布包好后,用湿土将整个株丛基部埋住,顶部露出,上面再盖一层锯末,周围挖沟,经常浇水。秋季挖开土堆,每一生根分枝即为一新苗。

(三)嫁接繁殖　主要有枝接和芽接。

枝接多采用劈接,可在砧苗上低接或在成龄树上高接。嫁接在春季树体萌动前进行,一般在 3 月份。先剪接穗,以 2～3 年生条为好,剪成 5 厘米长的段,下口斜剪以区分上下端,挂蜡保湿,接前将下部削成楔形。将砧木苗或高接条剪断,用刀从中间劈开,插入接穗,接穗应与砧木同粗或比砧木细,对齐一侧形成层(皮层),用塑料条绑好。枝条成活率因砧穗间组合不同有很大差异。

芽接多采用"T"字形芽接,嫁接时期在枝条离皮时进行,北方约在 6 月份。方法是:先削接芽。在树冠外围和中部剪取芽体饱满的粗壮枝条,用芽接刀从距芽下 1 厘米处往上斜削入枝条,深达木质部,再在芽上 0.5 厘米处横切一刀至第一刀口处,轻轻掰下接芽,保湿。然后再削砧木,在砧木枝条上切一"T"字形切口,用竹签离皮,插入接芽,上部接齐,用塑料条绑缚好,芽可露出。一般情况下,以 1 年生枝为砧木低位芽接成活率高。

(四)枝条繁殖 每年 4～5 月间,将沙棘嫩根刨出,剪成 10～20 厘米的段,埋入圃地 5～7 厘米深的沟里,随刨随埋,踏实浇水。新梢萌出后再浇水,秋季可成苗。

(五)根蘗繁殖 沙棘定植 3～4 年后,水平根上即开始萌发根蘗苗,也叫串根苗。一般在 5 月中旬会发生大量的根蘗苗,4～5 龄的株丛发生根蘗苗最多,质量也最好。为了得到高质量的根蘗,必须对母株加强管理,保持土壤湿润、疏松和营养充足,疏去过密的而选留发育良好的根蘗苗,使它们之间的距离在 10～15 厘米。待根蘗苗长至 2 年后,秋季或第三年春季 4 月上旬挖出栽植。最好在雨天挖苗,趁雨天栽植。带根深挖移栽成活率高。需要远途运输的苗木也可以秋季栽植,或秋季取苗,假植在有防风林设施而且不积水的地方,翌年春季定植。

(六)实生繁殖 实生选种或用中国沙棘人工造林时用此法。一般中国沙棘种子颗粒小,顶土力弱,种皮坚硬,表面附有油脂状胶膜,吸水膨胀困难,刚出土的幼苗非常脆弱,遇到干旱或地表板结就会死亡。这是目前播种育苗和直接造林失败的主要原因。另外,幼苗出土期间还要防止鸟害。

播种前 1 周对种子进行处理,可用 50℃温水浸种 1～2 天,捞出播种;或清水泡 1～2 天,捞出摊放,在 24℃～30℃温度下 2～3 天出芽后即可播种。一般在早春地表 5 厘米处 10℃时播种,可垄播或床播。每公顷播种量 90 千克,行距 25 厘米,沟深 4～5 厘米,覆土 5 厘米,镇压后覆盖,15 天可出苗。以株距 5～6 厘米定苗,松土,除草,灌水,追肥,防病虫害。秋季可成苗。

1. 采种 播种育苗的种子应从当地现有的沙棘林中采种。

选择无刺或少刺、结果多、果型大、生长健壮、无病虫害的优良单株或株系。于9～10月份果实完全成熟后采收。或者在冬季振落冻果采集并及时进行碜碾,清水淘洗,除去杂质,阴干后保存在干燥的房间内。如果当地资源少,采种困难,现有林质量低、缺乏优良单株时,可引进外地良种,但育苗前必须进行发芽试验。

2. 苗圃地的选择　苗圃地要选在交通方便、水源充足并距造林地较近的地方,土壤以砂壤土或轻黏壤土为宜。要求地势平坦、肥沃,不积水。育苗前进行深翻整地,蓄水保墒,施足基肥,以有机肥和磷肥为主,做好苗床或打垄,在播种前3～4天灌一次透水。

3. 种子处理　常用的方法有2种。一种是用45℃～50℃温水浸种后,放置一昼夜,然后捞出,掺入种子体积2倍的洁净湿河沙拌匀,堆放在背风向阳处,或放入深约0.5米的催芽坑内,上面覆盖草袋,每天上下翻动2次,保持经常湿润,4～5天后种子即开始裂口,待30%种子裂口时进行播种。另一种方法是用45℃温水浸种24小时,然后进行层积处理(沙藏或冷藏),种子与湿河沙1:3混合,湿度以手捏成团不滴水为度。温度控制在0℃～5℃,放置15～20天。

4. 播种时期和播种量　播种时期以春季为宜,一般当地表5厘米深土层地温达15℃时即可开始播种。播种量每公顷50～75千克为宜,出苗30万～45万株。

5. 播种方法　常用畦播和垄播2种方法。少量播种时用畦播,方法是横过畦面挖沟,沟深5厘米左右,沟距离8～20厘米,种子之间在沟中相距1.5～2厘米,种子覆上一层1～1.5厘米厚的松散基质(腐殖质与沙1:1混合)。大量播种采用垄播,行距20～30厘米,沟深4～5厘米,覆土3厘米。播后适当镇压,浇透水,并用草覆盖以保墒。

6. 苗期管理　沙棘播种后15～20天开始出苗,出苗期间一定要保持地表湿润。以后要及时中耕除草,定期浇水,使田间持水量不低于 80％。雨季要及时排水,防止地面积水。

7. **苗木出圃** 沙棘苗木一般要求根颈粗度 0.35 厘米以上、苗高 30～40 厘米、侧根长 18 厘米为合格苗木(实生苗)。允许有少量机械损伤,无树皮皱褶、木质干枯及韧皮部、形成层、木质部变褐现象。不合格苗木不能出圃。为了形成分枝根系,多发侧根,应在 7～8 月用小刀在土深 15～18 厘米处将直根切断。

苗木起出后可包装好运往栽植地进行假植。方法是挖一东西向的沟,沟深 40 厘米左右,将苗向南倾斜约 45°均匀放入沟内,用湿土埋至苗尖。

(七)组织培养育苗 沙棘雌雄异株,靠种子繁殖难以保持优良品种的特性;根蘖繁殖系数低;目前生产上采用的扦插繁殖成活率也不高,还容易传染病害。通过组织培养工厂化繁育种苗可以大大提高繁殖系数。

(八)雌雄株鉴别 沙棘为雌雄异株,在幼龄时期从形态上很难辨别,需待形成花后才易分清,其方法有:①看树形。一般雌树成龄株树冠开张呈宝塔形、伞形或丛生,枝条较平展,开展角度大,而雄树枝条较直立向上,开展角度小。②看花形。沙棘雌花较雄花晚开放(雌雄花均为腋生,混合芽总状花序),雌花呈小瓶状柱头二裂,下面由 2 片肉质花被包围。而每个雄花为二萼片和四条花蕊。③看叶位。沙棘的叶片有互生、对生或三叶轮生。在同一植株上三者兼而有之。雄株的叶片多数为互生或近互生,对生者明显减少。而雌株的叶片相反,多数为对生或近对生,互生者多在营养枝上。

二、果园建立

野生中国沙棘和实生播种的大果沙棘种子其后代雄株比例接近 70％,雌株进入结果期较迟,一般播种后第四年才开始结果,且产量低,采摘困难。前苏联采用优良大果沙棘品种建园,每公顷产量可达 18.2～21.4 吨。这说明要发展沙棘产业必须建立人工大果沙棘园,才能提供大量加工用果实,使其成为不发达地区的经济支柱产业。

(一)园地选择和规划

沙棘在山地、丘陵、高原、风沙地、平地都能生长,阴坡、阳坡、山顶也能栽培,但以阳坡山地最为适宜。沙棘对土壤要求不严格,但以中性和弱碱性沙土为好。野生沙棘生长在栗钙土、灰钙土、棕钙土、草甸土等土壤上,耐盐碱、耐水湿、更耐干旱瘠薄,能在地表土壤只有 5 厘米深、含水率 3%～7%、贫磷缺氮的栗钙土上生长,可以在 pH 值 7.0～9.5 的碱土或含盐量达 1.1% 盐地上生存,但产量不高。不喜过于黏重的土壤,在黏重土壤生长较差。河滩沙地建园应尽量引洪淤灌、改良土壤。年平均气温 4.7℃～15.6℃、年均 10℃ 以上活动积温为 2 500℃～5 000℃ 的地区都适宜沙棘的生长。

地下水位在 1.0 米以下,园地排灌方便。沙棘耐旱,对降水要求不严,在年降水量 250～800 毫米的地区都可生长。年日照时数以 1 900～3 400 小时为宜。最适海拔高度为 700～3 500 米。

选好园址后,进行园地作业小区、道路、防护林配置和排灌系统的规划。作业区一般不宜超过 10 公顷(200 米×500 米),长边南北向较好,园地边围栏并栽植防护林。

整地在栽植前一年进行,先深翻 30～50 厘米,并施入腐熟厩肥 50～100 吨/公顷,休闲 1 年。结合机耕整地可施入除草剂,彻底熟化土壤。坡地应修鱼鳞坑或矮梯田保持水土。最好种植一年绿肥作物或豆科作物,秋季深翻入土中以培肥地力,耕翻深度 30～40 厘米。然后挖好栽植坑,坑为直径 60 厘米、深度 60 厘米的圆形坑,每坑施入农家肥 10 千克,磷酸二铵 0.2 千克,覆土 50 厘米,与肥料拌匀。吉林省东部长白山区和黑龙江北部大小兴安岭地区土壤微酸性,整地时应施入石灰 1 吨/公顷即可。

(二)定 植

1. **栽植时期** 沙棘春栽或秋栽均可。在东北地区,因冬季寒冷,有的地方积雪少,多采用春栽。一般在早春 4 月中旬,土壤解冻 50 厘米深时即可栽植。

2. **苗木选择** 选无性繁殖的大苗和壮苗栽植。

3. **栽植密度及品种配置** 栽培密度视品种树势强弱而定,一般株高 2～3 米的株行距采用 2 米×2.5 米或 2 米×3 米,株高 4～5 米的以 3 米×4 米为宜,也有采用株行距为 2 米×4 米的。沙棘雌雄异株,风媒传粉,因而需要雌雄搭配栽植,授粉树的数量和配置方式直接影响到产量和品质。一般情况下沙棘传粉的有效距离为 70～80 米,超过 80 米授粉效果不佳。一般每 5～8 株雌株配置 1 株雄株,作业区边行只栽雄株,园内雄株栽植时呈行状或隔行呈三角形均匀配置。如雌、雄株比例为 8：1,为使雄株均匀分布,可采用每 3 行为一组、每组中间一行每隔 2 株定植 1 株雄株的栽植方式。授粉品种首选俄罗斯沙棘雄株阿列依。

4. **栽植方法** 栽苗采用穴栽,做到大坑、大肥、大水,树坑深、宽各 60 厘米,坑底要平,上下通直。每坑施入基肥 10～15 千克,混入表土拌匀,后取出一半。坑内混合土堆成小丘,苗木垂直放入坑中,根系舒展开,根颈略高于坑边,然后将坑外混合土填入,最后再填底土至满坑。做树盘,浇透水,待水渗入后再覆一层细土。如春旱,也可以在坑上覆盖地膜保湿以提高成活率。远途运输的苗木在运输过程中均有失水现象,栽前将根系在清水中浸泡 24 小时后再栽植,成活率高。当地苗木或在当地假植的未失水的苗木,1 年生苗根系在清水中浸泡 6～12 小时成活率高,2 年生苗木特别是 2 年生根蘗苗根系在清水中浸泡 24 小时成活率高。

(三)天然林及人工林抚育成园 作为果树栽植的沙棘一般应考虑在沙棘林区和特定地点新建园,并栽植无刺大果优良品种。但在目前优良品种较少、耕地紧张的情况下,可以利用当地的天然林或人工林抚育改造成园,既减少投资,又对现有沙棘林进行了保护和管理。

东北地区除辽宁西部林区有部分天然沙棘林外,吉林省及黑龙江省多为人工林,一般分为防护林、薪炭林及经济林。吉林省的人工沙棘林属"三北"防护林的一部分,但也兼有经济林的作用,现每年有近 200 吨的产量。因管理粗放,呈自然生长状态,群落自然扩大,植株新老混生,雌、雄株比例不当,也有的因采果方法不当将树毁坏或人为毁林,产量极不稳定。人工抚育应从以下几个方面进行。

1. 林地更新 将林地内生长 12 年以上开始衰老的老树及病弱树进行平茬更新,有条件的也可以将根刨出。清除林内地表的杂草、小灌木等其他混生植物。

2. 调整雌、雄株比例 人工林多播种营造,自然生长后雌、雄株比例不当,一般是雄株多,可占60%以上。老树更新后应按雌、雄株比 5:1 或 8:1 留雌、雄株,多余的雄株除掉或栽到边上用来围园或做防风林。雌、雄株的鉴别方法是看树形、花形和叶位,雌树树形开张,花芽小,开花略晚,叶对生或近对生;雄株则树直立,花芽大,早开放,叶多互生轮生。

3. 匀苗 将过密的株丛挖出补栽到过稀的地方,以挖小的根蘖苗为好。匀苗后的株行距可比建园时密一些,达到1.5 米×2～2.5 米即可。

4. 改劣换优 基本成园后,逐渐平茬更新改换成无刺大果优良品种,或通过嫁接改劣换优,改造成丰产的沙棘园。

(四)其他沙棘林的营造

1. 防风固沙林 选择水分条件较好的平缓沙滩地和湿润的丘间低地及沙丘迎风坡下部,按 1～2 米×3～4 米的株行距挖栽植坑。栽植坑挖成直径 40 厘米、深度为 40 厘米的圆形坑,埋土前将根系舒展开,先填湿土和熟土,后填干土。埋土深度略高于根颈。干旱地适当深埋 5 厘米,然后灌透水。沙棘苗要选 2 年生以上的实生苗。栽植时期为 4 月中下旬。

2. **水土保持林**　选择水土流失较重的坡面中下部营造沙棘林护坡,还可利用撂荒地、退耕地及矿区开采过的地段营造沙棘林,并结合小流域治理。按 1 米×2~3 米的株行距栽植。沙棘苗要选 2 年生以上的实生苗。栽植时期为 4 月中下旬。

3. **围栏**　围栏可包括草原围栏、果园围栏、公路围栏、防护林围栏和封山围栏等,均可选用中国沙棘。按 1 米×1~2 米的株行距栽植 5~10 行,株间错落 0.5 米,3 年后即可全封闭。沙棘苗要选 2 年生以上的实生苗。栽植时期为 4 月中下旬。

草原土壤盐碱化较重,在建设草原围栏时要进行改良,每穴掺入 1/3 轻沙壤土。穴深和直径均为 50 厘米,栽后灌透水。生长期至少要除草 2 次。栽后第一年要有人看护,防止人、畜破坏。

4. **薪炭林**　应结合小流域治理进行,在缺少烧柴的西部地区,利用沙荒地每人栽植 0.5 公顷即可解决烧柴问题。注意对 4 年生以上沙棘林的合理平茬问题。实践证明,6~7 年生为一个平茬周期较为适宜。

第六节　栽培管理技术

一、土壤管理

(一)**幼年园的间作及管理**　幼年树未结果前,可充分利用行间间作一些蔬菜类作物或绿肥作物,也可育苗。如可间作一些茄果类蔬菜,但不要间作白菜和萝卜。绿肥作物可选豆科作物紫苜蓿、三叶草等,既能改良土壤又能增加收入。

(二)**中耕除草**　在杂草再生、灌水或雨后及时进行中耕除草,每个生长季节进行 4~6 次。幼龄园耕深,耕翻深度 15 厘米;成龄园浅耕,耕翻深度不超过 10 厘米;靠近树干处不宜超过 5 厘米。

（三）**树盘覆盖** 夏季耕作后，在树盘（树干周围、树冠投影下）覆盖绿草，厚度 10～15 厘米，一是保墒，二是草腐烂后可增加土壤有机质。土壤覆盖只在树盘下进行，有利于保湿及增加土壤肥力。

（四）**根颈培土** 冬季来临之前，从行间取土培在树干基部，高度 10 厘米左右，既可防寒又能防止冻旱。

（五）**根蘖苗移栽** 沙棘进入 2～3 年生后，根系发生萌蘖，一是在中耕除草时清除，二是可在秋季落叶后选 2 年生的挖出进行移栽补苗。

二、水分管理

沙棘多栽植在较干旱的地区。在沙棘生长期内，如果降雨量较小不能保证沙棘正常生长发育时，要进行必要的灌溉，特别是在开花期和结果期。

有浇灌条件的人工沙棘园施肥后应立即灌水，采用滴灌方式最节水且效果也最好。虽然沙棘耐瘠薄和耐干旱，可以不施肥灌水，但要想获得高产稳产和优质高效益，必须进行施肥和灌水。

一般在植株需水临界期或干旱季节灌水 2～3 次。沙棘抗旱，但灌溉可加速其生长。在有灌水条件的地方应在萌芽开花期灌水 1 次，提高土壤持水量，促进根系生长。其他时期如天气干旱也应灌水。

来自河流、湖泊、水库等的地表水，由于水温较高并含有少量溶质，通常比地下水的灌溉效果好。适宜的沙棘土壤含水量应为 70% 左右，土壤水分不足会造成叶片面积缩小，产量降低。

三、除　草

每年在 6 月份、8 月份、10 月份进行 3 次除草，也可用除草剂如阿特拉津或西玛津每 200 倍液喷洒，用药量为 4.5～7.5 千克/公顷。

王德林等研究沙棘实生苗化学除草时发现,乙氧氟草醚是较好的除草剂,喷施剂量每 667 米² 40～50 毫升,时间为播后出苗前。在药效结束前进行第二次喷施,可确保播种后至少 60 天内无草害发生;若进行第三次喷施,可确保全苗期无草害。

四、施肥管理

沙棘需要充足的土壤养分,但相对于苹果、梨等果树,其对氮、磷、钾的需求量要少。研究表明,在缺磷的土壤中,沙棘对土壤磷含量具有很强的反应,可通过将过磷酸钙深翻埋进土壤中解决。

(一)基肥和追肥　根据沙棘的生长发育规律和需肥特点,在秋季施基肥,即有机肥(农家肥)每株 15～20 千克,磷肥(过磷酸钙)每株 0.5 千克;在 8 月份花芽分化前增施磷、钾肥,以促进花芽分化,确保翌年产量;在春季萌芽后、坐果期和果实膨大期追施速效性化肥,主要施尿素、磷酸二铵、磷酸二氢钾、过磷酸钙和硫酸钾等,氮、磷、钾的比例是 1∶2∶1,每次施入量为每株 0.1～0.2 千克。

(二)根外追肥　在沙棘生长期急需氮肥时,可进行根外追肥(叶面喷肥)。尿素可用 3～5 克/升,不能超过 5 克/升(临界值),超过则叶面发生药害。急需磷、钾肥时,可喷 3～5 克/升的磷酸二氢钾和硫酸钾。缺铁时可喷 1～4 克/升的硫酸亚铁。

(三)种植绿肥　沙棘多生长在土壤较瘠薄的地方,种植绿肥可增加土壤有机质,改良土壤理化性状,增强沙地的保肥保水能力,使黏重土壤疏松通气。常见的绿肥作物有紫穗槐、沙打旺、草木樨、田菁和豆科作物如绿豆、大豆、豌豆、三叶草等。

五、整形修剪技术

许多人误认为沙棘原为野生,适应性强,人工栽培也可粗放管理,甚至不需整形修剪。其实沙棘作为一种果树栽培,是否整形修剪或修剪是否合理,同样会影响其产量和质量。因此应该根据树形、树势、立地条件等灵活运用各项修剪技术。

沙棘的整形是为了保持生长势平衡,改善通风透光条件,培育稳产优质高效树形。生产上常用树形为灌丛形和主干分层形。

沙棘修剪分为冬季修剪和夏季修剪。冬季修剪在休眠期进行,东北一般在早春3月进行。夏季修剪在生长季进行。修剪的方法有:①疏枝。将过密弱枝、衰老下垂枝、干枯枝、病虫枝、无用的徒长枝、交叉枝从基部剪除,称为疏枝。作用是促进营养积累,改善通风透光条件。②短截。剪去1年生枝的一部分,称为短截,分为轻、中、重短截。只剪去1年生枝条先端的部分称为轻短截,从中上部截去称为中短截,从基部短截称为重短截。作用是促进分枝和发枝,扩大树冠,为早结果打基础。③缩剪(回缩、压缩)。剪去多年生枝条的一部分,称为缩剪。作用是使树体健壮,缩短枝轴,增强树势。④拉枝。将旺长枝、直立枝拉成近水平状,称为拉枝。作用是缓和树势,促进花芽形成。⑤摘心。掐去新梢顶端生长点部分称为摘心。作用是抑制营养生长,促进养分积累,促进分枝和坐果。⑥缓放。对水平枝或斜生枝不剪称为缓放。作用是积累营养,促进结果。

(一)幼树整形修剪

1. **灌丛状整形**　如沙棘的自然半圆形树形、自然开心形树形。无主干,如定植苗只有1个主干应在15～20厘米处短截定干,促进萌发侧枝。一般在地上部10～15厘米以上留3～5个骨干枝,每个骨干枝留3～4个侧枝,形成灌丛。头两年只剪枯枝,第三和第四年疏除重叠枝、过密枝、下垂枝,短截细长枝和单轴延长枝。树高控制在2～2.5米。主要适用于土壤贫瘠地块沙棘植株整形。

2. **主干形整枝**　以低干主干疏层形较好。通常于苗木定植后,距地面高约40～60厘米处定干。从剪口下10～20厘米选

3～4 个分布均匀的新梢,留作第一层主枝。当年秋季各主枝留
10～20 厘米长短截;翌年春对各主枝上发出生长旺的枝条可于夏
秋季留 20～30 厘米短截,适当疏剪弱枝;第三年,对新发侧枝一般
不短截,只对生长旺的长枝打梢,并疏剪过密枝,逐渐扩大,充实第
一层树冠。从主干上部发出的直立枝中,选留 1 个作为延伸的主
干,在距地面约 150 厘米高处剪顶。在顶部发出的侧枝中,选留
3～4 个作第二层主枝。第三层树冠的培育是在栽后的第三年,从
第二层树冠中心发出的直立枝中,再选留 1 个作主干,并在距地面
高约 200 厘米处剪截,顶部附近发出的新枝中选留 4～5 个作为第
三层主枝。主枝在中央领导干上呈 3 层分布,层间留有一定的层
间距。在栽后 3～5 年里,主要是扩大树冠,为进入大量结果做准
备。树高一般 2～2.5 米,冠径 1.5～2 米。

（二）成龄树修剪　当定植 4～6 年开始大量结果后,主要是调
节生长与结果的关系。可采取疏剪、短截和摘心等方法进行调节。

成年树修剪应做到"打横不打顺,去旧要留新,密枝要疏剪,旺
枝留空间,清膛要截底,树冠要圆满"。即冬季修剪时主要是疏去
徒长枝、下垂枝、三次枝、干枯枝、病弱枝、内膛过密枝、外围弱结果
枝,对外围 1 年生枝进行轻短截,稳定树冠。

夏季修剪主要是疏除过密枝,并对留作更新的徒长枝摘心。

（三）老树更新修剪　沙棘寿命短,一般在结果 3 年后即 7 年
生时考虑小更新,适当回缩老结果枝,甩放或重剪结果枝下部的徒
长枝使其成为结果枝。10 年生时应考虑大更新,丛状整枝的可留
1 个从 60 厘米处短截,其余从基部截去,从当年发出的新枝中选
留主枝,形成主干形新冠;主干形整形的可在春季从根颈处锯断,
促发枝条后可按丛状整枝,第三年即可结果。

六、果园其他管理

清除根蘖。沙棘栽植 3 年后行间开始萌出根蘖,应将其除掉。

一般在秋季取出,挖时不要损伤母株根系。根蘖可作为苗木使用,雄株可用来围栏。如不用根蘖苗,可于春季在根蘖苗基部刨开土壤,将其剪断。

第七节　果实采收

　　沙棘长有许多棘刺,果实小而多,皮薄易破,果柄短,果实成熟时不形成离层,不能自然脱落,给采收带来许多困难,所以采收所用的劳动几乎占栽培沙棘劳动的90%。因此,如何提高采收效率具有重要意义。

一、采收时间

　　适时采摘是丰产优质和综合加工利用的关键。采摘的时间与果实品质、耐贮性有关。采摘过早,风味淡,酸度高,品质差;采摘过迟,果实变软,品质也不佳。适时采摘的果实果色鲜,果汁多,风味浓,有利于加工。大果沙棘果实成熟即可采摘,过熟则很快萎缩脱落。中国沙棘果实成熟后不脱落,可根据用途确定采收期,分期采收。适时采摘的标准是果实丰满而未软化,种子呈黑褐色。

　　沙棘果实的成熟期一般在8月中下旬至9月上旬。中国沙棘的成熟期比较晚,黄土高原地区采收期为9月下旬至10月中旬;中亚沙棘、蒙古沙棘等成熟期比较早,在新疆南部喀什地区成熟采收期在8月中旬至下旬;引进的俄罗斯、蒙古国的大果沙棘品种有早熟的特点,黑龙江、内蒙古、辽宁等地的大果沙棘成熟采收期在8月上旬至中旬。

　　沙棘果实品质受多种因素的影响,生长环境、气候、阳光、降水等环境因素对沙棘果实品质的影响较大。不同的沙棘分布区要根据本地区的环境因素、沙棘果实的理化指标、市场远近、加工和贮藏条件等,确定合理的采收期。

二、采摘方法

（一）人工采摘 鲜食果大都在果实成熟期人工手采,采收时单个采摘,用大拇指和食指在果实基部轻轻一掐,连同果柄一起采下。不带果柄易弄破果实。沙棘因为果小、量大、皮薄、柄短、有刺而采摘困难。人工采果不仅劳动强度大、效率低,而且经常刺破双手,污染果实,影响产品质量。

（二）振动冻果 主要针对中国沙棘,当冬季气温降至−15℃后,中国沙棘果实会冻实。用木棒轻轻击打带果枝条,果实便会落在铺在地面的塑料膜上,或下面用浆果收集器接果。在有条件的地区,也可将带果的枝条剪下后运到冷库速冻,然后用木棒轻轻击打带果枝条使果实脱落。

（三）剪枝采摘 用剪枝剪人工剪下带果枝条。大果沙棘在 8 月上旬果实成熟时剪 2 年生结果枝,并按小区分区轮换,3 年轮一个采收期限。中国沙棘既可在 8 月下旬果实成熟时剪,也可在冬季剪。连枝加工或振落冻果加工均可。此方法效率高,但易造成翌年产量下降。

（四）机械采摘 以上 3 种方法均为手工采集,效率很低。为了提高采收效率,降低生产成本,加工果实也采用机械采收。俄罗斯、德国、瑞典和我国均研制了小型沙棘采摘机械。我国陕西省西安市机械研究所研制的手轮式采果器自重 0.5 千克,每小时可采收 3 千克中国沙棘,能提高工效,但仅限于沙棘果刚成熟且坚硬时方可采用。

大部分采收机械根据剪果枝的原理设计,通过这种方法采收沙棘果需要大量劳动力剔除果枝,同时由于沙棘在 2 年生枝上结果,剪取果枝意味着对这些枝条每 2 年才能采收一次。可考虑轻采、轮换采的方式进行机械采收。

（五）化学采摘 除手工和机械采收外,还可用化学方法进行

(处理)采收。其最大特点在于克服了沙棘果实不自然脱落的弊端，并能显著提高果实的完好率。

内蒙古农业科学院园艺研究所以中国沙棘为试材，在沙棘果实由绿色变黄色时(在呼和浩特地区 8 月 10 日至 15 日)喷布不同浓度的 40％乙烯利进行催熟采收，试验结果表明，该方法成本低、效率高，适宜浓度为 8～10 克/升。此方法与振动或气动机械结合效果更佳。

第六章 五味子

第一节 概 述

一、特点及经济价值

五味子[Schisandra chinensis(Turcz.) Baill.]别名山花椒、乌梅子,为木兰科五味子属落叶木质藤本植物,主要分布于我国的东北、朝鲜半岛及俄罗斯的远东地区;此外,日本和我国的华北、华东各省亦有分布。主产于我国东北和河北部分地区的五味子果实干品,商品习称"北五味子",是我国的道地名贵中药材,对人体具有益气、滋肾、敛肺、固精、益脾、生津、安神等多种功效,主治肺虚咳嗽、津伤口渴、自汗盗汗、神经衰弱、久泻久痢、心悸失眠、多梦、遗精遗尿等症。五味子除药用外还可用于生产果酒、果酱、果汁饮料和保健品等,在国内外市场均深受消费者的青睐。

（一）营养医疗保健作用

1. 营养成分 五味子含有多种营养成分,具有丰富的营养价值和特有的医疗保健作用。据测定,在每百克鲜果中,含有蛋白质1.6克、脂肪1.9克、可溶性固形物8～14克、有机酸6～10克、维生素C 21.6毫克、胡萝卜素32微克。五味子果实中含有17种氨基酸（每升果汁含971毫克）,其中人体必需的7种氨基酸占17.7%;无机元素按含量由多至少依次为钾、钙、镁、铁、锰、锌、铜。

2. 医疗保健作用 五味子为中药中的上品,又为第三代新兴果品。它含有丰富的营养成分和药理活性成分。传统医学对五味子的功效有详细记载。《神农本草经》中记载:"五味子益气,主治咳逆上气、劳伤羸瘦,补不足,强阴,益男子精"。《药性本草》中记载"五味子能治中下气,止呕逆,补虚痨,令人体悦泽"。以后在《名医别录》《本草纲目》中也有相同记载。现代科学研究证实,五味子在医疗保健方面的应用有很广阔前景。

(二)五味子在食品工业中的应用现状 五味子属于药食两用食品类原料,目前我国市场上主要开发出五味子果酒、果酱、果酪、果冻、糖煮果、果汁、口服液、果糕、食用色素等一系列产品。在日本、韩国的市场上,果酒、果酱、果汁、茶、口服液等产品也深受消费者的欢迎。

二、生产现状

从 20 世纪 70 年代开始,我国一些科研单位和个人相继开展了五味子野生变家植的研究和尝试,经过近 40 年的探索和研究,已经较系统地掌握了五味子的栽培特性,使五味子的大面积人工栽培成为可能。随着五味子的栽培技术日臻完善,栽培规模不断扩大,栽培效益不断提高。据估算,目前我国的五味子栽培面积为15 000 公顷左右,年产五味子鲜果 4 万吨。

三、存在问题及发展方向

目前,五味子的人工栽培主要采用实生苗栽培,并已形成多种实生苗建园的栽培模式。按照国家中药材规范化种植 GAP 标准,不同地区根据实际生产状况,制定和发布了多个"五味子生产技术标准操作规程(SOP)",这些规程的制定,从栽培技术和产品质量等多个层面规范了五味子的栽培行为,为五味子栽培的高产和优质提供了有力保证。据报道,一些五味子栽培园 667 米^2 产量已达到 200~250 千克(干品),最高可达 450 千克。但是,由于各操作规程都存在一定的不完善性和栽培者所具备的管理技术水平的不平衡性,栽培的丰产性和稳产性等也存在较大差异。从五味子栽培的总体状况来看,其稳产性仍然是困扰其产业发展的一大技术难题,如果实负载量过大,五味子的花芽分化质量和树势则表现不佳,雌花分化比例低,树体衰弱,隔年结果甚至死树现象都很严重。

另外,由于五味子的种子多来源于野生或人工栽培的混杂群体,实生后代的变异非常广泛,不同植株间在品质、抗性、丰产稳产性及生物学特性等方面均存在较大差异,不利于规范化栽培和品质的提高,增产潜力亦有限。人们早已意识到品种化在五味子栽培产业中的重要意义,先后选育出"红珍珠"等多个五味子品种(品系),并在组织培养、扦插繁殖、嫁接繁殖等无性繁殖方法的研究方面进行了不懈的努力,也取得一定成果。由于五味子种内的变异,在人工栽培和野生的五味子群体内蕴藏着丰富的优良种质资源。经资源调查,已发现丰产稳产、抗病、大粒、大穗、黄果、紫黑果等多种优良的五味子种质资源。利用已取得的五味子无性繁殖技术成果,结合田间调查和野生选种,高效繁殖五味子的优良类型,使之尽快应用于生产,是促进五味子栽培产业跨越式发展的必由之路。

第二节 优良品种(品系)

品种是农业生产上的重要生产资料,实现农业生产的优质、高产、高效,选用优良品种及配套栽培技术是前提。因此,若想搞好五味子规范化栽培,首先应把好品种关。五味子的主要品种(品系)如下。

一、红珍珠

由中国农业科学院特产研究所选育而成,是我国的第一个五味子新品种,1999年通过吉林省农作物品种审定委员会审定。红珍珠雌雄同株,树势强健,抗寒性强,萌芽率为88.7%。每个果枝上着生5~6朵花,以中、长枝结果为主,平均穗重12.5克,平均穗长8.2厘米。果粒近圆形,平均粒重0.6克。成熟果深红色,有柠檬香气。果实含总糖 2.74％、总酸 5.87％,每 100 克果实含维生素 C 18.4 毫克,出汁率 54.5％,适于药用或作酿酒、制果汁的原料。在一般管理条件下,苗木定植第三年开花结果,第五年进入盛果期,3 年生树平均株产浆果 0.5 千克,4 年生树 1.3 千克,5 年生树 2.2 千克。适于在无霜期 120 天、≥10℃年活动积温 2 300℃以上、年降水量 600～700 毫米的地区可大面积栽培。

二、早红(优系)

枝蔓较坚硬,枝条开张,表皮暗褐色。叶轮生,卵圆形(9.5 厘米×5.5 厘米),叶基楔形,叶尖急尖,叶色浓绿,叶柄平均长 2.8 厘米,红色。花朵内轮花被片粉红色。果穗平均重 23.2 克、平均长 8.5 厘米,果柄平均长 3.6 厘米。果粒球形,平均重 0.97 克,鲜红色。含可溶性固形物 12.0％、总酸 4.85％。开花期为 5 月下旬至 6 月上旬,成熟期在 8 月中旬。2 年生树开始结果,在栽植密度 (50～75)厘米×200 厘米的情况下,5 年生树株产可达 2.3～3 千克。该品系的优点是枝条硬度大、开张、叶色浓绿,有利于通风透光,光合效率高,抗病性强,果实早熟,树体营养积累充分,丰产稳产性好。

第三节　生物学特性

一、植物学特征

(一)根　系

1. 根系的种类

(1)实生根系　实生根系由种子的胚根发育而成。种子萌发时,胚根迅速生长并深入土层中而成为主轴根。数天后在根颈附近形成一级侧根,最后形成密集的侧根群和强大的根系。五味子实生苗的根系与其他植物一样由主根和侧根组成,由于侧根非常发达,所以主根不很明显。

(2)茎源根系 茎源根系是指五味子通过扦插、压条繁殖所获得的苗木的根系,以及地下横走茎上发出的根系。因为这类根系是由茎上产生的不定根形成的,所以也称不定根系或营养苗根系。茎源根系由根干和各级侧根、幼根组成,没有主根。

2. 根系形态 根系具有固定植株、吸收水分与矿物营养、贮藏营养物质和合成多种氨基酸、激素的功能。五味子的根系为棕褐色,富于肉质,其皮层的薄壁细胞及韧皮部较发达。成龄五味子实生植株无明显主根,每株有 4～7 条骨干根,粗度 3 毫米以上的根不着生须根(次生根或生长根),可着生 2 毫米以下的疏导根,粗度 2 毫米以下的疏导根上着生须根(图 6-1)。

3. 根系分布 五味子的根系在土壤中的分布状况因气候、土壤、地下水位、栽培管理方法和树龄等的不同而发生变化。根系垂直分布于地表以下 5～70 厘米深的土层内,集中在 5～40 厘米深的范围内;水平分布在距根颈 100 厘米的范围内,集中在距根颈 50 厘米的范围内。

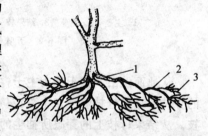

1. 骨干根　2. 输导根　3. 须根

图 6-1 五味子根系结构

在人工栽培条件下,根系垂直分布和水平分布与园地耕作层土壤的深浅和质地及施肥措施等有密切关系。五味子的根系具有较强的趋肥性,在施肥集中的部位常集中分布着大量根系,形成团块结构。级次较低的根系可分布到较深、较远的位置,增加施肥深度和广度可有效诱导根系向周围扩展,促进营养吸收,增强植株抗旱力。

五味子地下横走茎的不定根分布较浅,主要集中在地表以下 5～15 厘米的范围内,当施肥较浅时,易造成营养竞争。

（二）茎　五味子为木质藤本植物，其茎细长、柔软，需依附其他物体缠绕向上生长。地上部分的茎从形态上可分为主干、主蔓、侧蔓、结果母枝和新梢，新梢又可分为结果枝和营养枝（图6-2）。

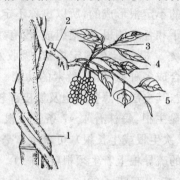

1. 主蔓　2. 侧蔓　3. 结果枝　4. 结果母枝　5. 营养枝

图6-2　五味子茎形态

从地面发出的树干称为主干，主蔓是主干的分枝，侧蔓是主蔓的分枝。结果母枝着生于主蔓或侧蔓上，为上1年成熟的1年生枝。从结果母枝上的芽眼所抽生的新梢，带有果穗的称为结果枝，不带果穗的称为营养枝。从植株基部或地下横走茎萌发的枝条称为萌蘖枝。

五味子的茎较细弱，当新梢较短时常直立生长不缠绕，但当长至40～50厘米时，要依附其他树木或支架按顺时针方向缠绕向上生长，否则先端生长势变弱，生长点脱落，停止生长。新梢生长到秋季落叶后至翌年萌芽之前称为1年生枝，根据1年生枝的长度可将其分为叶丛枝（5厘米以下）、短枝（5.1～10厘米）、中枝（10.1～25厘米）、长枝（25.1厘米以上）。

五味子的地下横走茎成熟时为棕褐色，前端幼嫩部位白色，生长点部位呈钩状弯曲，以利于排开土壤阻力向前伸展。茎上着生不定根,并可见已退化的叶,叶腋处着生腋芽。横走茎先端的芽较易萌发,萌发的芽中,前部多形成水平生长的横走茎,向四周延伸,后部的芽抽生萌蘖枝。萌蘖枝当年生长高度可达2～4米。在自然条件下,地下横走茎在地表以下5～15厘米深的土层内水平生长,是进行无性繁殖的主要器官。在人工栽培条件下,横走茎既有有用的一面,也有不利的一面。一方面可以利用其抽生萌蘖枝的特性,选留预备枝,对衰弱的主蔓进行更新,或对架面的秃裸部位进行引缚补空,增加结果面积;另一方面,又必须把不需要的萌蘖枝及时铲除掉,以免与母体争夺养分。

（三）叶片　五味子叶片是进行光合作用制造营养的主要器官。叶片膜质,椭圆形、卵形、宽卵圆形或近圆形,长3～14厘米,宽2～9厘米,先端急尖,基部楔形,上部边缘具有疏浅锯齿,近基部全缘;侧脉每边3～7条,网脉纤细不明显。

（四）芽　五味子的芽为窄圆锥形,外部由数枚鳞片包被。五味子新梢的叶腋内多着生3个芽,中间为发育较好的主芽,两侧是较瘦弱的副芽。休眠期的主芽大小为0.4～0.9厘米×0.3～0.35厘米,副芽为0.2～0.4厘米×0.1～0.2厘米(图6-3)。

春季主芽萌发,营养条件好的枝条副芽亦可同时萌发。五味子的芽可分为叶芽和混合花芽。

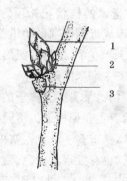

1. 主芽　2. 副芽　3. 叶痕

图6-3　五味子芽的形态

通常情况下叶芽发育较花芽瘦小,不饱满,而花芽较为圆钝饱满。五味子的混合花芽休眠期前即已完成花芽性别的形态分化,在由叶片特化的鳞片下分别包被数朵小花蕾。

地下横走茎的芽较小,无明显特化的鳞片包被,幼嫩时为白色,成熟时为黄褐色,既可形成新的地下横走茎继续向前生长,也可形成萌蘖枝,开花结果,完成有性生殖过程。

(五)花 五味子的花为单性,雌雄同株,通常4～7朵轮生于新梢基部,雌、雄花的比例因花芽的分化质量而有所不同,花朵着生状如图6-4所示。

五味子的花被片白色或粉红色,6～9枚轮生,长圆形,边缘平滑或具波状褶皱,长6～11毫米,宽2～5.5毫米。雄蕊长约2毫米,花药仅5或6枚,互相靠贴,直立排列于长约0.5毫米的柱状花托顶

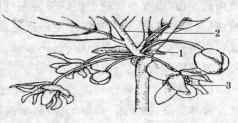

1. 鳞片 2. 新梢 3. 花
图6-4 五味子花朵着生状

端,形成近倒卵圆形的雄蕊群。雌蕊群近卵圆形,长2～4毫米,心皮14～50个,子房卵圆形或卵状椭圆体形,柱头鸡冠状,下端下延成1～3毫米的附属体。

(六)果实 五味子的穗梗由花托伸长生长而形成,小浆果螺旋状着生在穗梗上。不同植株间穗长、穗重差异较大,穗长5～15厘米,穗重5～30克。浆果近球形或倒卵圆形,成熟时粉红色至深红色(也有发现黄白色、紫黑色浆果的报道),横径6～1.2毫米,重0.26～1.35克,果皮具有不明显的腺点。

五味子的果穗及果粒重在种内都存在较大变异,以穗重、粒重为主要育种目标进行实生选种具有丰富的资源基础。

(七)种子 五味子的种子肾形,长4～5毫米,宽2.5～3毫米,淡褐色或黄褐色,种皮光滑,种脐明显凹呈"V"形。种子千粒重为17～25克。其种仁呈钩形,淡黄色,富含油脂;胚较小,位于种子腹面尖的一端。

五味子的种子为深休眠型,并易丧失发芽能力,其休眠的主要原因是胚未分化完全,形态发育不成熟。在5℃～15℃条件下贮藏,种子可顺利完成胚的分化。胚分化完成后在5℃～25℃条件下可促进种子萌发。未经催芽的种子只含有2个叶原基呈椭圆形分化不全的胚体。催芽后,胚细胞团逐渐发生形态和生理上的变化,最初胚体呈淡黄色,继续分化,下胚轴伸长,胚根明显,然后子叶原基加厚、加宽,这时种子外部形态为露白阶段,至胚根伸出种皮时,子叶已分化成形,叶脉清晰,胚乳体积缩小,只占种子体积的2/3。

二、生长结果习性

(一)物候期 五味子与其他多年生果树一样,都有与外界环境条件相适应的形态和生理变化,并呈现一定的生长发育规律性,这就是年发育周期,这种与季节性气候变化相适应的器官动态时期称为生物气候学时期,简称物候期。

在年周期内可分为2个重要时期,即生长期和休眠期。生长期是从春季树液流动时开始,到秋季自然落叶时为止。休眠期是从落叶开始至翌年树液流动前为止。

1. **树液流动期** 树液流动期从春季树液流动开始到萌芽时止。植株特征是从伤口或剪口分泌伤流液,所以也称伤流期。此时根系已经开始从土壤中吸收水分。

伤流期出现的迟早与当地的气候有关,当地表以下10厘米深土层的温度达到5℃以上时,便开始出现伤流。在吉林地区,五味子的伤流期出现于4月上中旬,一般可持续10～20天。

2. **萌芽期** 芽开始膨大,鳞片松开,颜色变淡,芽先端幼叶露出。当5%芽萌动时为萌芽开始期,当达到50%萌芽时为大量萌芽期。

3. **展叶期** 幼叶露出后,开始展开,先展开的形成小叶。当

5%萌动芽开始展叶时为展叶始期,当有50%展叶时为大量展叶期。

4. 新梢生长期 从新梢开始生长到新梢停止生长为止。据调查,五味子的新梢在生长过程中有2次生长高峰,在吉林地区第一次在5月中旬至6月中旬,第二次在7月中旬至8月上旬。萌蘖枝在整个生长季生长都较快,在支持物足够长的条件下,可生长至9月上中旬才停止生长。营养枝的第一次生长高峰在5月中旬至6月中旬,第二次生长高峰在7月中旬至8月上旬;结果枝的第一次生长高峰在5月下旬至6月上旬,第二次生长高峰在7月中旬至8月上旬。

五味子不同类型的新梢年生长量差别较大,中国农业科学院特产研究所对不同类型新梢调查的结果表明,以萌蘖枝生长量最大,其平均值是营养枝的2.9倍、结果枝的5.2倍(表6-1)。由于萌蘖枝生长量较大,大量的萌蘖枝势必造成严重的营养竞争,所以,在生产中应采取相应措施,减少萌蘖数量,控制其生长。

表6-1 五味子新梢生长量 (厘米)

枝 类	最 长	最 短	平 均
萌蘖枝	385	251	305
营养枝	186	1.5	105
结果枝	93	1.0	58.5

5. 开花期 从始花到开花终了为开花期。在吉林地区,五味子于5月下旬至6月初开花,开花期10~14天,单花花期6~7天。

6. 浆果生长期 由开花末期至浆果成熟之前为浆果生长期。据调查,五味子的果实有2次生长高峰,在吉林地区其第一次生长高峰出现在6月上旬至7月初,7月初为五味子的硬核期。第二次生长高峰在8月上中旬。其第一次生长高峰的生长量较大,为果粒总重量的 45%，第二次生长高峰生长量相对较小。

6 月下旬至 7 月上旬为五味子花芽及花性分化的临界期，然而此期也是果实的第一个生长高峰期。果实的生长必然造成较大的营养竞争，使碳水化合物的积累严重不足，阻碍花芽分化及雌花的形成，如负载量过大，易形成较多的叶芽和雄花，影响五味子的产量。五味子花芽分化及果实、新梢生长的对应时期见表 6-2。

表 6-2　新梢及果实生长与花芽分化的对应关系

类　别	6 月下旬	7 月初	7 月中旬	7 月下旬至 8 月中旬
花芽分化	未分化期（花性分化临界期）	花原基始分化（花性分化临界期）	托叶及花被片原基分化	花性分化
结果枝	缓慢生长	缓慢生长	缓慢生长到迅速生长	迅速生长到缓慢生长
萌蘖	缓慢生长	缓慢生长	迅速生长	迅速生长
营养枝	缓慢生长	缓慢生长	缓慢生长到迅速生长	迅速生长到缓慢生长
果穗	迅速生长	缓慢生长	缓慢生长	缓慢生长
果粒	迅速生长	迅速生长	缓慢生长	迅速生长到缓慢生长

7. **浆果成熟期**　从浆果成熟始期到完全成熟时为止称为浆果成熟期。五味子在栽培条件下浆果成熟期比野生条件下提前 5~7 天，在吉林地区 7 月下旬浆果着色，一般 8 月末至 9 月初可完全成熟。不同植株由于遗传基础不同，浆果的成熟期相差较大，早熟类型 8 月中旬即可完熟，而晚熟类型需 9 月下旬才能完全成熟。

8. **新梢成熟和落叶期**　从浆果开始成熟前后到落叶时为止，新梢在此期间延长生长较前期生长速度显著减慢，以至于停止生长。而中上部的加粗生长仍在进行。新梢在延长生长和加粗生长的同时，花芽及新梢原基也进行分化，在营养状况良好和气候条件适宜的情况下有利于花芽分化和新梢成熟。9月末至10月初,随着气温的降低,叶片逐渐老化变成黄色,基部形成离层,最后自然脱落,由此进入休眠期。直到翌年春季伤流开始,又进入新的生长发育周期。

(二)根系及地下横走茎发育特点 五味子不同树龄植株的根系、地下横走茎差别较大。据调查,5年生植株根系为3年生植株的6.2倍,地下横走茎重为3年生植株的11.3倍。五味子地下横走茎的数量较大,正常修剪情况下,以5年生植株计,其数量为主蔓数的6.8倍,质量为主蔓的2.6倍,芽数为植株芽数的4.5倍,其不定根不发达,不定根重相当于植株根系的3.4%(表6-3)。

表6-3 五味子植株、根系及地下横走茎状况对比

树 龄	根 系		植 株				地下横走茎		
	骨干根数	总重(克)	芽数	主蔓	总重(克)	数量	芽数	总重(克)	不定根(克)
5年生	6	989	250	5	445	34	1792	2032	42
5年生	6	850	210	5	470	29	531	641	21
5年生	7	693	240	4	470	32	797	819	33
3年生	4	148	108	4	75	15	105	108	4
3年生	4	123	101	4	78	11	120	98	3
总 计		2 803	909	21	1538	121	3345	3698	103

地下横走茎是植株进行无性繁殖的主要器官,除自身地下横走延伸外,还会发出大量的萌蘖枝。萌蘖枝生长势强,加之地下横走茎根系较不发达,吸收能力弱,大量营养仍需母株供给,对五味子花芽分化及正常结果都会造成较大的营养竞争,所以,在进行五味子栽培时应适当去除地下横走茎。

（三）结实特性

1. **着花特性**　五味子不同枝类及芽位着花状况明显不同。五味子以中、长枝结果为主，随枝蔓长度增加，雌花比率也相应增加（表6-4）。植株从基部发出的萌蘖当年生长量可达2米以上，并且雌花比例较高。

表 6-4　不同枝蔓着花状况比较

枝蔓种类	调查枝数	总花数	雌花数	雄花数	雌花比率(%)
叶丛枝	50	175	0	175	0
短枝	50	451	106	345	23.5
中枝	50	750	311	439	41.5
长枝	50	757	327	430	43.2

在五味子冬剪时，应适当调节叶丛枝及中、长枝的比例，并注意回缩衰弱枝，以培养中、长枝，使树体适量结果，保持连续丰产、稳产。对于树势较弱的主蔓应利用基部的萌蘖枝进行及时更新。

2. **花芽分化**

（1）花原基未分化期　五味子花芽为混合花芽，春季由越冬芽抽生新梢，新梢的叶腋间着生腋芽，6月中下旬腋芽的雏梢基部较平坦，无突起物，此期为花原基未分化期。

（2）花原基分化始期　在7月初可见腋芽的雏梢基部有微小的突起物，继而增大、变宽、隆起，即为已分化的花原基。

（3）托叶及花被片原基分化期　到7月中旬，花原基继续发育，周围出现突起，第一个突起为托叶原基，继续分化出花被片原基。

（4）花性分化期　到7月下旬以后，如果花原基上陆续出现很多突起物，呈螺旋状排列在花托上，即为初分化的心皮原基，花性为雌花；如突起物少数，近层状排列于花托上，则为雄蕊原基，花性为雄花。此期集中在8月中旬。

3. **影响花性分化的因素** 影响五味子花性分化的因素是多方面的,与树体的营养、负载量、光照、温度、土壤含水量、内源激素水平等有密切联系。五味子栽培的经验表明,五味子单株结果量过大或管理不善,易造成大小年现象。大年树第二年的雌花比例明显降低,甚至整株都是雄花。对不同时期大年树的叶丛枝(超短枝)顶芽和小年树的长枝腋芽进行内源激素测试的结果表明,大年树的叶丛枝顶芽内赤霉素(GA_3)含量为小年树的2倍以上。这说明影响雌花分化的主要因素是大年树的果实合成了大量的赤霉素(GA_3),影响了营养物质向芽内部的转运,从而阻碍了花芽分化向雌花分化的方向转变,使雌花分化受阻。另外,病害较重、树势衰弱、光照及水分条件不良的植株,雌花分化比例也明显偏低。

所以,在五味子栽培中,应注意调节树体的负载量,注意病虫害防治及加强施肥灌水等措施,尤其是在花性分化的临界期可实施叶面喷肥或生长调节剂等来调控花性分化。

4. **授粉特性** 五味子为虫媒花,中型花粉,花粉横径29.4~37.0微米,畸形花粉粒少,饱满花粉率可达95%以上。其花药花粉量15.3万~30.0万粒,属花粉量较大的植物种类。

五味子的传粉昆虫为鞘翅目、缨翅目和双翅目昆虫等,以鞘翅目昆虫为主,具有非专一性传粉的特点,传粉昆虫多具避光习性,体型小,不易发现。在栽培的过程中,由于没有发现蜜蜂访花,所以,很多栽培者认为五味子是风媒花。另外,由于许多鞘翅目昆虫是通过在花朵间啃食五味子花器官的方式来完成授粉过程的,所以,很多生产者把它们列入害虫的范围加以防治,这样会降低五味子的坐果率。因此,为保证五味子充分坐果,在五味子花期不要以杀灭该类昆虫为目的进行药剂防治。

研究结果表明(表6-5),五味子异交的结实率显著高于自交,其中异交的花朵结实率是自交的1.7~2.8倍,心皮结实率是自交的 3.5～6.5 倍。五味子授粉受精后,心皮膨大到一定程度会有一部分停止生长,种子败育,最后不着色,形成小青粒。自交情况下种子败育的比例远远高于异交,约为异交组合的 1.6 倍。此结果说明五味子的自花授粉亲和性远远低于异花授粉亲和性。

表 6-5　自异交方式对五味子结实率的影响

品　系	杂交方式	花朵结实率 (%)	心皮结实率 (%)	种子败育心皮率 (%)
早　红	早红×早红	38.5	11.9	39.2
	早红×优红	65.0	41.6	23.5
优　红	优红×优红	20.6	4.9	51.3
	优红×早红	58.2	32.0	31.2

三、对环境条件的要求

(一)光照　五味子的叶片具有耐阴喜光的特性,不同的光照条件对叶片的光合作用有着较明显的影响,直接影响到相应芽的分化质量。据调查,林间、林缘及空旷地带由于光照条件不同,对五味子生长发育有着显著影响。生长在空旷、林缘地带的植株比林间的开花早,果实成熟提前 4～7 天,而且雌花比例也明显高。在栽培条件下,不同高度架面上的雌、雄花比例也明显不同,上部架面的雌花比例明显高于下部架面(表 6-6)。

据调查,在野生条件下,由于光照条件不良,叶丛枝在植株上的枯死率达 46.7%,能够萌发的着花率为 14.5%,全部为雄花。而在栽培条件下,内膛枝由于光照不良,叶片薄、颜色浅,常形成寄生叶,枝条及芽眼生长不充实,其萌发率虽可提高到 93.4%,着花率为 87.6%,但仍全部为雄花。所以叶片的光照条件对植株的生长发育、花芽分化质量有着较大影响。因此,在其他农业技术措施的配合下,通过整形修剪等措施,改善架面的通风透光条件,以增强叶片的光合作用能力,对于五味子的丰产、稳产有重要意义。

表6-6 五味子栽培条件下不同高度架面雌、雄花比例变化

架面高 (厘米)	3年生树			4年生树			5年生树		
	雄花数	雌花数	雌花比例(%)	雄花数	雌花数	雌花比例(%)	雄花数	雌花数	雌花比例(%)
50	316	132	29.0	527	22	4.0	375	61	14.0
51～100	151	287	65.5	804	494	38.1	385	143	27.1
101～150	57	346	85.9	30	620	95.4	390	201	34.0
>151				5	466	98.9	112	345	75.5

五味子光合速率的日变化呈双峰曲线。上午6:00～11:00随着气温和光照的增强,叶片光合速率不断提高,11:30左右达到最大值;11:30～14:00逐渐下降,下午14:00～15:00开始回升,到15:30左右出现次高峰,以后随气温和光照的减弱基本呈下降趋势,表明其光合作用存在"午休"现象。五味子不同植株间光合效率差异明显,光合效率强的植株叶片浓绿,光合速率高,高产稳产;光合效率弱的植株叶片发黄,光合速率低,大小年现象严重。

(二)温度 在冬季,五味子枝蔓可抗-40℃的低温,因此可露地栽培。在春季,当平均气温在5℃以上时,五味子芽眼开始萌动。适宜的生长温度为25℃～28℃,生育期120天以上,大于或等于10℃活动积温2300℃以上。早春萌芽后,当温度降至0℃以下时,常常会使已萌发的幼嫩枝、叶、花朵冻伤、冻死。因此,要加强晚霜防治。

(三)水分 五味子属于浅根系植物,因此对水分的依赖较大,特别是苗木定植的春季应保持适宜的土壤湿度,以提高成活率。在我国东北地区,6月下旬以前多出现干旱少雨天气,应注意果园灌水,保证植株生长发育的需要。7～8月份是北方的雨季,雨量

充沛,能够满足五味子对水分的需求,但要注意排水防涝。

（四）土壤　五味子适宜在各种微酸性土壤中生长,而以土层深厚、腐殖质含量高的土壤最为适宜。

第四节　育苗与建园

一、育　苗

可靠的繁殖方法是多种植物得以栽培推广的先决条件。植物的繁殖方法可分为两大类,即有性繁殖和无性繁殖。有性繁殖的后代分别携带双亲的不同遗传特性,有较强的生命力与变异性;无性繁殖因能稳定地保持原品种的特征和特性,一致性强,是木本植物培育生产用苗的主要方法,就五味子而言具体有扦插繁殖、压条繁殖、嫁接繁殖、根蘖苗繁殖等多种方法。生产育苗应根据实际需要选择适宜的方法,在种苗十分缺乏、优良种源不足、无性繁殖技术不够完善的情况下,经过选优采种,生产上可采用实生苗建园,但未经选优采种培育的实生苗只能作砧木,当做培育嫁接苗的材料;在无性繁殖技术较为成熟、具有一定的种源条件的前提下,就要积极采用各种无性繁殖技术,培育优良品种苗木。

（一）苗木的繁殖方法

1. 实生繁殖

（1）种子处理　8月末至9月中旬采收成熟果实,搓去果皮果肉,漂除瘪粒,放阴凉处晾干。12月中下旬用清水浸泡种子3~4天,每天换水1次,然后按1∶3的比例将湿种子与洁净细河沙混合在一起,沙子湿度通常掌握在用手握紧成团而不滴水的程度,放入木箱或花盆中存放,温度保持在0℃~5℃。在我国东北地区,亦可在土壤封冻前,选背风向阳的地方,挖深60厘米左右的贮藏坑,坑的长宽视种子的多少而定,将拌有湿沙的种子装入袋中放在坑里,上覆10~20厘米的细土,并加盖作物秸秆等进行低温处理,翌年春季解冻后取出种子催芽。五味子种子层积处理或低温处理所需要的时间一般在80～90天,播种前半个月左右把种子从层积沙中筛出,置于20℃～25℃条件下催芽,10天后,大部分种子的种皮裂开或露出胚根,即可播种。由于五味子种子常常带有各种病原菌,致使五味子种子催芽过程中和播种后发生烂种或幼苗病害。因此,在催芽或播种前,五味子种子进行消毒处理是十分必要的。用种子重量的0.2%～0.3%多菌灵拌种,拌后立即催芽或播种,也可用50%咪唑霉400～1000倍液或70%代森锰锌1000倍液浸种2分钟,效果很好。

(2)露地直播 为了培育优良的五味子苗木,苗圃地最好选择地势平坦、水源方便,排水好,疏松、肥沃的沙壤土地块。苗圃地应在秋季土壤结冻前进行翻耕、耙细,翻耕深度为25～30厘米。结合秋翻施入基肥,每667米^{2}施腐熟农家肥4～5米^3。

露地直播可实行春播(吉林地区4月中旬左右)和秋播(土壤结冻前)。播种前可根据不同土壤条件做床。低洼易涝、雨水多的地块可做成高床,床高15厘米左右;高燥干旱,雨水较少的地块可做成平床。不论哪种方式都要有15厘米以上的疏松土层,床宽1.2米,床长视地势而定。耙细床土清除杂质,搂平床面即可播种。播种采用条播法,即在床面上按20～25厘米的行距,开深度为2～3厘米的浅沟,每667米^{2}用种量5～8千克,播种量10～15克/米^2。覆1.5～2.0厘米厚的细土,压实土壤,浇透水。在床面上覆盖一层稻草、松针或加盖草帘,覆盖厚度以1.0厘米左右为宜,既可保持土壤湿度又不影响土温升高。为防止立枯病和其他土壤传染性病害,在播种覆土后,结合浇水喷施50%多菌灵可湿性粉剂500倍液。

当出苗率达到50%～70%时,撤掉覆盖物并随即搭设简易遮阳棚,幼苗长至2～3片真叶时撤掉遮荫物。苗期要适时锄草松土。当幼苗长出3～4片真叶时进行间苗,株距保持在5厘米左右为宜。苗期追肥 2 次,第一次在拆除遮阳棚时进行,在幼苗行间开沟,每米^{2}施硝酸铵 20～25 克、硫酸钾 5～6 克;第二次追肥在苗高 10 厘米左右时进行,每米^{2}施磷酸氢二铵 30～40 克、硫酸钾 6～8克。施肥后适当增加浇水次数以利幼苗生长。进入 8 月中旬,当苗木生长高度达到 30 厘米时要及时摘心,促进苗木加粗生长,培养壮苗。栽培过程中要注意白粉病的发生,当发现有白粉病时,可用粉锈宁 25％可湿性粉剂 800～1000 倍液、甲基托布津可湿性粉剂 800～1000 倍液及粉锈安生 70％可湿性粉剂 1500～2000 倍液进行防治。

在其他管理措施一致的前提下,撤掉覆盖物后也可以不设遮荫设施,在幼苗出土后至长出 2～3 片真叶前由常规遮荫改为上午 10:00～12:00、下午 13:00～15:00 时用喷灌设备向苗床间歇式喷雾,既节省遮荫设备的成本,又使成苗率和苗木质量显著提高。

2. 无性繁殖育苗方法

(1) 绿枝劈接繁殖　砧木的培养参照露地直播育苗,在冬季来临之前如砧木不挖出,则必须在上冻之前进行修剪,每个砧木留 3～4 个芽(5 厘米左右)剪断,然后浇足封冻水,以防止受冻抽干。如拟在翌年定植砧苗,则可将苗挖出窖藏或沟藏,这样更利于砧苗管理,翌年定植时也需要剪留 3～4 个芽定干。原地越冬的砧木苗翌年化冻后要及时灌水并追施速效氮肥,促使新梢生长,每株选留新梢 1～2 个,其余全部疏除,尤其注意去除基部萌发的地下横走茎。用砧木苗定植嫁接的,可按一般苗木定植方法进行,为嫁接方便可采用垄栽。

在辽宁中北部和吉林各地可在 5 月下旬至 7 月上旬进行,但嫁接晚时当年发枝短,特别是生长期短的地区发芽抽枝后当年不能充分成熟,建议适时早接为宜。嫁接时最好选择阴天,接后遇雨则较为理想,阳光较为强烈的晴天在午后嫁接较为适宜。

嫁接时选取砧木上发出的生长健壮的新梢,新梢留下长度以具有 2 枚叶片为宜。剪口距最上叶基部 1 厘米左右,砧木上的叶片留下。为了使愈合得更好,要尽量减少砧木剪口处细胞的损坏,剪子要锋利,也可采用单面刀片切断。

接穗要选用优良品种或品系的生长苗壮的新梢和副梢。剪下后,去掉叶片,只留叶柄。接穗最好随采随用,如需远距离运输,应做好降温、保湿、保鲜工作,以提高成活率。嫁接时,芽上留 0.5～1 厘米,芽下留 1.5～2 厘米,接穗下端削成 1 厘米左右的双斜面楔形,斜面要平滑,角度小而均匀。

在砧木中间劈开一个切口,把接穗仔细插入,对齐接穗和砧木二者的形成层,接穗和砧木粗度不一致时对准一边,接穗削面上要留 1 毫米左右,有利于愈合。接后用宽 0.5 厘米左右的塑料薄膜把接口严密包扎好,仅露出接穗上的叶柄和腋芽(图 6-5)。在较干旱的情况下,接穗顶部的剪口容易因失水而影响成活,可用塑料薄膜"戴帽"封顶。

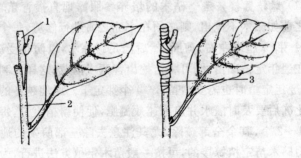

1. 接穗　2. 砧木　3. 嫁接状
图 6-5　五味子绿枝劈接

嫁接过程需要注意:砧木要较鲜嫩,过分木质化的砧木成活率不佳;接穗要选择半木质化枝段,有利成活;接口处的塑料薄膜一定要绑好,不可漏缝,但也不可勒得过紧;接前特别是接后应马上充分灌水并保持土壤湿润;接后仍需及时除去砧木上发出的侧芽和横走茎;接活后适时去除塑料薄膜。

（2）硬枝劈接繁殖　落叶后至萌芽前采集1年生枝作接穗,结冻前起出1～2年生实生苗作砧木,在低温下贮藏以备翌年萌芽期进行劈接(或不经起苗就地劈接)。嫁接前把接穗和砧木用清水浸泡12小时。接穗应选择粗度大于0.4厘米、充分成熟的枝条,剪截长度4～5厘米,留1个芽眼,芽上剪留1.5厘米,芽下保持长度为3厘米左右。用切接刀在接穗芽眼的两侧下刀,削面为长1～1.5厘米的楔形,削好的接穗以干净的湿毛巾包好防止失水;在砧木下胚轴处剪除有芽部分,根据接穗削面的长度,在砧木的中心处下刀劈开2厘米左右的劈口,选粗细程度大致相等的接穗插入劈口内,要求有一面形成层对齐,接穗削面一般保留1～2毫米"露白",然后用塑料薄膜将整个接口扎严(图6-6)。把嫁接好的苗木

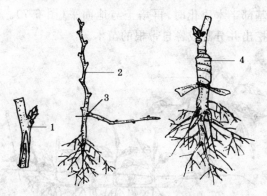

1. 接穗　2. 砧木　3. 剪切处　4. 嫁接状

图6-6　五味子的硬枝劈接繁殖

按5厘米×20厘米的株行距移栽到苗圃内,为防止接穗失水干枯,接穗上部剪口处可以铅油密封。移栽后10～15天产生愈伤组织,30天后可以萌发。当嫁接苗30%左右萌发时应进行遮荫,因为此时接穗与砧木的愈伤组织尚未充分结合,根系吸收的水分不

能很好供应接穗的需要,遮荫可以防止高温日晒造成接穗大量失水死亡。当萌发的新梢开始伸长生长时需进行摘心处理,一般留2～3片叶较为适宜。温度超过30℃时可叶面喷水降低叶温,减少蒸腾。当新梢萌发副梢开始第二次生长时,说明已经嫁接成活,可撤去遮荫物。

(3)压条繁殖　压条繁殖是我国劳动人民创造的最古老的繁殖方法之一,它的特点是利用一部分不脱离母株的枝条压入地下,使枝条生根繁殖出新的个体,其优点是苗木生长期养分充足,容易成活,生长壮,结果期早。

压条繁殖多在春季萌芽后新梢长至10厘米左右时进行。首先,在准备压条的母株旁挖15～20厘米深的沟,将1年生成熟枝条用木杈固定压于沟中,先填入5厘米左右的土,当新梢至20厘米以上且基部半木质化时,再培土与地面平(图6-7)。秋季将压下的枝条挖出并分割成各自带根的苗木。

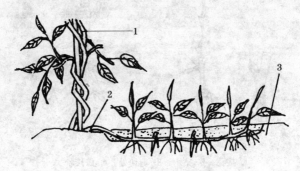

1. 主蔓　2. 压条　3. 土壤

图6-7　五味子压条繁殖

(二)苗木的分级标准　五味子苗木的分级是根据苗木根系、枝蔓生长发育和成熟情况进行的。分级标准:一级苗,根颈直径0.5厘米以上,茎长20厘米以上,根系发达,根长20～25厘米,芽眼饱满,无病虫害和机械损伤;二级苗,根颈直径 0.35 厘米以上,茎长 15～20 厘米,根长 15～20 厘米,芽眼饱满,无病虫害和机械损伤;三级苗,根颈直径 0.34 厘米以下,茎长 15 厘米以下,根长 10 厘米以下。一、二级苗可作为生产合格用苗,三级苗不能用于生产,应回圃复壮。

二、五味子园的建立

五味子是多年生木质藤本植物,建园投资大,经营年限长,因此选地、建园工作非常重要。对五味子园地的选择既要考虑五味子生育规律和经济效果,同时又要符合我国中药材生产质量管理规范(GAP)的指导性原则,以生产优质的商品果实、更好地满足国内外中药材市场需求为目的。若园地选择得当,对植株的生长发育、丰产、稳产,提高果实品质,减少污染以及便利运输等都有好处。如果园地选择不当,将会造成不可挽回的损失。因此,建立高标准的五味子园,首先要选择好园地。

(一)园地选择　选择适宜栽培五味子的园地,要从地理位置及环境条件来考虑,大体包括以下几个方面。

1. 气候条件　我国东北地区是五味子的主产区,野生资源主要分布于北纬 40°～50°、东经 125°～135°的广阔山林地带。该地区的气候特点是冬寒、夏凉、少雨、日照长,年平均气温 2.6℃～8.6℃,冬季最低气温可达－30℃～－50℃,1 月份平均气温－9.3℃～－23.5℃,土壤结冻期长达 5～6 个月。无霜期较短,110～150 天。晚霜出现在 5 月份,早霜出现在 9 月份。年降水量 300～700 毫米,集中在 6～8 月份和冬季,春季多干旱。在这种恶劣的气候条件下,五味子也可安全越冬。但为了获得较好的经济收益,必须选择能使五味子植株正常生长的小区气候,从而获得优质、高产。无霜期 120 天以上,大于或等于 10℃年活动积温 2 300℃ 以上,生长期内没有严重的晚霜、冰雹等自然灾害的小区环境,适宜选作五味子园地。

2. **土壤条件**　五味子自然分布区的土壤多为黑钙土、栗钙土及棕色森林土,这些土壤呈微酸性或酸性,具有通透性好、保水力强、排水良好、腐殖质层厚的特点。人工栽培的实践证明,五味子对土壤的排水性要求极为严格,耕作层积水或地下水位在1米以上的地块不适于栽培。栽培五味子的土壤除需符合上述条件外,还应符合无污染的要求。

3. **地势条件**　不同地势对栽培五味子的影响较大。自然条件下,五味子主要分布于山地背阴坡的林缘及疏林地,这样的立地条件不但光照条件好,而且土壤肥沃、排水好、湿度均衡。人工栽培的经验表明,5°～15°的背阴缓坡地及地下水位在1米以下的平地都可栽植五味子。

4. **水源条件**　五味子比较耐旱,但是为了获得较高的产量和使植株生长发育良好,生育期内必须供给足够的水分。在五味子的年生育周期内,一般都需要进行多次灌水。同时,为防治五味子病虫害等,喷洒药液也需要一定量的水。所以在选择园地时,要注意在园中或其附近有容易取得足够水量的地下水、河溪、水库等,以满足栽培五味子对水分的需要。但必须注意,园地附近的水源不能有污染,水质必须符合我国《农田灌溉水质量标准》。

5. **周边环境**　园址要远离具有污染性的工厂,距交通干线的距离应在1000米以上,周围设防风林,大气质量应符合我国《大气环境质量标准》,距加工场所的距离不宜超过50千米,交通条件良好。另外,近年来的实践表明,五味子园的选地应尽量避免与玉米地等农作物相邻接,由于该类农作物在进行农田除草时常大量喷洒2,4,D-丁酯等飘移性较强的除草剂,使五味子遭受严重药害,个别地块甚至绝产。2,4,D-丁酯在无风条件下其飘移距离一般在200米左右,有风时飘移距离可达1000米,所以建园时要将与大田作物的间距控制在1000米以上。

(二)定植前的准备

1. **土地平整**　定植前首先要平整土地,清除园地内的杂草、乱石等杂物,填平坑洼及沟谷,使园地平整,便于以后作业。

2. **深翻熟化**　五味子根系分布的深度会随着疏松熟化土层的深浅而变化。土层疏松深厚的,根系分布也较深,这对五味子的生长发育有利,同时可提高五味子对旱、涝的适应能力。最好在栽植的前一年秋季进行全园深翻熟化(深度要求达到 50 厘米)。否则就要在全园耕翻的基础上,在植株主要根系分布的范围进行局部土壤改良,按行挖栽植沟,深 0.5~0.7 米,宽 0.5~0.8 米。

3. **施肥**　五味子是多年生植物,一经栽植就要经营几十年,其生长发育所需要的水分和营养绝大部分靠根系从土壤中吸收,因此栽植时的施肥对五味子以后的生长发育非常重要。栽植前主要是施有机肥,如人、畜粪和堆肥等。各类有机肥必须经过充分腐熟,以杀灭虫卵、病原菌、杂草种子,达到无害化卫生标准,切忌使用城市生活垃圾、工业垃圾、医院垃圾等易造成污染的物质。有条件亦可配合施入无机肥料,如过磷酸钙、硝酸铵、硫酸钾等。无机肥的施用量每 667 米^2 施硝酸铵 30~40 千克、过磷酸钙 50 千克、硫酸钾 25 千克。

施肥的方法要依土壤深翻熟化的条件来定。全园耕翻时,有机肥全园撒施,化学肥料撒施在栽植行 1 米宽的栽植带上。如果进行栽植带或栽植穴深翻,可在回土时将有机肥拌均匀施入,化肥均匀施在 1~30 厘米深的土层内。

4. **定植点的标定**　定植点的标定工作要在土壤准备完毕后进行。根据全园规划要求及小区设置方式等,决定行向和等高栽植或直线栽植。

标定定植点的方法:先测出分区的田间作业道,然后用经纬仪按行距测出各行的栽植位置。打好标桩,连接行两端的标桩,即为行的位置。再在行上按深耕熟化的要求挖栽植沟或栽植穴,注意保留标桩,这是以后定植时的依据。

5. 定植沟的挖掘与回填　五味子的定植一般在春季进行。但春季从土壤解冻到栽苗一般不足 1 个月时间,在春季新挖掘的定植沟,土壤没有沉实,栽苗后容易造成高低不齐,甚至影响成活率。因此,挖定植沟的工作最好是在栽苗的前一年秋季土壤结冻前完成,使回填的松土经秋季和冬季有一个沉实的过程,以保证翌年春季定植苗木的成活率。

定植沟的规格可根据园地的土壤状况有所变化,如果园地土层深厚肥沃,定植沟可以挖得浅一些和窄一些,一般深 0.4～0.5 米、宽 0.4～0.6 米即可;如果园地土层薄,底土黏重,通气性差,定植沟就必须深些和宽些,一般要求深达 0.6～0.8 米、宽 0.5～0.8 米。挖出的土按层分开放置,表土层放在沟的上坡,底土层放在沟的下坡。挖定植沟必须保证质量,要求上下宽度一致,上宽下窄的沟是不符合要求的。沟挖完后,最好是能经过一段时间的自然风化,然后回填。在回填土的同时分层均匀施入有机肥和无机肥。先回填沟上坡的表土,同时施入有机肥料。表土不足时,可将行间的表层土填到沟中,填至沟的 2/3 后,回填土的同时施入高质量的腐熟有机肥和化肥,以保证盛期植株生长对营养的需要。回填过程中,要分 2～3 次踩实,以免回填的松土塌陷,影响栽苗质量,或增加再次填土的用工量。待每个小区的定植沟都回填完毕后,再把挖出的底土撒开,使全园平整,如图 6-8 所示。

6. 架柱、架线的设立

(1)架柱的埋设　在五味子园建园的过程中,架柱的埋设需在栽苗前完成。这一方面可提高栽苗的质量,使行、株距准确,另一方面因为有架柱及拉设铁线的保护,栽好的植株可少受人、畜活动的损坏。

架柱可用木架柱,亦可用水泥架柱。在我国东北的林区发展五味子生产,木架柱来源充足,而且成本较低。木架柱要使用柞

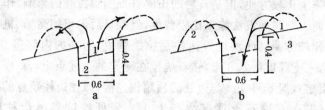

1. 表土 2. 底土 3. 行间土

a. 挖掘 b. 回填

图 6-8 定植沟的挖掘和回填 （单位：米）

木、水曲柳、榆木、槐木、黄菠萝等硬质原木。中柱用小头直径 8～
12 厘米、长 260 厘米的木杆,边柱用小头直径 12～14 厘米、长 280
厘米的小径木。把架柱的入土部分用火烤焦并涂以沥青,可以提
高其防腐性,延长使用年限。水泥架柱一般由 500 号水泥 10 份、
河沙 2 份、卵石 3 份配混凝土制成,柱中设有直径 0.6～0.8 厘米
的钢筋 4 条,每隔 20 厘米用 8 号铁线与钢筋拧成的方框连成整体
做骨架,制成的架柱混凝土强度 200 号以上。中柱为 8 厘米或 10
厘米见方、两端粗细相同的方柱,长 260 厘米。边柱为 10 厘米见
方、粗细相同的方柱,长 280 厘米。五味子采用篱架栽培方式,因
栽培模式不同,株行距不同,一般株距 40～75 厘米,行距 120～
200 厘米。埋设架柱时,水泥架柱之间的距离一般为 6 米,木架柱
为 4 米。

埋设架柱的步骤是,依据标定栽植点的标桩先埋边柱,后埋中
柱,要求埋完的架柱,经纬透视都能成直线。埋柱的深度,边柱为
0.8 米、中柱 0.6 米。边培土边夯实,达到垂直和坚实为准。埋设
边柱的方法有 2 种,一种为锚石拉线法,一种为支撑法。采用锚石
拉线法,又可分为直立埋设和倾斜 2 种。直立埋设的边柱垂直,入
土深 0.8 米,在边柱外 2 米处挖一个 1 米深的锚石坑,用双股 8 号

铁线连接锚石和边柱的上端即可,拉线的斜度为 45°。这种埋设方法施工比较方便,但是日后的田间管理受斜拉线的影响,作业较不方便。倾斜埋设法施工比较费事,但是日后的田间运输、机械作业等比较方便。此法埋设边柱是拉线垂直,边柱的内侧呈 60°的倾斜,入土深度约 0.8 米,锚石坑挖在测定的边柱点上,深 1~1.2 米,引出双股 8 号铁线与边柱的顶端相连接,即在边柱顶点的投影点埋锚石,在锚石点往区内行上 1.2 米处挖坑斜埋边柱即可(图 6-9)。

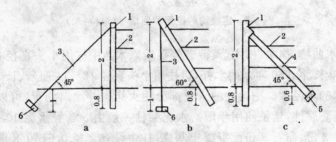

1. 边柱　2. 铁线　3. 拉线　4. 支撑柱　5. 垫石　6. 锚石
a. 锚石拉线法直立埋设　b. 锚石拉线法倾斜埋设　c. 支撑法
图 6-9　边柱埋设模式图　(单位:米)

采用支撑法埋边柱施工容易,但除要求边柱上距顶端 0.6 米处有一个突起的支撑点外,还需要多用一根支撑柱。首先埋好边柱,然后在行上距边柱 1.2~1.4 米处挖坑埋支撑柱,以 45°的倾斜角与边柱的支撑点相连。土层松软的地段,支撑柱的底端要加埋垫石。

(2)架线的设置　五味子园架柱埋设完成后,需设置架线。架线的间距为 0.6 米左右。第一道架线距地面 0.75 米,第二道架线和第三道架线分别距地面 1.35 米和 1.95 米。因五味子栽培常需设置架杆等,架线承重较葡萄等轻,为节省成本,架线可采用较细的 10 号或 12 号铁线。设架线时先把架线按相应高度固定于篱架行的一端,然后将架线设置在行的另一端,用紧线器拉紧,并固定于边柱上。架线与中柱的交叉点用 12 号铁线固定。

（三）苗木定植及当年管理

1. **定植时期**　五味子的成品苗定植可采取秋栽或春季栽植,秋栽在土壤封冻前进行,春栽可在地表以下 50 厘米深土层冻土化透后进行。

2. **栽植技术**

（1）苗木浸水　苗木经过冬季贮藏或从外地运输,常出现含水量不足的情况。为了有利于苗木的萌芽和发根,用清水把全株浸泡 12～24 小时。

（2）定植　定植前需对苗木进行定干,在主干上剪留 4～5 个饱满芽,并剪除地下横走茎。剪除病腐根系及回缩过长根系。

在前一年秋季已经深翻熟化的地段上,把每行栽植带平整好,按标定的株距挖好定植穴。定植穴圆形,直径 40 厘米,深 30 厘米。如株距较近,也可以挖栽植沟。采用篱架栽培时,栽苗点应在架的投影线上,为了保证植株栽植准确,应使用钢卷尺测距,或使用设有明显标记（株距长度）的拉线,以后的挖穴及定植都要利用钢卷尺或这种测距线测定。

由定植穴挖出的土,每穴施入优质腐熟有机肥 2.5 千克拌匀,然后将其中一半回填到穴内,中央凸起呈馒头状,踩实,使之离地平面约 10 厘米。把选好的苗木放入穴中央,根系向四周舒展开,把剩余的土打碎埋到根上,轻轻抖动,使根系与土壤密接。把土填平踩实后,围绕苗木用土做一个直径 50 厘米的圆形水盘,或做成宽 50 厘米的灌水沟,灌透水。水渗下后,将做水盘的土埂耙平。从取苗开始至埋土完毕的整个栽苗过程,注意细心操作,苗木放在地里的时间不宜过长,防止风吹日晒致使根系干枯,影响成活率。秋栽的苗木入冬前在小苗上培土厚 20～30 厘米,把苗木全部覆盖在土中,开春后再把土堆扒开。春栽时待水渗完后也应进行覆土,以防树盘土壤干裂跑墒。

3. **定植当年的管理** 我国东北地区中、北部冬季气候严寒,适宜于五味子年发育周期的生育日期很短,仅仅150天左右,而且无霜期仅120天左右。另外,五味子苗木的根系很不发达,枝条也较细弱,在栽植的第一年一般生长量都较小,只有加强管理,才能促进五味子苗木在栽植的当年有较大的生长量和保证较高的成活率。

(1)土壤管理 五味子定植当年的土壤管理虽然比较简单,但却非常重要。为了保证苗木的旺盛生长,基本采取全园清耕的方法。全年进行中耕除草5次以上,保持五味子栽植带内土壤疏松无杂草。

一般情况下当年定植的五味子萌芽后存在一个相对缓慢的生长期,此期个别植株会出现封顶现象,主要原因是由于根系尚未生长出足够多的吸收根,植株主要靠消耗自身积累的养分,因此新梢生长缓慢。当叶片生长到一定程度后即可制造足够的营养并向植株和根系运输,从而促进根系生长,此期可适当喷施尿素或叶面肥,促进叶片的光合作用。至5月下旬,根系已发出大量吸收根,植株内也有一定的营养积累,因此上部新梢开始迅速生长,封顶新梢重新萌发出副梢。此时为管理的关键时期,需加强肥水管理,每株可追施尿素或二铵5～10克。为了促进五味子枝条的充分成熟,8月上中旬可追施磷肥与钾肥,每株施过磷酸钙100克、硫酸钾10～15克,或叶面喷施0.3%磷酸二氢钾。

遇旱灌水,特别要注意雨季排涝,一定要及时排除积水,否则容易引起幼苗死亡。

(2)植株管理 五味子定植当年的生长量与苗木质量和管理措施关系很大,在保证苗木质量的前提下必须加强植株管理。一般在苗木芽萌发后的缓慢生长期可不对新梢进行处理。到5月下旬至 6 月上旬新梢开始迅速生长后,当新梢长度达 50 厘米左右时,根据不同栽培模式,每株可选留健壮主蔓 1～2 条,及时引缚上架,支持物可采用竹竿或聚乙烯树脂绳。对于其他新梢可采取摘心的方法,抑制其生长,促使其制造营养,保证植株迅速生长。当植株生长超过 2 米时需及时摘心,促进枝条成熟。如产生副梢,需疏除过密副梢,一般副梢间距保持在 15～20 厘米左右,并于副梢长度 30 厘米左右处摘心,促进副梢生长充实、芽体饱满。

五味子的幼苗在一般情况下很少发生虫害和感染病害,但必须加强检查,由于一年生的幼苗较弱小,一旦发生病虫危害,会对植株的生长产生极大的影响。尤其应加强对五味子黑斑病及白粉病的观察,做到尽早防治。

第五节　栽培管理技术

一、架式及栽植密度

(一)架式　五味子是一种多年生蔓性植物,枝蔓细长而柔软。在野生条件下,其枝蔓需依附其他树木以顺时针方向缠绕向上生长,因而在人工栽培时必须设立支架。设立支架可使植株保持一定的树形,枝、叶能够在空间合理地分布,以获得充足的光照和良好的通风条件,并便于在园内进行一系列的田间管理作业。可根据当地的自然条件、栽培条件、品种特点和农业生产条件等来选择良好的架式。目前五味子的架式主要以单壁篱架为主。

1. **单壁篱架**　单壁篱架又称单篱架,架的高度一般 1.5～2.2 米,可根据气候、土壤、品种特性、整枝形式等加以伸缩(图 6-10)。架高超过 1.8 米的单篱架称为高单篱架,目前五味子生产中多采用此种架式。架柱上每隔 40～80 厘米拉一道铁线,铁线上绑缚架杆,供五味子主蔓攀附缠绕。单篱架的主要优点是适于密植,利于早期丰产。如辽宁省部分地区的生产者利用 2.0 米高的单篱架,

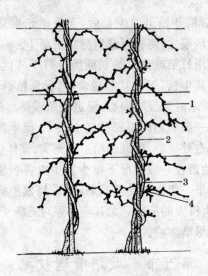

1. 侧枝　2. 支持物　3. 主蔓　4. 结果枝组

图 6-10　五味子单壁篱架

采用行距 1.2 米、株距 0.3 米的栽植密度,3 年生的五味子植株 667 米^2 产五味子干品达到 450 千克。行距较为合理的篱架光照和通风条件好,各项操作如病虫害防治、夏季修剪等特别是机械化作业方便。但如果栽植密度过大、架面过高,园内枝叶过于郁闭,多年生植株的下部常不能形成较好的枝条,以至于 1 米以下光秃,不能正常结果,因此应注意合理密植,或适当降低架面高度。

2. 小棚架　小棚架是近年来新兴起的一种架式,其特点是光能利用率高,树体的负载量大(图 6-11)。一般采用 1.5~2.0 米的行距,0.5~1.0 米的株距,株距为 1 米时可选留 2 组主蔓。冬季修剪时根据情况每组主蔓选留结果母枝 15~20 个。

（二）栽植密度　我国各地五味子栽植架式多以单壁篱架为主,由于株行距不同,单位面积的株数也有很大差异。目前生产上常用的株行距有 1.2 米 × 0.3 米、1.2 米 × 0.5 米、1.4 米 ×

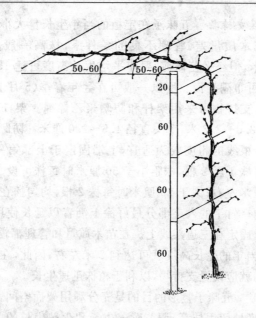

图 6-11 五味子小棚架 （单位:厘米）

0.5米、1.5米×0.5米、2.0米×0.5米、2.0米×0.75米、2.0米×1.0米等多种方式。在温暖多雨、肥水条件好的地区,为了改善光照条件,株行距可大些;而气候冷凉、干旱、肥水较差的地区,株行距可小些。生长势强的品种,株行距可大些;生长势弱的品种,株行距可小些。结合多年的生产实践,就一般情况而言,采用实生苗建园,株行距可控制在行距1.3～1.5米,株距0.4～0.6米为宜;采用品种苗建园时,以行距1.5～2米,株距0.5～1米为宜。在采用小棚架栽培时,株行距宜采用上限数值。

（三）整形修剪 五味子枝蔓柔软不能直立,需依附支持物缠绕向上生长。因此,它的整形工作包括设立支持物和修剪两项任务。

1. **设置支持物** 五味子在定植的当年生长量大小存在较大差异。在苗木质量差、管理不良的条件下,株高一般只能达到50～60厘米,但经平茬修剪,翌年平均生长高度可达150厘米以上,第三年可布满架面。所以一般可在翌年春季(5月上中旬)设立支持物。支持物可采用架杆和防晒聚乙烯绳。架杆常选用竹竿,竹竿长2.0～2.2米,上头直径1.5～2.0厘米。防晒聚乙烯绳采用3×15根线的粗度较为适宜,上端固定于上部第一道铁线。根据株距每株1至2根,株距小于50厘米时每株可设1根,置于植株旁5厘米左右;大于50厘米时每株2根,均匀插在或固定在植株的两侧。竹竿的入土部分最好涂上沥青以延长使用年限,架杆用细铁丝固定在三道架线上。在苗木质量和管理都较好的五味子园,植株当年的生长高度就可达到2米左右,因此,在定植当年的5月下旬就应设置支持物,以利于植株迅速生长。

2. **整形** 五味子整形的目的是充分利用架面空间,有效地利用光能,合理地留用枝蔓,调节营养生长和生殖生长的关系,培育出健壮而长寿的植株;使之与气候条件相适应,便于耕作、病虫防治、修剪和采收等作业,从而达到高产、稳产和优质的目的。

五味子常采用1组或2组主蔓的整枝方式,即每株选留1组或2组主蔓,分别缠绕于均匀设置的支持物上;在每个支持物上保留1～2个固定主蔓,主蔓上着生侧蔓、结果母枝;每个结果母枝间距15～20厘米,均匀分布,结果母枝上着生结果枝及营养枝(图6-10)。这种整形方式的优点是树形结构比较简单,整形修剪技术容易掌握;株、行间均可进行耕作,便于防除杂草;植株体积及负载量小,对土、肥、水条件要求较不严格。但由于植株较为直立,易形成上强下弱、结果部位上移的情况,需加强控制。

每株树一般需要3年的时间形成树形。在整形过程中,需要特别注意主蔓的选留,要选择生长势强、生长充实、芽眼饱满的枝条作主蔓。要严格控制每组主蔓的数量,主蔓数量过多会造成树体衰弱、枝组保留混乱等不良后果。

3.修　剪

(1)休眠期修剪　即冬季修剪。秋季天气逐渐变冷、植株落叶以后，枝条中糖和淀粉向根系转运的现象不明显，所以在落叶后进行修剪，对植株体内养分的积累、树势和产量等没有明显的不良影响。翌年春季根系开始活动，出现伤流现象，伤流液中含有一定量营养，一般对植株不会造成致命影响，但会造成树势衰弱，故应在伤流前进行修剪。五味子可供修剪的时期较长，从植株进入休眠后2～3周至翌年伤流开始之前1个月均可进行修剪。在我国东北地区，五味子冬季修剪以在3月中下旬完成为宜。

一般从新梢基部的明显芽眼算起剪留1～4个芽为短梢修剪，其中剪留1～2个芽或只留基芽的称超短梢修剪；留5～7个芽为中梢修剪；留8个芽以上为长梢修剪；留15个芽以上的称超长梢修剪。五味子以中、长梢修剪为主，在同一株树上还应根据实际情况进行长、中、短梢配合修剪。修剪时，剪口离芽眼1.5～2.0厘米，离地面30厘米架面内不留枝。在枝蔓未布满架面时，对主蔓延长枝只剪去未成熟部分。对侧蔓的修剪以中、长梢为主，间距为15～20厘米。叶丛枝可进行适度疏剪或不剪。为了促进基芽的萌发，以利于培养预备

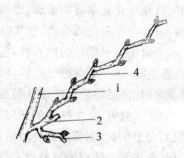

1.主蔓　2.侧蔓　3.短梢　4.长梢

图 6-12　五味子结果枝组

枝，也可进行短梢或超短梢修剪（留1～3个芽）。对上一年剪留的中、长枝（结果母枝）要及时回缩，只在基部保留一个叶丛枝或中、长枝；为适当增加留芽量，可剪留结果枝组，即在侧枝上剪留2个或2个以上的结果单位（图6-12）。

上一年的延长枝是结果的主要部分,因结果较多,其上多数节位已形成叶丛枝,因此修剪时要在下部找到可以替代的健壮枝条进行更新。当发现某一主蔓衰老或结果部位过度上移而下部秃裸时,应从植株基部选留健壮的萌蘖枝进行更新。进入成龄后,在主、侧枝的交叉处,往往有芽体较大、发育良好的基芽,这种芽大多能抽生健壮的枝条,这为更新侧枝创造了良好条件,应有效利用。

(2)生长季修剪　花期修剪:由于五味子为雌雄同株单性花植物,其雌花的数量是决定产量的主要因素。在五味子冬季修剪时,由于无法判别雌花分化的状况,为保证产量,常多剪留一部分中长枝。多剪留的枝条如不加处理,往往造成负载量过大或架面过于郁闭,不利于果实的正常生长和花芽分化。因此,在五味子的花期需根据着花情况,对植株进行进一步的修剪。对于花芽分化质量好、雌花分化比率高的植株,可根据中长枝剪留原则,去掉多余枝条;对于花芽分化质量差、雌花分化比率低的植株需做到逢雌花必保,但对于都是雄花的中长枝,应进行回缩,使新发出的新梢尽量靠近主蔓,防止结果部位外移,以利于植株的通风、透光,保证翌年能够分化出足够数量的优良雌花芽。

夏季修剪:在植株幼龄期要及时把选留的主蔓引缚到竹竿上促其向上生长,侧蔓上抽生的新梢原则上不用绑缚,若生长过长的可在新梢开始螺旋缠绕处摘心,以后萌发的副梢亦可采用此法反复摘心。对于采用单壁篱架进行栽培的植株,其侧蔓(结果母枝)过长或负载量较大时,需进行引缚,以免影响下部枝叶的光照条件或折枝。生长季节会萌发较多的萌蘖枝,萌蘖枝主要攀附于架的表面,造成架面郁闭,影响通风透光,因此必须及时清理萌蘖枝,保证架面的正常光照和减少营养竞争。

二、园地管理

（一）土壤管理　在自然界中，土壤是植物生长结果的基础，是水分和养分供给库。土层深厚、土质疏松、通气良好，则土壤中微生物活跃，能提高土壤肥力，从而有利于根系生长，增强代谢作用，对增强树势、提高单位面积产量和果实品质都起着重要作用。因此，进行五味子无公害规范化栽培，土壤管理是一项重要内容。

1. 施肥

（1）秋施肥　每 667 米² 施农家肥 3～5 米³。从 1 年生园开始，在架面两侧距植株 0.5 米处隔年进行，以后依次轮流在前次施肥的外缘向外开沟施肥。沟宽 0.4 米，深 0.3～0.4 米，施肥后填土覆平，直至全园遍施农家肥为止。

（2）追肥　每年追肥 2 次。第一次在萌芽期（5 月初）追速效性氮肥及钾肥，第二次在植株生长中期（8 月上旬）追施速效性磷、钾肥。随着树体的扩大，肥料用量逐年增加，硝酸铵每株 25～100克，过磷酸钙每株 200～400 克，硫酸钾每株 10～25 克。

（3）叶面施肥　五味子的根系较不发达，果实膨大、新梢生长及花芽分化都消耗较多的营养，易造成营养竞争。所以在植株生长的关键时期如浆果膨大期、花芽分化临界期适时进行叶面喷肥，对于保证植株的正常生长和丰产、稳产具有积极意义。

2. 除草

（1）杂草种类　调查结果表明，对五味子为害较重的杂草有稗草、马唐、苋菜、藜、问荆、狗尾草、看麦娘等，其中以马唐、鸭跖草、藜为害特别严重。

（2）人工除草　五味子园杂草的常规防除可结合园地的中耕同时进行，每年要进行 4～5 次。中耕深度 10 厘米左右，使土壤疏松透气性好，并且起到抗旱保水作用。除草是避免养分流失、保证植株有足够的营养健康生长的重要手段。在除草过程中不要伤根,尤其不能伤及地上主蔓,一旦损伤极易引起根腐病的发生,造成植株死亡。

(3) 化学除草　传统的手工除草费工费力,使用除草剂能有效提高生产效率。在充分掌握药性和药剂使用技术的前提下,可采用化学除草。常用的除草剂有精禾草克和百草枯。

(二) 水分管理

1. 灌溉　五味子的根系分布较浅,干旱对五味子的生长和开花结果具有较大影响。我国东北地区春季雨量较少,容易出现旱情,对五味子前期生长极为不利。一年中如能根据气候变化和植株需水规律及时进行灌溉,对五味子产量和品质的提高有极为显著的作用。

五味子在萌芽期、新梢迅速生长期和浆果迅速膨大期对水分的反应最为敏感。生长前期缺水,会造成萌芽不整齐、新梢和叶片短小、坐果率降低,对当年产量有严重影响。在浆果迅速膨大初期缺水,往往会对浆果的继续膨大产生不良影响,会造成严重的落果现象。在果实成熟期轻微缺水可促进浆果成熟和提高果实品质,但严重缺水则会延迟成熟,并使浆果品质降低。

灌水时期、次数和每次的灌水量常因栽培方式、土层厚度、土壤性质、气候条件等有所不同,应根据当地的具体情况灵活掌握:① 化冻后至萌芽前灌 1 次水,这次灌水可促进植株萌芽整齐,有利于新梢早期的迅速生长。②开花前灌水 1~2 次,可促进新梢、叶片迅速生长及提高坐果率。③开花后至浆果着色以前,可根据降雨量的多少和土壤状况灌水 2~4 次,有利于浆果膨大和提高花芽分化质量。由于五味子为中药材,所以灌溉用水应符合农田灌溉水质标准(井水和雨水等可视为卫生、适宜灌溉用水)。

2. 排水　东北各省 7~8 月份正值雨季,雨多而集中,在山地的五味子园应做好水土保持工作并注意排水。平地五味子园更要安排好排水工作,以免因涝而使植株受害或因湿度过大造成病害大肆蔓延。

在地下水位高、地势低洼的地方,可在园内每隔 25～50 米挖深 0.5～1.0 米的排水沟进行排水,在山地的排水沟最好能通向蓄水池(或水库),作为干旱时灌溉之用。

苗圃幼苗和幼树易徒长贪青,更应注意排水。

(三)疏除萌蘖及地下横走茎　五味子是一个特殊的树种,其地下横走茎是进行无性繁殖的重要器官。地下横走茎每年的生长量特别大,而且会发生大量的萌蘖,不仅会造成较大的营养竞争和浪费,而且由于其生长势较强,攀附于篱架的表面,还会造成架面光照条件的恶化,所以每年都要进行清除地下横走茎和除萌蘖的作业。

1. 除地下横走茎　五味子的地下横走茎分布较浅,主要集中于地表以下 5～15 厘米深的土层内,较易去除。去除时期为五味子落叶后至封冻前或伤流停止后的萌芽期。去除横走茎时,由于五味子根系分布较浅,应注意保护根系。另外由于五味子地下横走茎上具有不定根,从母体上切断后仍可继续生长形成新植株,所以必须彻底从地下取出,以免给以后的作业造成麻烦。

2. 除萌蘖　在每年的生长季节,五味子的地下横走茎都会产生大量的萌蘖,去除萌蘖的时期应视具体情况而定,做到随时发现随时去除,以利于五味子的正常生长和便于架面的管理。在去除萌蘖时,对于较衰弱的植株要注意选留旺盛的萌蘖枝作预备主蔓,不可尽数去除,否则不利于主蔓的更新。

三、果实采收及采后处理

(一)采收时期　五味子果实如采收过早,加工成的干品色泽差、质地硬、有效成分含量低,将会大大降低其商品性;采收过晚,因果实易落粒,不耐挤压,也将造成经济损失。一般 8 月末至 9 月上中旬五味子果实变软而富有弹性,外观呈红色或紫红色,已达到生理成熟,应适时采收。

（二）采收方法　选择晴天采收,在上午露水消失后进行。采收时尽量少伤叶片和枝条。暂时不能运出的,要放阴凉处贮藏。采收过程中应尽量排除非药用部分及异物,特别是要防止杂草及有毒物质的混入,剔除破损、腐烂变质的部分。

第七章　蓝果忍冬

第一节　概　述

蓝果忍冬是忍冬科、忍冬属、蓝果亚组多年生落叶小灌木。英文名称为 Blue honeysuckle。我国广泛分布着其变种蓝果忍冬，简称蓝果。目前只有俄罗斯、日本、中国、美国和加拿大等少数国家开展了蓝果忍冬育种及驯化栽培工作，开发利用时间较短，是继草莓、树莓、黑穗醋栗、醋栗、越橘、沙棘等之后又一新兴的小浆果树种。

一、栽培特点与经济价值

(一)栽培特点

1. **成熟期早**　蓝果忍冬萌芽早、开花早、结果早，一般在 6 月上中旬至 7 月中下旬成熟，不同种类和不同地区果实的成熟期有些差别。在俄罗斯的一些地区相应地要比草莓成熟早 7～10 天。在我国黑龙江省的哈尔滨，有些品种在 6 月上旬即可成熟，从萌芽到果实成熟仅需约 70 天。因此，蓝果忍冬是浆果作物中熟期最早的树种，可以填补水果淡季的空白。

2. **抗寒性强**　蓝果忍冬营养生长期对温度要求不严，具有高度的抗寒性和抗晚霜能力。如在大兴安岭 1 月份绝对最低温度达 −50℃以下（漠河绝对最低地面温度达−58℃以下）时，蓝果忍冬仍不至于冻死，且能忍受剧烈变化的气温。俄罗斯学者的研究结果也证实蓝果忍冬具有极强的抗寒性，其枝条和芽在休眠状态下能耐−50℃低温，在受冻后仍能开花结果，花蕾、花和子房能忍受−8℃的晚霜危害。蓝果忍冬是前苏联列宁格勒（现名圣彼得堡）

在 1986～1987 年经历严冬之后唯一获得丰产的作物。

3. 栽培管理容易　蓝果忍冬与越橘、树莓、穗醋栗和醋栗等小浆果相比,具有栽培适应性广、容易管理等优点。蓝果忍冬对土壤的要求不严格,在大多数类型的土壤中均能正常生长。对土壤的酸碱度适应范围较广,在 pH 值 4.5～7.5 的土壤中都能生长和结果。有效积温达到 700℃～800℃ 即可满足其生长发育的需要。生产中不需要搭架,也不需要埋土防寒。植株无刺,高度适中,果实采收容易,1～2 次即可采收完毕。基本没有病虫害。

4. 花青素等生理活性物质含量高　蓝果忍冬与越橘一样都为蓝色果实,营养成分相似,含有丰富的生理活性物质,尤其花青素含量最为丰富。在我国东北地区,野生蓝果忍冬的花青素含量比笃斯越橘的还高。

(二)经济价值　蓝果忍冬目前之所以受到重视,除了具有上述优点之外,更主要的是其果实中富含生理活性物质,在食品和医疗保健品的开发上具有重要的经济价值。

1. 营养成分

(1)黄酮类物质　蓝果忍冬果实的黄酮类物质含量比其他小浆果都高,这已被许多研究结果所证实,并已得到公认。黄酮和黄酮醇每 100 克果实中含量达到 70 毫克。主要成分有花青素苷、无色花青素苷、儿茶酸、芸香苷、槲皮苷、洋地黄黄酮等。

蓝果忍冬丰富的色素含量受到了所有研究者的关注,毫无疑问,它是一种良好的天然色素原料。美国俄勒冈州立大学的 A. Chaovanalikit 对蓝果忍冬的色素含量和成分进行了详细分析,结果表明花色苷含量为每 100 克果实 411 毫克。

(2)维生素　蓝果忍冬果实中的维生素种类和含量均很丰富,主要含有维生素 C、维生素 PP、维生素 B_1、维生素 B_2、维生素 B_6、维生素 B_9 和维生素 A。维生素 C 的含量在小浆果中处于中等水平,而且因不同种类和生态环境而有较大的差异,一般为每 100 克果实中 7～75 毫克,但也有达到 200 毫克以上的报道。国内研究者对黑龙江省勃利县境内的蓝靛果忍冬果实的维生素含量进行了分析,发现每 100 克鲜果中含维生素 C 67.6 毫克,维生素 B_1 0.26 毫克,维生素 B_2 0.72 毫克,维生素 B_6 1.91 毫克,维生素 PP 130 毫克。与其他水果、蔬菜相比,维生素 B_1 和维生素 B_2 高数倍,维生素 PP 高出近百倍。

(3)大量及微量元素　俄罗斯学者的研究表明,蓝果忍冬每 100 克鲜果中含镁 21.7 毫克、钠 35.2 毫克,在野生浆果中均居首位;含钾 70.3 毫克,只略少于野生草莓,但要高出其他水果 2 倍以上;含磷 3.5 毫克、钙 19.3 毫克、铁 0.861 毫克,也超过了树莓、黑穗醋栗等浆果。此外,蓝果忍冬果实还含有锰、铜、硅、铝、锶、钡、碘等。

(4)氨基酸　对黑龙江省勃利县境内的野生蓝靛果忍冬果实进行了分析,结果表明含有 18 种氨基酸,总氨基酸含量为 1.0%～1.5%,其中人体必需氨基酸占总氨基酸的 40% 左右。

2. 食品应用价值　蓝果忍冬的果实除适合鲜食外,最主要的是适合加工成果汁、果酒、饮料、果酱、果冻、罐头等食品,也是加工天然食用色素的极好原料。

3. 医疗保健价值　蓝果忍冬在国内外很早就被用在民间医疗上。俄罗斯远东和西伯利亚地区的人们很早就发现了其药用价值,认为可以预防和治疗泻肚、恶心,还可以治疗肝、胃及肠道疾病。我国大兴安岭的鄂伦春民族很早就用其枝叶煎水服用治疗感冒,东北很多产地的居民也都认为其有抗菌消炎之功效。一些著作中也记载了它的药用价值,主要功效是清热解毒,果实和花蕾都可主治腹胀、血痢。

现代研究证实蓝果忍冬的果实中含有的极其丰富的各种生理活性物质,对于预防和治疗目前人类的许多常见疾病都极有价值,因此已经引起了国内外许多学者的关注,并开展了广泛的研究。

俄罗斯学者的研究证实,蓝果忍冬含有丰富的维生素 P,其成分具有促进血液循环、防止毛细血管破裂、降血压、增加红细胞数量、降低胆固醇含量、提高肝脏解毒功能、抗炎症、抗病毒、甚至抗肿瘤的功效。我国很多学者的研究表明,蓝果忍冬具有缓慢降血压、增加化疗后白细胞的数量、治疗小儿厌食症等作用。此外,还发现其有抗疲劳、抗氧化、治疗肝损伤等作用。

二、国内研究、开发和利用现状

蓝果忍冬作为一种浆果作物并不为人们所熟悉,主要原因是在忍冬属的大约 250 个种中,仅有少数的几个种属于蓝果亚组,而风味好、可以食用的种类更少,并且这些种类只分布在前苏联、日本、朝鲜和我国。应该说,对于蓝果忍冬食用价值的认识可以追溯到 200 年以前,但真正作为一种小浆果树种得到重视并进行育种、栽培等开发利用的时间也不过 50 多年的历史,所以蓝果忍冬只能算一种新兴的果树树种。蓝果忍冬在我国东北的许多林区都有分布。由于其成熟早、风味好,当地居民很早以前就喜欢采集野果鲜食,并有用糖腌渍的习惯,认为食用后有治疗慢性支气管炎等疾病的功效,所以蓝果忍冬很受东北林区居民的喜爱。但蓝果忍冬在中国真正开发利用的时间只 30 多年的历史。最早是在 20 世纪 70 年代,黑龙江省的勃利县、密山县和吉林省长白县等地都曾用野生蓝果忍冬酿造果酒,其色泽鲜艳、风味独特、营养丰富,很受欢迎。

蓝果忍冬在中国的人工栽培始于 20 世纪 80 年代初。1982年,黑龙江省勃利县林业局在国内率先开展了野生蓝靛果忍冬驯化栽培试验,初步获得成功,并用野生种子培育了大量实生苗,在多个林场进行人工栽培。但由于没有开展育种工作,栽培技术也存在一些问题,使得人工栽培面积不大。

近几年,随着小浆果产业的兴起,蓝果忍冬也日益受到关注和重视,在黑龙江和吉林省均有一些厂家收购野生蓝果忍冬,年收购量在 1 000 吨左右,用来提取天然色素,加工果酒、饮料、果酱等,也有少部分用来速冻出口。野生果实价格也逐年提高,大概在 8~12 元/千克。在黑龙江省勃利县等野生蓝果忍冬产区,鲜果价最高达到 80 元/千克,显现出良好的经济效益。

我国目前尚无栽培品种。东北农业大学于 2000 年受农业部"948"项目资助,开始从俄罗斯、日本和国内收集蓝果忍冬资源,率先正式开展了品种育种、苗木繁殖、栽培技术及资源评价、利用工作。目前通过引种和有性杂交,已选育出若干个优良品系,并建立了完整的绿枝扦插繁殖技术体系。

三、存在问题及发展方向

由于对蓝果忍冬的研究起步较晚,因此这一珍贵的果树资源虽有许多突出优点,但目前还不被人们所熟知,在世界范围内仅有少数几个国家有少量栽培,尚未形成一个较大的产业。我国目前暂时还没有选育出合适的栽培品种,对栽培技术也缺乏系统研究,野生资源虽分布较广,但开发利用尚局限于黑龙江省和吉林省,新疆也有较丰富的资源,尚未得到有效利用。

随着小浆果在国内外市场越来越受到重视,蓝果忍冬的优点会被越来越多的人所了解和认识。尤其在"蓝莓热"的带动下,蓝果忍冬必将会有一个良好的发展前景。因其资源分布广泛,在我国东北、华北和西北地区都能找到适合蓝果忍冬生长的生态环境。因此可以展望,蓝果忍冬在我国一定会成为主栽的小浆果果树之一。

第二节　主要品种

目前国内尚未审定蓝果忍冬品种。东北农业大学目前已从引进的品种及杂交后代中选育出几个优良品系,近期将在黑龙江省审定我国第一个蓝果忍冬品种。下面介绍几个从俄罗斯引进的蓝果忍冬品种。

一、托米奇卡

1987 年在前苏联登记注册,是世界上最早的蓝果忍冬品种。植株高大(约 1.7 米),枝叶稠密。果实较大(0.8～1.3 克),长圆形,深紫色,有浓厚的蜡质果霜,果味酸甜可口。6 月中下旬成熟,较耐运输,含糖 7.6%,可滴定酸 1.9%,每 100 克鲜果含维生素 C 24 毫克、维生素 P 773 毫克。抗寒、抗旱性强,抗病虫害,栽后翌年开始结果,6 年生植株产量平均 2.6 千克,最高 3.5 千克。缺点是果实成熟不一致。

二、蓝　鸟

1989 年在前苏联登记注册,是从堪察加忍冬野生类型中选育出来的。植株高大(1.8 米),树势强,开张。果实中等大小(0.7～0.8 克),卵形,深蓝色覆白霜,果柄细长。味酸甜,果实软,有淡淡的草莓香气。早熟,6 月上旬成熟,需采收 2 次。含糖 5.7%,可滴定酸 2.4%,果胶 1.1%,每 100 克鲜果含维生素 C 28 毫克、维生素 P 631 毫克。抗寒性强,喜湿,抗病虫害。栽后翌年开始结果,6 年生株产 1.7～2.0 千克。缺点是不耐运输,产量较低,果实成熟时易落果。

三、蓝纺锤

1989 年在前苏联登记注册,由堪察加忍冬野生类型中选育。植株高 1 米左右,树势中等,开张,圆头形。果实较大(0.9～1.3 克),纺锤形,深蓝色覆白霜,味酸甜带有轻微的苦味。6 月上中旬成熟,需采收 2 次。含糖 7.6%,可滴定酸 1.9%,果胶 1.14%,每 100 克鲜果含维生素 C 106 毫克、维生素 P 992 毫克。抗寒性强,抗干旱。栽后翌年开始结果,11 年生植株平均株产 2.1 千克。缺点是果实有苦味,成熟时易落果。

四、贝瑞尔

由蓝鸟和蓝纺锤的混合花粉与阿尔泰忍冬杂交而成。植株高大(约 1.7 米),枝叶稠密。果实大(1.3～1.6 克),卵圆形,两端钝圆。果实近黑色,有薄的蜡质果霜。果味酸甜,略带苦味,有香气。果肉密度大,柔软多汁。6 月上中旬成熟,可一次性采收,耐运输。含糖 7.2%,可滴定酸 2.8%,每 100 克鲜果含维生素 C 23 毫克、维生素 P 1 263 毫克。抗寒性强,抗旱性中等,无病虫害,栽后翌年开始结果,进入丰产期快。4 年生植株产量平均 2.5 千克。缺点是果实有轻微苦味。

第三节　生物学特性

一、植物学特征

蓝果忍冬是多年生落叶灌木(图 7-1)。植物学特征是冬芽叉开,有 1 对船形外鳞片,有时具副芽,顶芽存在;壮枝有大型叶柄间托叶;花小苞片合生成坛状壳斗,完全包被 2 枚分离的萼筒,果熟时变肉质;花冠稍不整齐;复果蓝黑色。

蓝果忍冬是一个在属内具有最广泛分布区的种,形态变异幅度很大。正常生长条件下,树体茂密,生长势强或中等,7～9 年生植株高 1.0～1.8 米,冠幅 1.5～2.5 米。树冠常见的形状有扁圆形、半球形、圆形和椭圆形。

骨干枝不光滑,有分枝。一个株丛的骨干枝数目大约为 1～15 个。地上分枝主要是由根颈上部和枝条基部的休眠芽萌动抽生出来的。根系上的不定芽有时也能在灌木丛四周形成根蘖,但对多数品种来说,这并非典型性状。骨干枝皮部为黄褐色、红褐色

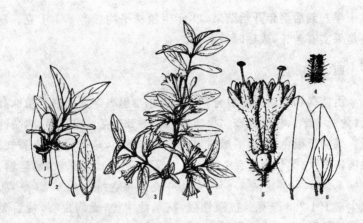

1～2. 蓝靛果忍冬　3～6. 阿尔泰忍冬

1. 果枝　2. 几种叶形　3. 花枝　4. 幼枝放大　5. 花放大　6. 几种叶形

图 7-1　蓝果忍冬植物学特征

（引自《中国植物志》）

或灰褐色。植株长到 2～3 年时，树皮纵行剥落。

当年生枝条颜色和茸毛通常是不同种类蓝果忍冬的识别特征。枝条有浅绿色、浅褐色、深红色及褐色，这主要取决于皮层中花色素的含量。枝条茸毛有的很多，有的则完全没有。

蓝果忍冬的芽通常比较大，外被 2 片船形外鳞片。顶芽单生，侧芽对生。在每片的叶腋处都有 2～3 个芽叠生在一起。其中下部和中间的芽与顶芽一样，会形成花原基翌年开放，而上部的芽仅有营养生长锥，处于休眠状态，过 2～5 年可能会形成萌蘖枝。

叶片简单完整，形状各异，有圆形、椭圆形、柳叶状等。颜色从浅绿到暗绿色，暗绿色比较常见。叶片有的光滑，有的带茸毛，通常叶背上的茸毛要重些。许多种类和品种具有托叶，一般秋季不脱落。

蓝果忍冬的花长 1～2 厘米，一般为浅黄色。两花并生。花冠形状有管状和漏斗状等多种。雌蕊柱头长于花冠,而雄蕊一般低于或稍伸出花冠。子房下位,基部有一对合生的小苞片。

果实为浆果状复果,形状各种各样,有圆形、椭圆形、圆柱形、纺锤形、镰刀形等,表面光滑或凸凹不平。果实从浅蓝色到蓝黑色,有较厚的蜡质。果实风味差别很大。有些好品种味道酸甜或甜酸,多数是酸的,也有很多微苦和苦涩的类型。果实大小变幅也较大,长1～4厘米,宽0.6～1.5厘米,单果重0.5～2.5克。

果实含种子4～20粒,多少取决于授粉条件。种子小、平,为褐色或红棕色,圆形。千粒重0.9～1.2克。

根系属于直根系,有较多分枝。分布深度取决于土壤类型和理化性质。在重壤土中根系主要部分集中在50厘米土层内,有些根系可深达80厘米,多数情况下主要集中在地下20～30厘米处。成龄树根系水平分布半径超过1.5米,超过了树冠的投影范围。

二、生长结果习性

(一)枝条生长习性　在黑龙江哈尔滨地区,蓝靛果忍冬的芽在4月7日左右开始萌动,从4月下旬展叶后即开始快速生长,于5月中下旬新梢生长最快,该时期的新梢生长量占全年的70%左右。进入开花期新梢生长速度逐渐减慢,至6月中旬所有种群新梢都基本停止生长。

东北农业大学在引种过程中发现,大部分品种的枝条都有二次生长现象。而引自我国东北地区的野生蓝靛果忍冬大部分没有二次生长,野外调查也几乎未发现这种现象。但我们在引种栽培时发现,确有一些生长健壮植株上的部分枝条在结果后出现了二次生长,而且值得注意的是这部分枝条长势很旺,在入冬前可完全达到木质化,更为可贵的是当年可形成许多花芽。我们分析蓝靛果忍冬只要在良好的栽培条件下是可以进行二次生长的。这对加快幼树生长和提高产量很有意义。但在我国其他地区引种时,应该注意越冬性和蓝果忍冬的地理起源之间的关系。将在短日照条件下形成的种类和类型引种到长日照地区,枝条可能会有2～3次生长高峰,导致枝条不能完全成熟,冬季很容易被冻死。

(二)芽的特性 蓝果忍冬的芽为混合芽,主要集中在枝条中、上部,其特点是上一年夏秋进行花芽分化,冬季休眠,于翌年春季逐渐伸长并抽生出枝条。蓝果忍冬具有单生芽和叠生芽。单生芽一般比较饱满,呈尖端稍尖的圆球形,表面光滑。1年生枝条上多见叠生芽,常常是3对芽叠生在一起,基部的1对为花芽,中间1对多数为叶芽,偶有花芽出现,最上面1对为叶芽。而枝条的顶芽则全部为花芽。萌发时,叠生芽最下方的一个芽萌发较早,开花较多,枝条生长同时花朵开放;叠生芽上方的芽多抽生为营养枝,枝条生长量较大。

(三)授粉受精特性 蓝果忍冬自花结实率很低,属于异花结实的树种。虫媒花,需要蜜蜂等昆虫传粉。东北农业大学的试验表明,人工授粉1小时后,蓝果忍冬花粉粒即可在雌蕊柱头萌发;授粉2小时后,花粉管深入花柱;授粉6小时后,花粉管生长较快且整齐,多数长至花柱中上部;授粉30小时后,多数花粉管陆续抵达花柱基部,有些进入子房;授粉48小时后花粉管完全进入子房。授粉53小时之后,只有极少花粉管还在生长。

受精过程主要发生在授粉后30～48小时内,30小时前后为子房内大多数胚珠发生受精的关键时期。在人工去雄授粉条件下,子房中下部胚珠珠心由大孢子母细胞发育成原胚的时间仅为30小时。

(四)开花结果习性 根据多年观察,发现蓝果忍冬的花原基都在顶芽和枝条中下部的腋芽中形成,而上部的腋芽则很少形成。

蓝果忍冬花的特点是2朵花并生在一个子房上,每朵花的开放时间可以持续一昼夜,而同一子房上着生的2朵花开放时间并不一致,间隔24～36小时。这种开花特性可能更有利于其授粉受精,因为只要有一朵花能够授粉就可以形成果实,所以2朵花开放时间存在间隔会增加其授粉的机率,也有助于在花期遇到不良天气的情况下,仍能保证获得一定的产量。

1年生枝条的中上部是结实的主要部位。就植株整体而言,以树冠外侧,上、中部结实量最大。

蓝果忍冬的果实从落花后到成熟大约需要1个月左右。果实的生长动态基本属于快、慢、快的双"S"曲线。

(五)物候期　由于地理位置不同,各地物候期也不一样。在黑龙江哈尔滨连续2年的定点观察结果表明,东北地区各种群的蓝果忍冬与从俄罗斯引进的一些品种,其主要物候期基本是一致的,而不同年份间由于气候条件的关系稍有变化。总体来说,蓝果忍冬是属于进入营养生长期早、开花早和果实成熟早的果树。在黑龙江哈尔滨地区4月7日左右叶芽开始萌动,4月下旬开始展叶。开花期在5月中旬,即营养生长始期后的1个月左右,花期可以持续半个多月,此期新梢也快速增长。5月末开始坐果,6月10日左右始见果实成熟,6月25日前后大部分成熟。9月中旬开始落叶,至10月上旬叶片全部脱落。整个营养生长期为156～163天。

而在野外调查发现,大、小兴安岭和长白山区的蓝靛果忍冬的物候期比哈尔滨相应延迟7～15天,进入休眠期也要提前10天左右,这主要是由于这些地区气温相对要低很多,所以要提前进入休眠,同时解除休眠也晚一些。

第四节　对环境条件的要求

野生蓝果忍冬主要生长在林间泥炭沼泽地、疏林下、山间河岸灌木丛中以及山坡等地。要求空气湿度大,光照充足及偏酸性土壤等生态条件。

一、温　度

蓝果忍冬高度抗寒。休眠状态下能耐－50℃的低温，花抗晚霜，能忍受－8℃的低温。适宜在干寒气候下生长，对积温的要求也不严格。春季当平均气温达到 0℃后，几天内就可以萌芽。进入营养生长期需要 43℃～82℃的积温。平均温度 10℃左右时开花，所需 0℃以上积温为 241℃～284℃，果实成熟有效积温为400℃～515℃。从萌芽到落叶生长天数为 163～186 天，只要 0℃以上积温达到 1300℃～1 500℃，或有效积温达到 700℃～800℃，即可满足其生长发育的需要。果实成熟期与积温有直接关系。

蓝果忍冬的休眠期很短，也正因如此，在温暖地区一般不能栽植，否则常会在冬季提前解除休眠而遭受冻害。但在寒冷地区一般都可栽植，只不过物候期相对较温暖的地区要推迟一段时间。

二、光　照

在自然条件下，野生蓝果忍冬主要生长在火烧迹地、林中旷地或沼泽边缘，这说明蓝果忍冬是喜光的植物，但同时又能忍受轻度遮荫。野外调查发现，在比较茂密的松林或落叶林中，蓝果忍冬的生长受到强烈抑制，株丛矮小枯萎，叶片稀疏，极少结实或不结实。而在砍伐后的森林或火烧迹地中，由于光线良好，蓝果忍冬枝条生长迅速，结实良好。栽培条件下，光照不良会使结果部位上移，果实分布在株丛外围，内膛枝不能分化花芽，株丛内无果实。因此，改善好株丛光照条件，对提高产量有很大作用。东北农业大学对蓝果忍冬光合特性的研究结果表明，其净光合速率的日变化为双峰曲线，且有明显的“午休”现象，季节变化为单峰曲线。不同种类蓝果忍冬的光补偿点为 10～20 微摩/米^2·秒，光饱和点为 890～1100 微摩/米^2·秒。另外，东北农业大学近几年在引种栽培研究中发现，盛夏的强光直射会使叶片焦枯，轻度遮荫可以减轻强光对叶片的灼伤。

三、水　分

野生蓝果忍冬原产地多为河床、小溪和沼泽的边缘,是典型的中生植物,喜湿。生育期空气相对湿度一般在 85％以上,对土壤水分含量要求在 40％以上,但土壤水分太多也会生长不良,空气湿度是蓝果忍冬能否正常生长的主要因子。在有些蓝果忍冬分布的地区,年降水量大约只有 340 毫米,但空气相对湿度却都在60％以上,说明空气湿度相对土壤水分更为重要。栽培条件下,合适的空气湿度和土壤水分有助于植株形成大粒果实。

四、土　壤

蓝果忍冬对土壤的要求不严格,在沙壤土、壤土、重壤土上均能正常生长。重壤土具有保水性及在土壤上层积蓄矿质营养的能力,所以更适合一些。虽然其在野生条件下生长在微酸性土壤中,但对土壤的酸碱度适应范围较广,在 pH 值 4.5～7.5 的土壤中都能生长和结果,但在富含腐殖质的土壤中生长更快。试验证明,在有机肥充足、水分适宜、排水良好的地块生长的植株比在森林中的长势强、结实好。

第五节　育苗与建园

一、育　苗

蓝果忍冬同其他果树一样,如果栽培优良品种,必须利用扦插、压条、组织培养等无性繁殖技术进行育苗。在我国东北的一些林区,以前一直在利用种子进行实生育苗。

（一）实生繁殖

1. 种子的采集与处理　采集充分成熟的果实,捣碎或搓碎后,放入桶或盆等容器中,用清水反复洗去果肉和果皮,最后将种子倒在纱布上,去掉残渣,置于阴凉处干燥。干燥后将种子密封于干燥、不透气的器皿中,在室温下保存 2 年仍然具有 70% 以上的发芽率,在冰箱中冷藏则保存时间会更长。

与大多数果树不同,蓝果忍冬的种子休眠期很短,因此播种前不需要低温层积处理,在适宜条件下(温度 22℃～25℃,空气相对湿度 96%～100%),新鲜的种子经过 18～25 天即可萌发。保存 2 年以上的种子需要沙藏层积处理 30 天。

2. 苗圃地的选择及播前准备　苗圃地应选择地势平坦、水源方便、排水良好、土壤疏松肥沃的地块。应在上一年秋季土壤结冻前对土地进行翻耕,翻耕深度为 25 厘米。结合秋翻施入基肥。播种前做长 10 米、宽 1.0～1.2 米、高 20 厘米的苗床,将床面碎土、整平、镇压。做床时要对土壤消毒,并拌入杀虫剂,以防地下害虫危害。如果种子量少,也可在播种箱或花盆中进行播种,出苗后再移栽到田间。

3. 播种时间和播种方法　蓝果忍冬的播种时间可分为春季和夏季。

春季播种:一般在 4 月下旬或 5 月下旬进行。播种技术与番茄的育苗类似。将种子取出后用冷水浸泡 1 天,然后与消过毒的河沙以 1∶3 的比例拌匀,置于 22℃～25℃ 的环境中催芽,每天翻动 2～3 次,浇水做到量少多次,保持种子和沙子湿润即可。一般 2 周后开始发芽即可播种。由于蓝果忍冬的种子很小,所以要求细致管理。播前一定要将床面镇压平整,然后浇透底水。播种可采用条播或撒播。条播即在苗床上按 20～25 厘米的行距开小浅沟,将用细河沙拌的种子直接播入沟中。撒播是将混沙的种子均匀地撒在床面上,播后覆 4～6 毫米的过筛腐殖土,然后用镇压板再轻镇压。浇透水后在苗床上面用草帘或松针覆盖保墒。

夏季播种:可在采种后立即播种。试验表明,夏季播种能使苗木提前 1 年进入结果期。播种方法同春季播种。

此外,如果种子量少,也可以于秋冬季在温室中进行育苗。

4. 苗期管理　待幼苗出土后及时撤去草帘或松针,支起拱形遮荫网,既保持苗床湿度,又防止日灼发生。蓝果忍冬种胚小,萌芽力弱,出土后根部幼嫩,地茎纤细,要防止干旱、大风等危害。浇水要本着少量多次的原则,既保证供给苗木充足的水分,同时又降低苗床湿度。在幼苗出齐后,可正常浇水管理。为了防止立枯病和其他土壤传染性病害,播种后每隔 7～9 天喷施 1 次立枯净药液,直到长出真叶为止。苗期追肥 2 次,第一次在出齐苗后,在幼苗行间开沟,每个苗床施硝酸铵 200～250 克、硫酸钾 50～60 克。第二次在 8 月下旬至 9 月初,每个苗床施磷酸二铵 300～400 克、硫酸钾 60～80 克,施肥后浇透水。

夏季播种苗苗期管理的关键环节是防日灼,锄草最好在阴天进行,锄草后及时将遮荫网覆盖好。为了促进根系发育,控制地上部生长,到 9 月中旬以后应尽量少浇水。在黑龙江省由于苗木到深秋还没有木质化,需要越冬防寒。在 10 月中旬将苗床浇足水,在拱棚上覆盖塑料薄膜,四周压实即可。在翌年春季气温回升后,要注意及时通风浇水,待晚霜过后撤去塑料薄膜,进行正常的田间管理。

(二)压条繁殖　多在春季萌芽后新梢长到 7～8 厘米时进行。首先,在压条的株丛旁开 10～15 厘米深的浅沟,把要压的枝条用土埋入沟中,用木钩固定然后覆细土 5～10 厘米并踏实。秋季将压下的枝条挖出并分割成单株。

(三)分株繁殖　适于株龄较长的植株,一般在秋季进行。分株后的单个植株应保留 1～2 个粗壮枝条、2～3 条长度不小于 20 厘米的骨干根。为提高成活率,可将枝条剪留 30～40 厘米的长度。此法繁殖系数低,一般成龄株可以得到 4～6 个分株苗。

(四)硬枝扦插　冬季或早春,在蓝果忍冬株丛中选取生长粗壮的当年生枝条,剪成 15 厘米长的插条,留 1～2 对芽,然后每 50 或 100 枝 1 捆,放入窖内,用湿河沙培上基部。4 月中下旬进行扦插。在大棚或温室内首先做成 1.3 米宽的苗床,基质用筛过的河沙和珍珠岩,扦插前用 0.5%的高锰酸钾消毒。插条用 100 毫克/升的 ABT 生根粉浸泡 4 小时。扦插株行距 5 厘米×10 厘米,按 45°角斜插入土,深度为 10～12 厘米,浇透水。大棚内的温度控制在 28℃以内,超过此温度要通风降温,空气相对湿度控制在 80%,土壤温度在 20℃左右。后期需注意防病防虫。扦插 25 天后开始生根,60 天后可移栽。

(五)绿枝扦插 绿枝扦插是蓝果忍冬最主要的育苗方式。东北农业大学经过多年试验,已总结出一套成熟的绿枝扦插技术。

1. 准备插床 首先在塑料中棚或小拱棚内准备插床。插床长 20 厘米左右,床面宽 1.2 米,两床间隔 0.7 米,床面与原地表平、周边有小土埂。要求床土细碎、疏松平整。床面表层的基质为草炭、细沙和表土混合而成,其体积比为 1∶1∶1,拌匀铺于插床表层,厚度 5～7 厘米。草炭的腐熟度宜轻,以提高基质的保水性和透气性。

2. 剪取插穗 半木质化枝条的顶部、中部和基部都可用来扦插。剪取生长粗壮的刚刚封顶的基生枝作插条最好,从这种插条剪下的插穗,其所带叶片均已成龄,绿枝的营养较为丰富,新芽萌发和新根发生都比过嫩的插穗早。

插条要随用随剪,将基部浸入水中,避免失水。插穗长 4～6 厘米,保留上面 1 对叶片。剪下来的插穗放入盛水的容器中,随插随取,但不能浸水时间过长。

3. 扦插时期 最合适的扦插时期需要根据当地的物候期和天气状况来确定。试验证明,在枝条进入缓慢生长期的时候采集插条成活率很高,可达到 96%～100%。在哈尔滨蓝果忍冬的扦插适宜时期是 5 月下旬至 6 月上旬,在此期间内宜早不宜迟。早插则棚内的温度、湿度都容易控制,有利于提高成活率。

4. **扦插方法**　在扦插的当天或前一天给插床充分浇水,浇后仍保持床面平整。株行距为 7~8 厘米×10~12 厘米,叶与行向垂直,各行插穗上的叶片彼此平行,插入基质的深度为 2~3 厘米。叶片与地表有 1~2 厘米的距离。如果基质粗糙、硬度过大,应先用细木棍插孔后,再插入插穗。应边扦插边喷水。

5. **管理措施**　扦插后 7 天内每天早、午、晚各喷 1 次水,8~30 天每天喷 2 次水。扦插后 30 天,绝大部分插穗都已生根,可以撤棚膜进行锻炼,数日后全部撤掉棚膜。在撤膜后蒸发量加大,此时浇水次数虽少,但浇水量应加大。在插条生根前,应注意保湿和遮荫。适宜的空气相对湿度为 95%~100%,气温 25℃~27℃,土温 22℃~24℃。当 80%插条生根时应开始通风,通风时间逐日增长。扦插后 20 天左右有大量杂草发生,应尽量选择阴雨天除草。此期还要严格预防各种病害及地下害虫。秋季即可起苗假植。如果扦插时间过晚,扦插苗很小,也可不起苗,直接在床上越冬,越冬前于 10 月中下旬浇封冻水。越冬后就地生长 1 年,于当年秋季起苗出圃。

二、果园建立

蓝果忍冬是一种新兴的小浆果树种,人们对其并不十分熟悉,因此果园建立的合适与否直接关系到能否栽培成功。分区、道路、灌溉系统等的规划施工与其他浆果园无大差异。下面仅着重叙述蓝果忍冬建园的一些特点。

(一)**园地选择**　选择栽培地点时要遵循蓝果忍冬的生物学特性,必须保证 2 个基本条件:充分的光照和土壤水分。地势应尽量平坦,并且是免受风害的地块。总体说,蓝果忍冬最适宜生长在光照充足、排水良好、有机质丰富、水分充足的地块。蓝果忍冬的土壤适应性较广,因此,土壤类型并不需要过多考虑,但前茬作物最好是马铃薯或蔬菜。

(二)土壤改良和园地规划　与其他果树一样,栽植前土壤必须预先熟化,如果是未开垦的生地,会导致产量和品质的降低。栽植前要深翻土壤,消灭杂草,可用除草剂结合深翻进行。同时施入有机肥,以改善土壤理化性质,增加土壤养分。

土壤改良后,应平整土地,然后用绳和尺划定栽植小区及株行距。

(三)品种选择和布局　蓝果忍冬虽然抗性较强,但在不同地区栽植仍要注意选择合适的品种和种类,要先进行引种试验或用通过国家审定的品种,否则会带来严重的后果。例如,原产于远东的蓝果忍冬类型在俄罗斯西北部就不能栽培,主要是由于该类型的休眠期短,而俄罗斯西北部地区秋季气温较高,所以其会在当年秋季第二次开花而遭受冻害。

此外,还应注意建园时最好同时选择3～4个品种进行栽植,道理和大多数果树一样,需要配置授粉树。蓝果忍冬多数品种自花结实率很低,如果品种单一会严重影响产量,经常会发生大量开花却不坐果的现象。

(四)苗木定植　蓝果忍冬一般定植的都是2年生苗木,高30～50厘米,所以定植坑不用挖得太大,直径和深度40～50厘米即可,具体根据苗木根系发育程度而定。定植时施入适量的有机肥。定植株行距现在还没有统一的模式,因为要根据地块肥力和品种特性来定。株距一般采用1～1.5米,行距2～3米。长势缓慢、直立的品种可采用较小的株行距,而生长势强、树姿开张的品种则株行距要大些。

苗木可在秋季和春季定植。但对于蓝果忍冬来说,最好是在秋季定植。因为它抗寒力很强,所以不会在冬季冻死,成活率在90%以上。春季栽植成活率低一些,而且长势不如秋季栽植的强健,这主要是由于蓝果忍冬进入营养生长期早,往往在4月初就开始萌芽,但这时土壤还没解冻,无法栽植,而到 4 月末的时候,其枝条已经生长,甚至开花,所以此时定植势必影响成活率和长势。

第六节　栽培管理技术

一、土壤管理

在栽植的头几年,由于植株尚小,所以可以利用行间空地间作蔬菜,但要注意间作物不能离植株太近。

土壤的主要管理方法是每年进行 2～3 次耕翻。春季一般在 5 月初进行,松土深度大约 10 厘米,目的是消灭刚出土的杂草,使土壤中的水分和氧气含量适宜,利于植株生长。树下要人工除草和松土。果实采收后,如果是水分充足的地段,也要结合除草进行一次耕翻,对在采果时被踩实的土壤进行松土。秋季落叶后耕翻一次,深度为 12～15 厘米,这不仅可以改善土壤结构,还能起到防除杂草、对施入肥料覆土以及消灭在土壤中越冬的病菌和虫卵的作用。

此外,在行间用锯末或泥炭等覆盖也有很重要的作用,因为蓝果忍冬的根系很浅,覆盖后既可保湿,又可以使土壤温度变化不至过于剧烈,十分有利于根系生长。覆盖厚度为 4～8 厘米。

二、水分管理

蓝果忍冬在野外原本生在河流、小溪和沼泽旁,因此对水分的要求较高。一方面土壤必须要达到一定的含水量,不能低于 40％,另一方面要求较大的空气湿度,而且后者更为重要。水分的充足与否直接关系到产量,因此与其他果树大致相同,在整个生育期都要保证水分的供应,尤其在干旱或高温天气,最好利用喷灌设施进行灌溉。多年观察结果表明,很多品种的单果重在湿润多雨年份会比干旱年份增加 15％～18％,所以在果实发育期进行灌溉能显著提高产量。

三、除　草

蓝果忍冬的根系较浅,杂草对其产生的水分竞争比较严重,因此一年中需多次除草。除草可结合土壤耕翻进行,面积大时也可使用除草剂。最好的办法是采用锯末等覆盖物来抑制杂草生长。

四、施肥管理

试验表明,对蓝果忍冬施肥会显著促进植株生长,但具体施肥量尚需要继续研究。

一般认为栽植后前 2 年不用施肥,植株可充分利用栽植时施入的有机肥。

对于生长旺盛的幼龄植株或进入结果期的植株,可在栽后第三年开始进行土壤施肥。有机肥可在秋季结合土壤深翻施入,每 2～3 年施 1 次,施肥量为 8～10 千克/米²。无机肥料可在生长期追施 3 次,第一次在萌芽期追施氮肥,施入量为 20 克/米² 尿素,或 30 克/米² 硝铵,或 40 克/米² 硫铵,供给枝条和叶的生长发育。第二次在果实采收后进行,可结合对植株松土追施液体厩肥或无机肥料,可用硝酸钾或磷酸钾,浓度为 20 克/升,其作用为促进当年二次枝的生长和花芽分化。第三次是在秋季,结合土壤深翻施入磷肥和钾肥,每平方米施 15 克重过磷酸钙和钾肥,可以提高植株抗寒性及促进秋季和翌年春季的根系生长。

对于 6～7 年生以上的结果植株一般每年在春、秋追 2 次肥,适当增加施肥量。

五、修剪技术

蓝果忍冬虽说属于小灌木,树形并不复杂,但目前关于修剪时期和方法仍缺乏系统研究,众说不一。对于定植后是否需要修剪的问题,甚至有互相对立的说法。有人认为第一次修剪应在定植后立即进行,像对其他果树定干一样,在枝条距根茎 10~12 厘米处进行剪截,这样可以刺激基部萌发嫩枝,否则第一年生长不良。但也有人认为,定干不适于在蓝果忍冬上应用,因为它本来生长缓慢,修剪会抑制生长,更重要的是抑制结果。

俄罗斯瓦维洛夫植物研究所的专家经多年实践,认为在栽植的最初 5~7 年通常不用修剪,只是疏除一些因农事操作而损伤的枝条或倒伏的枝条。而且不提倡对枝条短截,因为枝梢顶端大部分是结果部位。在栽后 8~10 年必须经常进行更新修剪,时期最好是秋季,春季也可以。修剪时要逐一查看每个骨干枝。一般生长健壮的、由 3~5 年生骨干枝上的潜伏芽形成的分枝比较重要,修剪时剪掉骨干枝衰老的上部,剪留到幼嫩的分枝上。疏剪树冠可以刺激潜伏芽的萌发和强烈生长,适度的修剪可以增加产量,并能使植株几年内保持高产。

对于树龄超过 20 年的植株来说已经进入衰老期,因此必须更新。可将整个灌丛留 30~40 厘米剪截,几年后就可以恢复树势。

第七节　果实采收与采后处理

一、果实采收

蓝果忍冬成熟得很早。从标志果实开始成熟的浅蓝色的出现,到达到食用成熟度的天数取决于气象条件,一般是 5~10 天。在此期间果实重量增加,出现果实固有的风味和香气,果肉变软。当 75% 以上的果实达到食用成熟度时即可采收。如果成熟期天气温暖晴朗,一次就可以基本采收完毕。如遇到低温、多雨年份,则需要采收 2 次。

由于栽培面积和范围有限,目前的采收方式主要是人工采收。但试验表明,大多数类型的浆果采收机械也同样适用于蓝果忍冬。

多数类型和品种的蓝果忍冬成熟时容易落粒，这也是一直被认为妨碍其得到广泛推广种植的原因之一。但目前俄罗斯已经培育出了许多不落粒的品种。对于比较容易落粒的品种，可通过摇晃或拍打将果实抖落到塑料布或打开的雨伞中。

二、果实采后处理

与其他小浆果一样，蓝果忍冬也不耐贮藏，一般采后正常条件下能存放 1～3 天，在冰箱中冷藏可贮存 5～7 天。因此，如果果实量大在采后需要尽快速冻，或加工成果汁、果酱等产品。

第八章 软枣猕猴桃

第一节 概　述

软枣猕猴桃属于猕猴桃科猕猴桃属多年生藤本植物,俗称软枣子、藤梨、藤瓜和猕猴桃梨。软枣猕猴桃分布甚广,遍及我国十余个省及朝鲜半岛、日本、俄罗斯等国家和地区。我国主要分布于吉林、黑龙江、辽宁、四川、云南等地区的山区、半山区,海拔从400~1940米都有分布。

一、经济价值

软枣猕猴桃的果实翠绿,柔软多汁,酸甜可口,营养丰富,风味独特。已选育的栽培品种(系),果肉可溶性固形物13%~18%,总糖6.3%~13.9%,有机酸1.2%~2.4%。每100克果肉含蛋白质1.6克,脂类0.3克,总氨基酸100~300毫克,维生素B_1 0.01毫克,尤其富含维生素C,含量高达4.5克/千克,是苹果、梨的80~100倍,柑橘的5~10倍。还含有多种无机盐和蛋白质水解酶,其主要营养成分含量位居其他水果的前列。

果实除鲜食外,还可加工成果酱、果酒、果脯、果醋和清凉饮料添加剂等多种食品,也是良好的药用植物,主要含猕猴桃碱、木天蓼醇、木天蓼醚、环戊烷衍生物等,全株可入药,具有理气、止痛功能。还是良好的蜜源植物和观赏植物。

此外,软枣猕猴桃还具有抗寒、抗病虫、丰产、易栽培管理等优点,它是一种经济价值较高的野生果树。

二、研究及栽培现状

软枣猕猴桃资源多处于野生状态,人工栽培面积很少。我国东北三省自然产量超过 6 000 吨。为了充分利用这种野生资源,中国农业科学院特产研究所从 1961 年开始研究野生软枣猕猴桃驯化栽培技术和品种选育工作。对其生物学特性、物候期、生长结果习性、生长环境条件、栽培管理技术、繁殖技术等进行了大量研究工作,研究出配套丰产大面积栽培技术体系,选育出适宜东北地区大面积栽培、品质较好的"魁绿"和"丰绿"两个品种,以及其他一些优良品系。

第二节　优良品种

一、魁　绿

(一)来源　魁绿是中国农业科学院特产研究所 1980 年在吉林省集安市复兴林场的野生软枣猕猴桃资源中选得,经单株繁殖而成的无性系品种。于 1985 年开始进行果实性状、生物学特性观察和果实加工试验,同时在东北三省进行试栽,1988 年在中国农业科学院特产研究所内扩繁,1993 年通过吉林省农作物品种审定委员会审定,原名 8025。

(二)植物学特征　花性为雌能花。主蔓和 1 年生枝灰褐色,皮孔梭形、密生,嫩梢浅褐色。叶片卵圆形,绿色,有光泽,长宽约 9～11 厘米,叶柄浅绿色。雌花生于叶腋,多为单花,花径 2.5 厘米×2.9 厘米,花瓣多为 5～7 枚。

(三)果实性状　平均单果重 18.1 克,最大果重 32.0 克。果实长卵圆形,果形指数 1.32,果皮绿色、光滑无毛,果肉绿色、多汁、细腻,酸甜适度,含可溶性固形物 15.0%,总糖 8.8%,总酸 1.5%,维生素 C 430 毫克/100 克,总氨基酸 933.8 毫克/100 克。

果实含种子 180 粒左右。

(四)农业生物学特性 树势生长旺盛,坐果率高,可达 95％ 以上。萌芽率为 57.6％,结果枝率 49.2％。花芽为混合芽。果实多着生于结果枝 5～10 节叶腋间,多为短枝和中枝结果,每个枝可坐果 5～8 个。8 年生树单株产量 13.2 千克,最高为 21.4 千克,平均 1000 米² 产 954.6 千克。

(五)物候期 在吉林市左家地区,伤流期 4 月上中旬,萌芽期 4 月中下旬,开花期 6 月中旬,9 月初果实成熟。在无霜期 120 天以上,大于 10℃有效积温达 2500℃以上的地区均可栽培。

(六)加工品质 加工的果酱色泽翠绿,含有丰富的营养成分,保持了果实的独特浓香风味。维生素 C 含量可达 192.3 毫克/100 克,总氨基酸含量为 209.4 毫克/100 克。

魁绿抗逆性强,在绝对低温－38℃的地区栽培多年无冻害和严重病虫害。适宜栽植在东北向和北向坡地。采用联体棚架,架面高 1.8 米,株行距 2.5 米×5 米。果实成熟好,便于管理。授粉树用本所培育的 61-1 雄株,雌雄比例 8：1。修剪为冬夏结合,冬季修剪每平方米保留 1 年生中、长蔓 4～5 个,短蔓在不过密的情况下尽量保留。夏季摘心,除延长枝蔓外,最长不超过 80 厘米,疏除过密枝蔓,每平方米除短枝蔓外,保留 9～11 个新梢,其中结果新梢为 40％左右。

二、丰 绿

(一)来源 丰绿是中国农业科学院特产研究所 1980 年在吉林省集安县复兴林场的野生软枣猕猴桃资源中选出的单株,经繁殖成无性系品种。于 1985 年开始进行果实形状、农业生物学特性观察和果品加工试验,同时在东北三省进行试栽。1988 年在本所内扩繁,1993 年通过吉林省农作物品种审定委员会审定,原名 8007。

（二）植物学特征 花性为雌能花。主蔓和 1 年生枝灰褐色，皮孔花圆形、稀疏，嫩梢浅绿色，叶片卵圆形，深绿色有光泽，长宽约 13.9 厘米×11.2 厘米，雌花生于叶腋，多为双花，花径 2.2 厘米，花瓣 5～6 枚。

（三）果实性状 果实卵球形，果皮绿色、光滑无毛，单果平均重 8.5 克，最大果 15 克，果形指数 0.95，果肉绿色，多汁细腻，酸甜适度。含可溶性固形物 16.0%，总酸 1.1%，维生素 C 254.6 毫克/100 克，总氨基酸 1239.8 毫克/100 克，果实含种子 190 粒左右。

（四）农业生物学特性 树势生长中庸，萌芽率 53.7%，结果枝率 52.3%。花序花朵数多为 2 朵，少量为单花。坐果率高，可达 95% 以上。果实多着生于结果枝 5～10 节叶腋间，多为短、中枝结果，每果枝可坐果 5～10 个。8 年生树单株产量 12.5 千克，最高株产 24.3 千克，平均每 667 米² 产果实 824.2 千克。

（五）物候期 在吉林左家地区，伤流期 4 月上中旬，萌芽期 4 月中下旬，开花期 6 月中旬，9 月上旬果实成熟。在无霜期 120 天以上，大于 10℃ 有效积温 2500℃ 以上的地区均可栽培。

（六）加工品质 加工的果酱色泽翠绿，含有丰富的营养成分，保持了果实的浓郁香气和独特风味，维生素 C 含量可达 110 毫克/100 克，总氨基酸含量为 451.9 毫克/100 克。

第三节 生物学特性

软枣猕猴桃属于落叶藤本植物，雌雄异株，生长势强。它缠绕在附近乔木上生长，形成自然架面，架高 5 米左右，最高可达 10 米以上。生长年均温 3℃ 左右，年降水量 600～900 毫米，无霜期 120～130 天，土壤为森林黑钙土，植被为阔叶杂木林。

一、形态特征

（一）根　为浅根性的肉质根，主要分布在10~50厘米的土层中。根系由主根、侧根及副侧根组成。主根不明显，但侧根发达。

（二）枝蔓　蔓性，木质部疏松，髓白色或褐色，呈片层状。老蔓光滑无毛，浅灰色或黑褐色。1年生枝呈灰色、淡灰色或红褐色，无毛，光滑，皮孔纺锤形或长梭形，密而小，色浅。平均节间长5~10厘米，最长15厘米。新梢分为长梢（30厘米以上）、中梢（10~30厘米）和短梢（10厘米以下），此外，还有徒长性新梢（4~5米）。

（三）叶　叶片纸质，椭圆形、长圆形、长卵圆形或倒卵形，长约5~14厘米，宽约4~10厘米，平均面积70厘米^2，最大面积250厘米^2。基部近圆形、阔楔形、间或亚心形，边缘波浪状，先端尖或短尾尖，多扭曲。叶缘锯齿密，近叶基部几全缘。叶深绿色，有光泽，无毛。叶背浅绿色或灰白色，光滑或有茸毛。叶脉网状，侧脉每边5~6网结。叶柄长约3~7厘米，淡红色或绿色。

（四）芽　甚小，包被在叶腋的韧皮部（芽座）内，花芽为混合芽。

（五）花序及花蕾　花序为聚伞花序。雄株花序着生3~9个花蕾，但顶生花序可着生20个以上花蕾。雌株花序多数着生1~3个花蕾，少数着生10个花蕾以上。花蕾绿色或红绿色，圆形（图8-1）。雌花腋生，聚伞花序，每花序多着生1~3个花蕾。花冠径约12~20毫米，花白色微绿，花瓣5~7枚，卵形或长卵形。具有发达的瓶状子房，子房上位，纵径约2毫米，浅绿色，无毛。花柱白色，扁平，18~22个，长约2毫米，呈辐射状排列。雄蕊多数，约42枚，花丝短于子房，花药黑褐色。花粉粒小而瘪，形状不规则，大小不等。萼片5~6裂，偶有4裂者，卵形，长约5~7厘米，浅绿色。先端圆钝，边缘无毛。花梗绿色或浅黄绿色、无毛。

雄花腋生，子房退化，雄蕊约44枚，花丝白色，长3~5毫米。

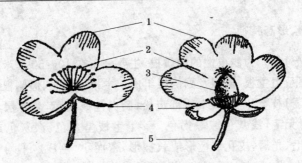

1. 花瓣　2. 雄蕊　3. 雌蕊　4. 花萼　5. 花梗

图 8-1　软枣猕猴桃雄雌花模式图

花药黑紫色,短圆形或长圆形,长 2 毫米。花粉粒饱满,梭形,大小均一,有生命力。

(六)果实　形状不一,有卵球形、矩圆形、扁圆形、长圆形、椭圆形,无斑点。果皮绿色或浅红色,光滑无毛,先端具有短尾状的喙。单果平均重 6～8 克,最大果重 20 克以上。梗洼窄而浅,果梗 1～2 厘米。成熟果实软而多汁,果肉细腻,黄绿色或浅红色,味甜微酸,具有香气。果心为中轴胎座多心皮,心室 25 个左右(图 8-2)。种子较小,千粒重 1.5～1.8 克。

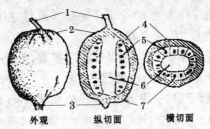

外观　　　纵切面　　　横切面

1. 果柄　2. 果皮　3. 喙
4. 果肉　5. 胎座　6. 中轴　7. 种子

图 8-2　软枣猕猴桃果实解剖模式图

二、物　候　期

软枣猕猴桃和其他多年生植物一样,每年都有与外界环境条件相适应的形态和生理变化,并呈现一定的生长发育规律性,这就是年发育周期。这种与季节性气候变化相应的器官动态时期称为生物气候学时期,简称物候期。多年生植物的物候期具有顺序性和重演性。

软枣猕猴桃的年周期可划分为两个重要时期即生长期和休眠期。生长期是指从树液流动开始,到秋季自然落叶时为止。休眠期是从落叶开始至翌年树液流动前为止。

(一)树液流动期　又叫伤流期。春季当土温达到一定程度,软枣猕猴桃的根系开始吸收土壤中的水分和养分,树液由根系送到地上部分,植株特征是从剪口和伤口处分泌无色透明液,所以也称伤流期。萌芽展叶后,植株蒸腾拔水能力加强后,伤流即停止。

伤流出现的早晚与当地的气候有关,当地表以下 10 厘米深的土层的温度达到 5℃以上时,便开始出现伤流。在吉林地区,软枣猕猴桃的伤流期出现于 4 月上中旬,一般可持续 10～20 天。

(二)萌芽期　从芽开始膨大、鳞片松动、颜色变淡,到芽先端幼叶露出为止。在吉林地区,软枣猕猴桃的萌芽开始期在 5 月上中旬。

(三)展叶期　幼叶露出后,开始展开,当 5％芽开始展叶,为展叶始期,软枣猕猴桃的展叶始期为 5 月中下旬。

(四)新梢生长期　从新梢开始生长到新梢停止生长为止。软枣猕猴桃的新梢生长是从 5 月上中旬开始,至 7 月中旬停止生长。

(五)开花期　从花蕾开放到开花终了为开花期。

(六)果实生长、成熟期　由开花末期至果实成熟之前为果实生长期,从果实成熟始期到完全成熟时为果实成熟期。在吉林地区,果实生长期为 6 月下旬至 8 月下旬,果实完全成熟为 9 月上旬。

（七）新梢成熟和落叶期　从果实成熟前后到落叶时为止为新梢成熟和落叶期。9月上旬新梢停止延长生长开始进入成熟阶段,9月底至10月初,叶片逐渐老化,叶柄基部逐渐形成离层,叶片自然脱落,由此进入休眠期,直到翌年春季伤流开始,又进入了新的生长发育周期。

软枣猕猴桃各年物候期相似,5月上旬萌芽,6月中旬开花,9月上中旬果实成熟,10月上中旬落叶,生长期130～140天（表8-1）。

表 8-1　软枣猕猴桃物候期

物候期	调查标准	时　期
树液流动期	出现伤流	4月上中旬
萌芽期	25％芽鳞片开裂	5月上中旬
展叶期	25％芽第一片叶展开	5月中下旬
始花期	5％花开放	6月中旬
盛花期	50％花开放	6月中下旬
终花期	75％花瓣脱落	6月下旬
新梢生长初期	25％芽抽出2厘米新梢	5月中旬
新梢生长盛期	50％新梢旺盛生长	5月中旬至6月中旬
新梢成熟期	25％新梢基部2厘米变褐	7月中旬
子房肥大期	50％子房肥大	6月末
种子出现期	25％果实出现种子	7月中旬
果实成熟期	25％果实变色	9月上中旬
落叶期	50％叶片脱落	10月上中旬

三、生长和结果习性

（一）生长习性　软枣猕猴桃萌芽率50％～60％,抽枝率50％左右。长梢、中梢和短梢分别占新梢总数的15％、5％和80％左右。长梢生长至 1 米左右时,先端开始卷曲(逆时针)缠绕他物。停止生长时,先端自行枯萎脱落。长梢、中梢和短梢生长量分别为 150 厘米、40 厘米和 15 厘米左右。中下部叶片和上部叶片年生长量分别为 70 厘米² 和 30 厘米² 左右。

（二）结果习性　软枣猕猴桃结果习性类似葡萄。各种 2 年生枝(结果母枝)的腋芽均可抽生结果枝,但以生长发育中庸的中、长结果母枝抽生较多。结果枝占新梢总数的 2/3 左右,长果枝、中果枝和短果枝分别占果枝总数 15％、5％和 80％。长果枝从第三至七节开始着果,可连续着果五至九节;短果枝除基部 2～3 节以外,其他各节均可着果。一般每节着生 1～3 个果,个别可着生 10 个果左右。

软枣猕猴桃果实纵径平均 24.4 毫米,横径平均 19.9 毫米。软枣猕猴桃为雌雄异株,且只有雄花花粉才有授粉授精能力,雌花坐果需授以雄花花粉,为单性花,因此栽植时应配置授粉树。

软枣猕猴桃单株产量 10～15 千克,最高可达 40 千克以上。

（三）生长环境条件　软枣猕猴桃多数生长在背阴的山坡上,少数生长在水沟旁或林缘空地,海拔高度 20～500 米。伴生树种以山榆、核桃楸和糠椴较多,山梨和山楂次之。土壤主要是森林黑钙土或落叶腐殖质土,土层厚 50～60 厘米,上面覆有较厚的枯枝落叶。土壤含水量 19％左右(落叶期调查,下同),有机质含量 8.4％,每 10 克土壤中含有效氮 30.8 毫克、有效磷和有效钾各 4.0 毫克,pH 值 5.5～6.5(微酸性)。在日平均气温达到 5℃以上时树液开始流动,10℃以上萌芽,15℃～25℃为生长结果适宜气温。适宜空气相对湿度为 60％～80％。软枣猕猴桃属于半阴性植物,需要光照,光照不足枝叶因荫蔽而枯亡,但极强的光照则不利于生长发育。此外,软枣猕猴桃抗病虫害的能力强,抗寒性较强,在寒冷的冬季(零下 40℃)可以自然越冬。在无霜 120 天以上,10℃以上有效积温达 2 500℃以上的地方均可栽培。

第四节　苗木生产技术

软枣猕猴桃有扦插繁殖、嫁接繁殖和组织培养等多种繁殖方法。生产育苗应根据实际需要选择适宜的方法,在种苗十分缺乏、优良种源不足、无性繁殖技术不够完善的情况下,经过选优采种,生产上可采用实生苗建园,但未经选优采种培育的实生苗只能作砧木,当作培育嫁接苗的材料;在无性繁殖技术较为成熟、具有一定的种源条件的前提下,就要积极采用各种无性繁殖技术,培育优良品种苗木。软枣猕猴桃生产用苗要采用品种或优良品系的扦插苗、嫁接苗或组培苗,实生苗只适于作砧木培育嫁接苗用。

一、苗木繁殖方法

(一)实生繁殖育苗

1. 种子处理　每年 9 月上旬采摘成熟的软枣猕猴桃果实,果实采收后自然放置,放软后立即洗种,不能堆沤。清洗的种子经沙藏层积后,其发芽率达 80% 以上,且发芽快而整齐。将放软的果实揉搓、水洗,搓去果皮和果肉,使种子外表洁净,同时要去除未成熟的种子,然后装入布袋内,放在通风阴凉,无鼠害的地方保存,切忌在阳光下暴晒,以免降低种子的生活力。阴干至 1 月初。然后用清水浸泡种子 3~4 天,每天换 1 次清水,然后按 1:3 的比例将湿种子和洁净的细河沙混合在一起,沙子湿度为用手握紧成团而不滴水,松手散开为宜(绝对含水量为 40%~50%),再装入木箱、花盆中在室内贮放。沙藏期间应翻动数次,保持上下温度一致,如果量大,可选择排水良好、背风向阳处挖贮藏沟进行沙藏,然后上面盖土,高出地面 10 厘米,防止雨水、雪水没入沟中,整个处理过程需 135 天左右。播种前半个月左右,把种子从层积沙中筛出,用清水浸泡 3~4 天,每天换 1 次水,浸水的种子捞出后,保持一定湿度,置 20℃~25℃条件下催芽,5~10 天后大部分种子种皮裂开或露出胚根,即可播种。育苗方法:先培育砧木苗,翌年或第三年进行嫁接繁殖。

2. 露地直播育苗 为了培育优良的软枣猕猴桃苗木,苗圃地最好选择在地势平坦、水源方便、排水好、疏松、肥沃的砂壤土,或含腐殖质较多的森林壤土,苗圃地应在前一年土壤结冻前进行翻耕,耙细,翻耕深度 25～30 厘米,结合秋施肥施基肥,每 667 米²施农家肥 2500 千克。

播种时间为春播 5 月上旬、秋播土壤结冻前。月平均气温在 14℃～20℃间有利于种子发芽,过早或过迟播种发芽率较低,要选择排涝方便,土壤肥沃而呈微酸性或中性的沙壤土作苗圃,播种前可根据不同的土壤条件做床,低洼易涝,雨水多的地块可做成高床,床高 25 厘米,长 10 米、宽 1.2 米,高燥干旱、雨水较少的地块可做成低床。不论哪种方式都要有 15 厘米以上的疏松土壤。因软枣猕猴桃种子小,形如芝麻,所以要耙细床土,清除杂质,搂平床面即可播种。施足基肥以有机肥为主,每 667 米² 施入 1000 千克有机肥,播种前可用多菌灵进行土壤消毒,播种方式有条播和撒播。撒播是直接将种子撒播在准备好的畦面上,播种量为 3～4 克/米²,然后盖 2～3 厘米厚的营养土,轻轻压实,上面覆盖一层稻草、松针和草帘,覆盖厚度以 1 厘米左右为宜,既可保持土壤湿度又不影响土温升高,上覆一层稻草或草帘,结合浇水,喷施一次 50%代森锰锌 800～1000 倍液,浇透水。条播是先开约 3 厘米的平底浅沟,沟深约 1 厘米,行距 10～15 厘米。将种子播入沟里,播种量为 2 克/米²,然后将营养土覆上,厚为 1.5～2 厘米,上面覆盖一层稻草、松针和草帘,结合浇水,喷施 1 次 50%代森锰锌水剂 800～1000 倍液,春播后要保持土壤湿润,当种子发芽时揭去覆盖物,幼苗长出 4 片真叶后进行进行间苗。株距保持在 5～8 厘米,间下的苗可以移栽。经移栽的苗根系发达生长旺盛,定植时成活率较高,间苗前 2～4 天需灌透水。为了提高移栽苗的成活率,移苗应在傍晚和阴天进行,边起苗边栽植边浇水。苗床要及时中耕除草和防病虫害,苗期条播床追肥 2 次,第一次在苗木长到 5 厘米左右进行,在幼苗行间开沟,每个苗床施硝酸铵 200～250 克,磷酸铵 50 克;第二次在苗高 10 厘米左右时进行,每个苗床施磷酸二铵 300 克,硫酸钾 80 克,撒播床在苗木长到 5 厘米左右,每隔 10～15 天喷施 1 次 0.1％～0.2％尿素溶液。

软枣猕猴桃实生苗在苗圃生长 1 年或 2 年即可进行嫁接。起苗时间为秋季落叶后或翌年萌芽前。

3. 保护地育苗 为提早移栽,提早嫁接,当年育苗当年出圃,可采取保护地提前播种培育营养钵苗,达到早移栽,而且提高了幼苗的成活率。播种及播后管理:在吉林地区 4 月初扣塑料大棚,采用规格为 6 厘米×6 厘米、7 厘米×7 厘米的塑料营养钵。营养土的配方为,农家肥(腐熟):细河沙:腐殖土＝5：25：75,并按 0.3％的比例加入磷酸二铵(研成粉末)。播种前给营养钵内的营养土浇透水,每个营养钵内播种 3～4 粒,覆土 1.5～2 厘米厚。播种后结合浇水,喷施 50％代森铵水剂 800～1000 倍液。

播种后要保持适宜的湿度,一般 2～3 天浇水 1 次,小苗出齐后当温度在 28℃以上时要通风降温。6 月中下旬可将幼苗带土坨移入苗圃。

(二)无性繁殖育苗

1. 硬枝扦插育苗 春季利用 1 年生成熟枝条进行扦插繁殖的育苗方法。

(1)扦插时期 硬枝扦插在吉林 3 月中下旬,选取 1 年生枝条进行扦插,插后的气温不宜超过 15℃。绿枝扦插在 6 月下旬,选取当年半木质化的新梢作插条。硬枝扦插可选用回笼火炕扦插床或电热扦插床,二者相比,电热扦插床对温度更易控制。

(2)电热线插床建造 要在前一年秋末冬初土壤结冻前挖好床坑,并在四周建好风障。电热温床长 6 米、宽 2 米、高 30 厘米,以南北延长为宜。挖好床坑后,用砖砌成四框围墙,围墙高出地面30厘米。如地下水位高,不挖坑,在地面上砌成40～45厘米的围墙即可。首先在插床底层铺放一层厚度为5厘米左右的绝缘材料,一般用细炉灰作隔热绝缘层,然后将电热线平铺在隔热绝缘层上,电热线之间距离为10厘米左右。电热线要固定,防止移动。电热线铺好后,再填入22厘米厚的插壤。填插壤时注意不要串动电热线的位置,使之分布均匀,保证温度均衡。最后将电热线与导电温度表、电子继电器连接。接通电源,使插壤升温和调整所需要温度,当温度自行控制在25℃～28℃时即可利用。

(3)插床基质选择　扦插床的扦插基质适宜与否是直接影响插条生根和成活的重要因素。过去普遍用沙子作基质,中国农业科学院特产研究所进行的软枣猕猴桃扦插育苗不同基质试验结果表明,炉灰基质扦插生根率比河沙基质提高了13.6%,单株根系数、根系长度分别提高了18.2%、29.34%,且根系粗壮,炉灰作扦插基质保水性、透气性都好于河沙,并含有一定的营养物质。炉灰来源广泛、经济,且扦插效果好,说明炉灰是软枣猕猴桃绿枝扦插的理想基质。

(4)插条选择与处理　硬枝扦插的插条是利用冬季修剪下来的1年生枝条,选择健壮、芽眼饱满的利用;插条长度一般为15～18厘米,插条下部切口削成45°角,上切口在芽眼上部1.5厘米处切断,切口要平滑。硬枝扦插条在扦插前用150毫克/千克的萘乙酸或吲哚丁酸浸泡24小时。插床在扦插前3～4天先行加温,待15厘米深的插壤层中温度恒定在25℃～28℃时,即可扦插已处理好的枝条。插入深度以芽眼露出地面1厘米左右为宜,扦插深度必须一致,如插入深浅不一,则无法调节插条生根部位插壤的温、湿度。扦插的株距、行距以3厘米×7厘米为宜。为了控制插条芽眼萌发,插条的芽眼以向北为好,否则芽眼过早萌发,根系尚未生出,会降低生根率。

(5)插后管理 插后要经常保持插床湿润,绝对含水量应控制在8%～11%左右,最高不超过13%,最低不能低于7%。催根期间的前期插床要覆盖塑料薄膜,中、后期有雨、雪天也需加以覆盖,防止雨、雪水进入床内,造成扦插基质温度降低和含水量过高,及时进行抹芽;锄草。

2. 绿枝扦插育苗 常规的繁育方法,是在露天做床进行扦插,插条生根后移入苗圃生长发育。缺点是当年苗木新梢基本不成熟,可供翌年建园的合格苗木极少,而且栽植成活率较低。

中国农业科学院特产研究所通过多年的试验,采用增加加温设施、扦插苗就地生长的综合改良技术解决了这一难题。试验结果表明:绿枝扦插就地生长的扦插苗生根后,根系很快就扎入土中生长,由于根系很快吸收到了养分,而且没有缓苗过程,所以扦插苗的新梢生长量、侧根数量和侧根长度都明显高于移栽苗,分别为移栽苗的187.5%、110.6%、129.8%。更主要是新梢成熟节数提高了5.25倍,大部分苗木当年即可成苗。移栽苗新梢当年基本不成熟,由于芽眼不充实,翌年易瞎眼,所以翌年的归圃成活率很低,只有40%,而就地生长苗翌年的栽植成活率则可达到90%,解决了寒冷地区绿枝扦插生育期短,新梢不易成熟,2年才能成苗的关键难题,同时,由于苗木不用移栽,省去了大量用工,是一种简便、快速、经济有效的繁殖方法。其方法介绍如下:

(1)扦插时间 6月上旬,新梢达到半木质化时进行。

(2)扦插方法 在生长季节选择充实的半木质化的新梢作插条,插条长度为15～18厘米左右,插条下端剪成45°角,上切口在芽眼上部1.5厘米处剪断,剪口要平滑,插条只留1片叶或将叶片剪去一半,为促进生根,插前用1000～2000毫克/千克的萘乙酸浸泡1.5分钟后再斜插入行株距为10厘米×4厘米的苗床中,入土的深度以插条上部的芽眼距地面的土壤1.5厘米左右为宜。生根基质为河沙或细炉灰,厚度为20厘米左右,在生根基质下面铺

20 厘米厚的壤土或腐殖土作为扦插苗生长的土壤。在温室或塑料大棚中扦插,白天最高温度不超过 28℃,夜间最低温度不低于 17℃,温室或塑料大棚棚顶铺设 50%透光率的遮阳网。

(3)扦插后的管理　插床首先搭设遮荫棚,透光率在 60% 左右,扦插后 25 天内,每天用半雾状化的细喷壶喷水,叶片要经常保持湿润状态;当根系生根后水量逐渐减少,基质保持湿润即可,同时去除遮荫物。在温度降至 10℃ 左右在露天做床进行扦插的将苗床扣上塑料棚,提高扦插棚内的温度和延长扦插苗的生育期,加速苗木的生长和发育,生长期内结合浇水喷施 2~3 次 0.5%尿素液。

起苗在 11 月上旬进行。将扦插苗分等,沙藏。

3. 嫁接育苗　嫁接方法主要是在 1~2 年生砧木苗上春季劈接和夏季带木质部芽(或不经起苗就地嫁接)。软枣猕猴桃髓部较大且有空心,嫁接成活较困难,所以春季劈接较好,易于成活,且生长期长,可以当年出圃。

采用春季劈接,要选用优良品种的 1 年生枝条作接穗。首先在接穗芽的下方 1~2 厘米处两侧对称各斜削一刀,使接穗成楔形,随后在芽的上方 0.3 厘米处横切一刀,切断接穗。砧木可采用一般软枣猕猴桃繁育的实生苗,在根部上方 10 厘米左右处,选择圆直光滑的部位切断,用嫁接刀将断面削平;然后在断面髓心中间纵劈一刀将接穗插入,使接穗与砧木的形成层互相对准,并要注意接穗削面稍高出砧木断面 0.1 厘米左右,然后用塑料薄膜扎紧。

4. 组培育苗　利用取自软枣猕猴桃园内母株上的新梢和叶片作为外植体,在超净工作台上切取茎尖、叶片和无芽茎段接种在培养基上。外植体先用 70%酒精漂洗 20 秒,后用无菌水漂洗 3 次;在超净工作台上应用 0.1%升汞消毒外植体 5 分钟,再以无菌水漂洗 4 次;将外植体轻按在无菌滤纸上吸干水分后,接种在已经灭菌的培养基上。

上述几种软枣猕猴桃育苗方法经过试验表明：硬枝扦插生根率低，繁苗速度慢；嫁接育苗，嫁接成活率较高但砧木苗繁苗时间较长；而露地的绿枝扦插生根率虽高但当年不易成熟；组培快繁育苗要求技术较高，不易推广。如果采取利用保护地提早进行绿枝扦插，就地生长，延长生长期育苗的方法，可达到当年育苗当年出圃的目的，成活率既高，繁苗时间又短。

二、苗木分级与贮藏

（一）苗木分级　扦插苗和嫁接苗分 2 个等级（见表 8-2）。向需求者提供 1~2 级苗，等外苗回圃复壮，暂时不能运出的要进行假植。

表 8-2　软枣猕猴桃嫁接苗和扦插苗标准

部 位		一 级	二 级
嫁接苗	根	根系发达，有 6 条以上 15 厘米长以上侧根，并有较多的须根，砧木当年枝条长 20 厘米以上	根系发达，有 4 条以上 15 厘米长侧根，并有较多的须根
	蔓	枝蔓细的品种粗度不少于 0.3 厘米，枝蔓粗的品种不少于 0.5 厘米，成熟节数不少于 6 节以上	枝蔓粗度为 0.3 厘米以上，成熟 5 节以上
	芽	芽眼充实饱满	芽眼充实饱满
	接合部	接口愈合良好	接口愈合良好
扦插苗	根	根直径在 0.15 厘米以上，根系长度平均 6 厘米以上。根系数在 20 根以上	根直径在 0.1~0.15 厘米，根系数在 17 根以上
	蔓	蔓长 15 厘米以上，芽眼饱满，无病虫害、机械损伤	蔓长 10~15 厘米。芽眼饱满，无病虫害、机械损伤

(二)苗木贮藏

1.**起苗的时期和方法**　苗木出圃是育苗的最后一个环节,为保证苗木定植后生长良好,早期结果、丰产,必须做好出圃前的准备工作。首先制定挖苗技术要求、分级标准,并准备好临时假植和越冬贮藏的场所。11月中旬,当保护地中的苗木停止生长、充分落叶后即可起苗,在土壤结冻前完成起苗出圃工作。起苗时要尽量减少对植株特别是根系的损伤。为保证苗木根系完好,起苗前可用趟犁把垄沟趟一次。如果土壤干旱可灌一次透水,然后再起苗。苗木起出后将枝条不成熟的部分和根系受伤部分剪除。每20株捆成一捆,拴上标签,注明品种和类型。不能在露天放置时间过长,以防苗木风干,应尽快放在阴凉处临时假植,当土壤要结冻时进行长期假植和贮藏。

2.**苗木的假植**

(1)临时假植　凡起苗后或栽植前较短时间进行的假植,称为临时假植。临时假植要选背风庇荫处挖假植沟,一般为25厘米左右深,将苗木放入沟中,把挖出的土埋在苗木根部与苗干,适当抖动苗干,使湿土填充苗根部空隙踏实即可,达到苗木根、干与土密接不透风的目的。

(2)长期假植　秋季起苗后当年不进行定植,需等到翌年栽植,可采用长期假植越冬的方法。长期假植因为假植时间长,还要度过漫长的冬季,所以要求比临时假植要严格得多。其方法是选择庇荫、背风、排水良好、便于管理和不影响春季作业的地段,挖东西向的假植沟,沟深一般25～35厘米,把待假植的苗木成捆排在假植沟内,然后用湿沙将苗根及下部苗干埋好,踏实后再摆下一层苗木,同样用湿沙将苗根及下部苗干埋好,依次进行,最后在苗木上面覆一薄层秸秆。假植的要点是"疏排、浅埋、拍实"。如果沙子干燥,假植前后可以浇水以增加沙子湿度。但浇水不宜太多,以防烂根。假植期间应注意经常进行检查,苗木根部出现空隙时应及时培沙,以防透风。冬季下雪时,可将雪灌入苗木枝干部,枝干外露 1/3 即可。春季化冻时,如果雪大要及时清扫积雪,以防雪水浸苗。春季不能及时栽植时,应采取措施降温,以防芽眼萌发。

3. 苗木的沟藏及窖藏 为了更好地保证苗木安全越冬,延迟苗木来春发芽的时间和延长栽植季节,可采用沟藏或窖藏的方法进行贮藏。贮藏沟、窖的地点也应选择地势高燥、背风向阳的地方。

(1)沟藏 土壤结冻前,在选好的地点挖沟,沟宽 1.2 米、深 0.6~0.7 米,沟长随苗木数量而定。贮藏苗木必须在沟内土温降至 2℃ 左右时进行,时间一般为 11 月中下旬至 12 月上旬。贮藏苗木时先在沟底铺一层 10 厘米厚的清洁湿河沙,把捆好的苗木在沟内横向摆放,摆放一行后用湿河沙将苗木根系培好,再摆下一行,依次类推。苗木摆放完后,用湿沙将苗木枝蔓培严,与地面持平,最后回土成拱形,以防雨、雪水灌入贮藏沟内。

(2)窖藏 当土壤要结冻时,进行贮藏。贮藏时先在窖内铺一层 10 厘米厚的洁净湿河沙,将捆好的苗木成行摆放,摆完一行后用湿河沙把根系及下部苗干培好,再摆下一行,依次类推。在贮藏期间,要经常检查窖内温、湿度,窖内温度一般应保持在 0℃~2℃ 左右,空气相对湿度以 85%~90% 左右为宜。温度过高、湿度过大会使贮藏苗木发霉,湿度过小会因失水使苗木干枯。此外,还要注意防止窖内鼠害。

第五节 果园的建设与规划

一、园地选择

软枣猕猴桃根系肉质化,特别脆弱,既怕渍水,又怕高温干旱。在新梢抽生时,怕强风吹折结合部位,同时又怕倒春寒或低温冻害。在园地的选择上要注意所处地域的生态环境条件。软枣猕猴桃适宜在亚高山区(海拔 800～1400 米)种植,如在低山、丘陵或平原栽培软枣猕猴桃时,则必须具备适当的排灌设施,保证雨季不受渍,旱季能及时灌溉。这是软枣猕猴桃栽培能否取得较好经济效益的关键。园地的选择应从以下几个方面来考虑。

(一)气候条件 宜选择气候温和,光照充足,雨量充沛,而且在生长季节降水较均匀,空气湿度较大,无早、晚霜害或冻害的区域。

(二)土壤条件 土壤以深厚肥沃,透气性好,地下水位在 1 米以下,有机质含量高,pH 值 7 左右或微酸性的沙质壤土为宜。其他土壤(如红、黄壤土和 pH 值超过 7.5 的碱性土壤)则需进行改良后再栽培。

(三)交通运输与市场 果品以鲜销为主的,要靠近市场、交通便利。同时对消费群体的爱好及其他果品来源渠道做深入调查,以便确定主栽品种和栽培面积。

(四)坡向和等高线 因软枣猕猴桃是喜光性果树,在山区选择园址时宜选择向阳的南坡、东南坡和西南坡,坡度一般不超过30°,以 15°以下为好。等高线是修筑梯田必须考虑的因素。

开辟园地时,宜先在斜坡上按等高差或行距依 0.2%～0.3%的比降测出等高线。按等高差定线开的梯面宽窄不一,按行距定线则梯田宽窄相同,但每台梯田的高差不同。因此,一般以后者为宜,在坡度变化不大时则可按一定高差定线。

(五)其他条件 为减少建园的资金投入,可选择排灌条件良好、周围有适宜的防风林或自然屏障的小生态适宜区开辟园地。

二、小区设施的安排

为便于果园的耕作管理,应根据地形和面积划分若干小区。合理考虑排灌渠道和防风林带的设置,以及主干道和田间支路的安排。软枣猕猴桃园的主干道宽度要求一般为 6～8 米,支路 4

米,小路2米。在坡地的果园最好开辟纵、横各两条主干道,与梯田平行的路,向内侧倾斜约0.1%的比降。此外还应考虑田间附属设施的布置(如工作间、农具室、堆肥积肥场地等)。为了便于管理,小区不宜过大,一般为0.67~1公顷。

三、水土保持与土壤改良

(一)平整土地 软枣猕猴桃怕旱、怕涝,土地平整工作应在建园之初做好。土地保持水平或适度倾斜,即保持地面左右两端有1/1000左右的比降,以利于排水和灌溉。

(二)设置排灌系统 建园时,需要设置排水灌溉系统。在低山、丘陵或平原地区,排灌系统是否完善,常直接关系到软枣猕猴桃生产效益的高低。园地规划中要合理解决"排"与"灌"的问题。

1. 排灌渠道 地势平坦的地方建软枣猕猴桃园,要在园外围设置深达1.2~1.5米的排水渠道。一般以能排出园内土层中达1米深处的渍水为原则。园内的排水干渠的坡壁应用石块垒砌或用红砖水泥砌成,以保其坚固耐用。小区内都要有1~2条排水支渠(深、宽各70厘米)与围沟相通。沿行带一侧或两侧还应开挖深、宽各40厘米的排水浅沟。在丘陵或山地建园灌渠一般设置在果园的上方,其主干渠与拦洪渠结合修建,小区内的支灌渠也可与排水渠结合。梯田果园应在梯坡内侧开排、贮水渠(沟)。

2. 喷灌和滴灌 考虑到灌溉效率和节约用水等问题,在有条件的地方,若采用全园微喷灌或滴灌技术,能达到较好的灌溉效果。虽然一次性投资比较大,但灌溉效果好,尤其是滴灌渗透效果好,在节约用水的同时,又不破坏土壤结构。丘陵山区采用喷灌和滴灌的方法,须在果园的上方建有相配套的水塔等贮水设施。

(三)土壤改良 园地用抽槽改土方法,槽深60~80厘米。沟内施入腐熟的有机肥料,用土拌匀,然后按一定株距定植软枣猕猴桃。建园时除在定植穴内施有机肥料以外,利用园内空间种植绿肥,并将园内杂草落叶翻入土中。

四、设置防风林

在风力较大的平原丘陵地区建立软枣猕猴桃园的同时,要在迎风的一面设置防风林,防止大风吹袭,保护植株正常生长结果,同时,在花期为昆虫活动传粉创造良好的环境。用作防风林的树种,应当选用适于当地生长的树木。种植时乔木与灌木相混杂,落叶与常绿树相混杂。在风力较小或树木植被较好的山区、半山区,可以不设置防护林,要因地制宜。

五、授粉树的选择与配置

软枣猕猴桃是雌雄异株植物,雌性品种必须有雄性植株的花粉授粉,才能正常结果。因此,建园时必须重视授粉树的选择和雌雄的合理配置,以保证正常授粉结果。用作授粉树的雄株,花期要与主栽雌株品种一致或略早、花量多、花粉多、花期长,并与主栽品种授粉亲和力高,这样,在有昆虫传粉的情况下正常受精、结果。授粉树的配置,一般8棵雌株配1棵雄株,定植时使雄株均匀的分布在8棵雌株之中。目前国内雌雄株配套研究尚不够深入,在同一个主栽品种的园中,可分别栽上2~3个花期大致相同的雄株品种(株系),以便在生产中检验、选择更好的雄株品种。软枣猕猴桃虽是风媒花,但主要还是靠昆虫传粉。

六、种苗的定植

软枣猕猴桃定植时期有两个,一种在秋季落叶后定植,一种在早春发芽前定植。秋后定植的成活率较高,翌年生长较旺。

定植距离,一般行距4~6米,株距2~3米,根据品种的生长势,也可将株距适当加大或减小;根据架式或梯田面的宽度,行距可宽可窄。

第六节　栽培模式及架面管理技术

一、架　式

软枣猕猴桃的枝蔓细长柔软,设立架式可使树体保持一定的树形,使枝叶在空间能够合理的分布,以获得充足的阳光和良好的通风条件,并便于在园中进行一系列的田间管理。

软枣猕猴桃架式很多,大致可分为棚架、篱架、棚篱架 3 类。有关数据表明,采用棚架栽培软枣猕猴桃,结实率较高、丰产性较好。棚架架式也有很多搭建形式,主要有水平联体大棚架、小棚架等。

(一)水平联体大棚架　凡是架长或行距超过 6 米以上者称为大棚架,见图 8-3。一般架高 1.8～2 米,每隔 6 米设一支柱,全小区中的支柱可呈正方形排列。支柱全长 2.4～2.6 米(支柱横截面一半为 10～12 厘米见方),入土 0.6 米。为了稳定整个棚架,保持架面水平,提高其负载能力,边支柱长为 3～3.5 米,向外倾斜埋入土中,然后用牵引锚石(或制作的水泥地桩)固定。在支柱上牵拉 8 号铁丝或高强度的防锈铁丝。棚架四周的支柱最好用 6 厘米×6 厘米的三角铁或钢筋连接起来,然后在横梁或粗铁丝上,每隔 60 厘米牵拉一道铁丝,形成正方形网格,构成一个平顶棚架。

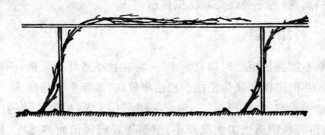

图 8-3　水平联体大棚架　(单侧整形)

其主要优点是,架面大,通风透光条件好,能够充分发挥软枣猕猴桃的生长能力,产量高,品质好。水平棚架还有利于利用各种复杂地形,特别适合于管理精细的小规模果园。但是,建架投资大,整形时间长,进入盛果期晚,不易枝蔓更新以及管理不方便等,是这种架式的主要缺点。

(二)小棚架　架长或行距在 6 米以下的称为小棚架,见图 8-4。生产中小棚架的结构与栽植方式变化甚多。一般每隔 3～4 米见方设一根立柱,顺着主蔓延伸的方向架设横梁(铁丝),在横梁上每隔40～50厘米拉一道铁丝。先在行的两端敷设锚石,将横梁及边柱固定,然后用 U 形钉或其他方法将铁丝固定在横梁线上。

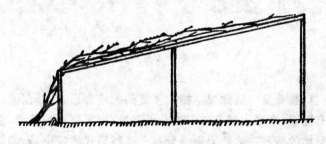

图 8-4　斜面小棚架

(三)T 形架　T 形架是在直立支柱的顶部设置一水平横架(梁),构成形似"T"字形的小支架,架面较水平大棚架小,故称 T 形小棚架,见图 8-5。一般架高为 2 米,横梁长 1.5～2 米,沿软枣猕猴桃栽植行的方向每隔 6 米立一 T 形支架。支柱全长 2.4～2.6 米(支柱粗度与平顶棚架相同),入土 60 厘米,地上部净高 2 米,定植带两端的支柱用牵引锚石固定。在支架横梁上牵拉 3～4 道 12 号高强度防锈铁丝,构成一形似"T"字形的小棚架。T 形小棚架的株行距一般为 2～3 米×4 米。

T 形架是一种比较理想的架式,目前被广泛采用。这种架式建架容易,投资少,可以密植栽培,而且便于整形修剪以及采收等田间管理。其缺点是,抗风能力差,果实品质不一致。在强风较少的缓坡地的软枣猕猴桃园,适宜采用这种架式。

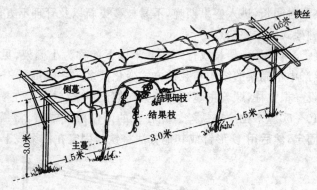

图 8-5 T 形架

（四）**棚篱架** 棚篱架是棚架和篱架的结合形式,即在同一架上兼有棚架(水平大棚架或"T"形小棚架)和篱架两种架面,使软枣猕猴桃的枝蔓在两种架面上分布。这种架式的特点是,能够经济地利用土地和空间,植株可以早果和立体结果。软枣猕猴桃栽植后,先采用篱架,以利于提早结果,以后再发展成棚篱架,充分利用空间,迅速提高产量。在果园通风透光条件恶化、篱架已经没有利用价值时,再将篱棚架改造成棚架。在实际应用中,要特别注意整形和修剪,严格控制枝梢的生长,保证架面通风透光良好,否则,不能达到良好的栽培效果。

（五）**支架的制作和埋设**

1. **水泥支柱** 是应用最广泛的一种。制作时先按支柱的标准(长度和粗度)制作木模具,模具中放置 4 根 2.8 米长的 6 号钢筋,呈正方形排列,每隔 20 厘米一道 8 号铅丝箍子,用细铁丝扎牢固。用小石子和沙子、水泥搅拌均匀倒入模具,用振动机振实,待水泥凝固后,去掉模具,每天浇水 3 次,15 天后即成。一般 50 千克水泥可制成 5 根水泥支柱。横梁可与支柱连体制作,长 1.5 米,粗 10 厘米,呈正方形,内部放置 4 根 6 号钢筋,每隔 20 厘米扎一道 8 号铁丝箍子。

2. **天然条石支柱**　在石材较丰富的地区,当地建园多利用天然的花岗石加工成长 2.8 米、粗 12 厘米的条石作支柱。其坚固程度不亚于水泥支柱。

3. **木材支柱**　一些山区许多地方利用栎树等木材作支柱,为延长其使用寿命,须进行防腐处理。立柱直径 11～15 厘米,长 2.7 米,入土 70 厘米。

4. **活树桩支柱**　利用山坡自然生长的活树桩作支柱。在活树桩旁定植软枣猕猴桃苗木,亦可按计划种植活树桩支柱。凡直立生长、树冠紧凑、直立性根系的树种,如水杉、落叶松等都可作活树桩支柱。活树桩每隔 8～10 米种植 1 棵,生长 3～4 年后用电钻在树干上钻孔,牵拉 2～3 道铁丝。软枣猕猴桃雄株定植到活树桩支柱旁边,使其向上生长,爬向活树树冠,占领上层空间,居高临下授粉效果更好,还能增加雌株的结果面积。活树桩支柱每隔 2 年左右要控根和修剪树冠,以减少活树桩与软枣猕猴桃争水分、养分与光照的矛盾。

二、整　形

软枣猕猴桃植株整形的目的,是为了使枝蔓合理地分布于架面上,充分利用空间,使其保持旺盛生长和高度的结实能力,并使果实达到应有的大小和品质、风味。不同树龄的软枣猕猴桃,有其不同的生长发育特点,必须依据其生长发育规律,进行合理的整形修剪,才能充分发挥其结果能力,达到高产、高效的目标。软枣猕猴桃的生长结果习性与葡萄极为相似,因此丰富的葡萄整形方式为软枣猕猴桃整形提供了许多有用的借鉴。软枣猕猴桃的生长势较强,采用棚架栽培,丰产性比篱架要好。

(一)棚架的整形 这种架式是使用最广泛的一种。其优点是果实吊在架面的下方,有较多叶片保护,避免了阳光直射,灼果现象少。同时由于这种架式结构牢固,抗风能力强,枝蔓和叶片均匀布满架面,架下光照弱,杂草难于生长,可减少除草剂等农药的施用,节省劳力。

苗木定植后第一年,选择一条直立向上生长的健壮新梢作为主干。植株主干高达1.5米左右,当新梢生长至架面时,在架面下10~15厘米处将主干摘心或短截,使其分生3~5个大枝,作永久性主蔓。分别将这些大枝引向架面一侧、两端或东、南、西、北四个不同方位。在主蔓上每隔40~50厘米留一结果母枝,左右错开分布,翌年在结果母枝上每隔30厘米左右均匀选留结果枝。结果枝即可开花结果。水平棚架经过4~6年时间,可基本完成整形任务。

(二)T形架的整形 这种架式在部分软枣猕猴桃产区应用较多。其优点是便于田间管理,通风透光条件好,并有利于蜜蜂等昆虫的传粉活动,增进果实品质,促进果实膨大。

苗木定植后第一年选择主干,在主干高1.7米左右,新梢超过架面10厘米时,对主干进行摘心,促进新梢健壮生长,芽体饱满。摘心后常常在主干的顶端抽发3~4条新梢,可从中选择两条沿中心铁丝左右生长的健壮新梢作主蔓,其余的疏除。当主蔓长到40厘米时,绑缚于中心铁丝上,使两条主蔓在架面上呈"Y"字形分布。随着主蔓的生长,每隔40~50厘米选留一结果母枝,在结果母枝上每隔30厘米选留一结果枝。结果母枝的生长超过横梁最外一道铁丝时,也任其自然下垂生长。T形架经过4~5年的时间可基本完成整形任务。

(三)篱架的整形 生产上主要有多主蔓扇形和水平整形两类。多主蔓扇形要求自地面伸出3~5个主蔓,各主蔓在架面上成扇形分布,主侧蔓交错排列。多主蔓扇形的主要优点是,主侧蔓较多,容易成形,修剪灵活,便于更新。但这种树形枝蔓多斜向生长,极性表现强,因而常造成通风透光不良,影响产量和品质。水平整形法,要求主蔓健壮并且保持顺直生长,主蔓与主蔓、侧蔓与侧蔓之间要保持均衡。水平整形,造形容易,修剪有规律,操作简便、省工,骨架牢固,主蔓较少,通风透光条件好。但这种树形如果管理不当,主蔓基部容易光秃,结果部位也容易上升或外移。因此整形修剪时,要特别注意对主蔓及结果母枝的更新复壮。

三、修　剪

软枣猕猴桃在整形任务基本完成后,应通过合理的修剪维持良好的树形。整形和修剪是相互关联的两项操作技术。修剪必须在整形的基础上完成,整形又必须依靠修剪来实现。整形修剪时,应根据不同年龄时期的生长发育特点有所侧重。一般整形在幼树阶段进行,而修剪则用之于树体生长一生。

软枣猕猴桃的生长势很强,枝长叶大,极易抽生副梢,形成徒长枝,因此必须进行修剪。猕猴桃的修剪分为冬季修剪和夏季修剪两个阶段。

(一)枝芽的类别　软枣猕猴桃的枝条(茎)又可称为蔓。由于着生部位和性质不同,可分为主干、主蔓、侧蔓、结果母枝、结果枝、新梢等。其芽可分为冬芽、夏芽和潜伏芽。软枣猕猴桃的修剪就是要控制侧蔓、结果枝、营养枝等的比例合理,生长与结果均衡。

1. **主干**　有主干整形的植株,从地面到分枝处为主干。

2. **主蔓**　从主干上分生出来的大枝蔓。

3. **侧蔓**　从主蔓上分生出来的蔓。

4. **结果母枝**　当年抽生的新梢,秋后发育成熟,已木质化,枝表皮呈褐色,已有混合芽,到翌年春可抽生结果枝的称结果母枝。

5. **结果枝**　春季从结果母枝上萌发的新枝中,有花序者称结果枝。

6. 营养枝　抽生的枝蔓中,无花序者称营养枝。

7. 新梢　当年抽生的新枝叫新梢,是由节部和节间组成。节间较节部细,长短因品种和生长势而异。

8. 徒长枝　生长直立粗壮、节间长、芽瘪、组织不充实的枝条。

9. 冬芽　当年形成后,须越冬至翌年才能萌发的叫冬芽。

10. 夏芽　当年形成的芽当年即可萌发抽枝的叫夏芽。

11. 潜伏芽　软枣猕猴桃有些冬芽越冬后不萌发,若干年才萌发,即植株受到损害或修剪刺激时才萌发为新梢的称潜伏芽。一般用作衰老树(枝条)的更新。

(二)冬季修剪

冬季落叶后 2 周至早春枝蔓伤流开始前 2 周进行冬季修剪,过迟修剪容易引起伤流,危害树体。冬季修剪主要考虑 3 个方面:单株留芽量、结果母枝修剪长度、枝蔓更新。

1. 留芽量　软枣猕猴桃单株留芽量,与品种、整枝形式、架面大小、植株强弱、管理水平等有关。单株留芽量可用以下公式计算:

$$单株留芽量=\frac{单株预定产量(千克)}{萌芽率(\%)\times 果枝率(\%)\times 每果枝果数\times 平均果重(千克)}$$

公式中的萌芽率、果枝率、每果枝果数和平均果重经 2～3 年观察即可得到。

2. 修剪长度　修剪长度主要指结果母枝而言,一般情况,强旺的结果母枝应轻剪多留芽,细弱的结果母枝应适当重剪少留芽。

在幼树阶段,由于枝梢较少,结果母枝可适当长留;棚架整形的,架面较大,结果母枝也可长留。老年树由于树势较弱,结果母枝一般重短截。T形小棚架或篱架栽培的树,架面较小,结果母枝也可短剪。为了布满架面和扩大结果部位,要轻剪长留枝。为了防止结果部位前移,则应重剪。对发育枝一般留 10 节以上剪截。根据不同类型结果枝,在结果部位以上进行不同程度剪截。对徒长性结果枝,在其结果部位以上留 5~6 个芽短截。如着生位置适当,全树结果母枝又较少时,也可留 7~10 个芽短截。对长、中、短果枝,一般在其结果部位以上留 4~5 芽短截。短缩果枝短截后容易枯死,一般不进行短截。

(1)**结果母枝更新** 软枣猕猴桃结果部位容易上升或外移,需要及时更新。如果母枝基部有生长充实健壮的结果枝或发育枝,可将结果母枝回缩到健壮部位。若结果母枝生长过弱或其上分枝过高,冬季修剪时,应将其从基部潜伏芽处剪掉,促使潜伏芽萌发,选择一个健壮的新梢作为明年的结果母枝。通常每年对全树 1/3 左右的结果母枝进行更新。对已结过果的枝条一般 2~3 年更新一次。

(2)**多年生枝蔓更新** 分局部更新和全株更新。局部更新就是把部分衰老的和结果能力下降的枝蔓剪掉,促使发出新的枝蔓,这种更新对产量影响不大。全株更新就是当全株失去结果能力时,将老蔓从基部一次剪掉,利用新发出的萌蘖枝,重新整形。

冬季修剪时,还要剪除枯枝、病虫枝、细弱枝等无用的副梢及徒长枝等。当结果母枝不足时,也可利用副梢作为结果母枝。

(三)**夏季修剪** 软枣猕猴桃新梢生长相当旺盛,而且新梢上容易发出副梢,加以叶片较大,常常造成枝条过于茂盛和密集,因此需要夏季修剪。

1. **抹芽** 抹除位置不当的或过密的不必要的芽,一般在芽刚萌动时进行。

2. **摘心** 在开花前后对生长旺盛的结果枝进行摘心。对生长旺盛的发育枝也要摘心,促进枝条充实、健旺。生长旺盛的结果枝从花序以上 6~7 节处摘心;生长较弱的结果枝一般不进行摘心。发育枝从 10~12 节处摘心。摘心后在新梢的顶端只留一个副梢,其余的全部抹除,对保留的一个副梢,每次留 2~3 片叶反复摘心。

3. 疏枝 新梢长到 20 厘米以上,能够辨认花序时进行,疏除过多的发育枝、细弱的结果枝以及病虫枝。

4. 疏果 根据当年一树上挂果多少,决定疏果或不疏果。如果挂果多,果实小,品质差,就需要疏去小果、畸形果、过密果。

5. 绑蔓 将结果母枝和结果枝均匀地绑缚在架面上。

第七节 果园的管理

软枣猕猴桃为野生果树,人工栽培时,在很大程度上改变了软枣猕猴桃的原环境条件。要充分研究软枣猕猴桃的根系生长发育特点及其所需的土壤、环境条件,致力于软枣猕猴桃园的土、肥、水管理,以期达到稳产、高产的目的。

一、土壤管理

土壤管理的目的,就在于根据软枣猕猴桃生长发育所需的土壤条件及其根系特点,制定相应的管理措施,维持和增进地力,保持土壤深厚、疏松、肥沃的性状,使其根系充分生长,能够吸收较多的水分和养分,满足树体生长发育的需要。人为地制造适合其生长发育的土壤环境。

(一)深翻熟化、改良土壤 在建园初期应有计划的逐年进行深翻扩穴,直到全园深翻,诱导根部分布广而深,提高软枣猕猴桃的抗旱和适应不良环境的能力,增进树体营养积累,保证果实品质与产量。深翻一般要与施肥结合,特别是大量施入有机肥。深翻提倡在采果后进行。

(二)地表覆盖 在夏季高温干旱季节,利用园内杂草、落叶覆盖土壤,能有效地防止土壤水分蒸发,保持土壤湿度,降低土温,改善软枣猕猴桃的根际环境,同时有利于根系生长,减轻高温干旱的影响。对防止夏季软枣猕猴桃叶片焦枯、日灼落果等有重要作用。覆盖物的腐烂可以增加土壤肥力,防止杂草丛生。软枣猕猴桃园的覆盖主要以降温、保墒为目的,因此,覆盖一般要在夏季高温来临前完成。覆盖材料有很多,如秸秆、锯末、糠壳、绿肥、杂草等。要因地制宜,就地取材。可进行树盘覆盖、行带覆盖和全园覆盖。

没有进行覆盖的果园,要注意树盘管理,适时进行树盘培土和锄草中耕。利用园内空间可以间作豆科作物和绿肥,防止杂草生长,充分利用空地和光能,增加收入,改良土壤。

二、施 肥

软枣猕猴桃是需肥较多的果树,合理施肥是软枣猕猴桃早果、丰产、稳产、优质与长寿的重要前提。

(一)基肥 一般在果实采收后施用基肥,以农家肥为主,每株约施有机肥料 50 千克左右,在有机肥料中可混入 1.5 千克磷肥。施肥方法可用沟施、穴施,施肥后灌水。

(二)追肥 软枣猕猴桃在日常生长期中,要适时追肥,一般以施速效氮肥为主。幼树期配以速效磷肥、速效钾肥,促进幼树快速成形、上架。进入盛果期的成年树,每年要抓好以下几次追肥。

1. 催芽肥 萌芽前后,先在树体周围松土,然后将肥料撒施于松土上,再深翻入土中。也可以挖环状沟或条状沟施肥。主要追施氮肥,每株施尿素约 0.1~0.2 千克左右。

2. 花期追肥 开花前 15~20 天,每株施复合肥 0.3 千克。花期可喷施叶面肥,用 0.2% 磷酸二氢钾加 0.2% 硼砂加 0.2% 尿素溶液喷施在叶子上。

3. 壮梢促果肥 在果实加速生长前 10 天左右,约在 5 月下旬至 6 月上旬,于幼果细胞分裂期至迅速膨大期追施钾肥和磷肥,每株施磷酸二氢钾约 0.1~0.2 千克。施后灌水,或趁雨施肥。

三、水分管理

软枣猕猴桃根系分布浅,叶片蒸腾作用旺盛,水分散失快,喜湿润,怕干旱。夏季干旱时期,常发生水分失调引起叶片焦枯、日灼落果。因此,根据软枣猕猴桃的需水特点,要适时适量灌溉和排水,以保证软枣猕猴桃的蓄水平衡。

对软枣猕猴桃园的水分管理,应根据天气和土壤干旱情况及时灌溉和排水。我国东北地区春季雨量较少,容易出现旱情,对软枣猕猴桃前期生长极为不利,因此在萌芽前、开花前都要灌水,一般1～2周一次。夏季进入雨季(7～8月)时要安排好排水工作,避免树体水浸,发生烂根现象。果实采摘后到落叶前要灌一遍水,以保证树体发育、新梢成熟。

四、果实采收与贮运

软枣猕猴桃的果实是柔软多汁的浆果。作为高档鲜食果品进入市场,合理的采收与贮运是非常关键的技术措施。

软枣猕猴桃的果实成熟期不一致,一般要掌握随熟随采的原则,当绿色果皮上光泽鲜明,稍有弹性,可溶性糖(手持测糖仪测定)达到10％以上时,即可手摘采收。过早采收风味差;过晚采收,绿色果皮表面易出现水渍状,不耐贮存。

田间采收的果实要用小型塑料箱或纸箱盛装,果实轻拿轻放;入库第二天,要轻倒动,另装一次箱,以散田间热和果面水分,以利贮存。

软枣猕猴桃的鲜果,在低温冷库,0℃～2℃条件下,可贮存10～15天。如果作为加工原料,必须及时加工处理。

金盾版图书，科学实用，
通俗易懂，物美价廉，欢迎选购

果树壁蜂授粉新技术　6.50 元

果树育苗工培训教材　10.00 元

果树林木嫁接技术手册　27.00 元

果树盆栽实用技术　17.00 元

果树盆栽与盆景制作
技术问答　11.00 元

果树无病毒苗木繁育与
栽培　14.50 元

落叶果树新优品种苗木
繁育技术　16.50 元

无公害果品生产技术
（修订版）　24.00 元

果品优质生产技术　8.00 元

名优果树反季节栽培　15.00 元

干旱地区果树栽培技术　10.00 元

果树嫁接新技术（第 2
版）　10.00 元

果树嫁接技术图解　12.00 元

观赏果树及实用栽培技
术　14.00 元

果树盆景制作与养护　13.00 元

梨桃葡萄杏大樱桃草莓
猕猴桃施肥技术　5.50 元

苹果柿枣石榴板栗核桃
山楂银杏施肥技术　5.00 元

果树植保员培训教材
（北方本）　9.00 元

果树植保员培训教材（南

方本）　11.00 元

果树病虫害防治　15.00 元

果树病虫害诊断与防治
原色图谱　98.00 元

简明落叶果树病虫害防
治手册　7.50 元

果树害虫生物防治　5.00 元

果树病虫害诊断与防治
技术口诀　12.00 元

大棚果树病虫害防治　16.00 元

果树寒害与防御　5.50 元

中国果树病毒病原色图
谱　18.00 元

南方果树病虫害原色图
谱　18.00 元

果树病虫害生物防治　15.00 元

苹果梨山楂病虫害诊断
与防治原色图谱　38.00 元

桃杏李樱桃病虫害诊断
与防治原色图谱　25.00 元

桃杏李樱桃果实贮藏加
工技术　8.00 元

苹果园艺工培训教材　10.00 元

怎样提高苹果栽培效益　13.00 元

提高苹果商品性栽培技
术问答　10.00 元

苹果优质高产栽培　6.50 元

苹果优质无公害生产技

术	7.00 元	南方梨树整形修剪图解	5.50 元
苹果无公害高效栽培	11.00 元	梨套袋栽培配套技术问	
图说苹果高效栽培关键		答	9.00 元
技术	10.00 元	梨树整形修剪图解（修	
苹果高效栽培教材	4.50 元	订版）	8.00 元
苹果树合理整形修剪图		日韩良种梨栽培技术	7.50 元
解（修订版）	15.00 元	梨树病虫害防治	10.00 元
苹果套袋栽培配套技术		新编梨树病虫害防治技	
问答	9.00 元	术	12.00 元
苹果病虫害防治	14.00 元	梨病虫害及防治原色图	
苹果园病虫综合治理		册	17.00 元
（第二版）	5.50 元	黄金梨栽培技术问答	12.00 元
新编苹果病虫害防治		油梨栽培与加工利用	9.00 元
技术	18.00 元	桃树良种引种指导	9.00 元
苹果病虫害及防治原		优质桃新品种丰产栽培	9.00 元
色图册	14.00 元	桃标准化生产技术	12.00 元
苹果树腐烂及其防治	9.00 元	怎样提高桃栽培效益	11.00 元
红富士苹果生产关键技		桃高效栽培教材	5.00 元
术	6.00 元	桃树优质高产栽培	15.00 元
红富士苹果无公害高效		桃树丰产栽培	6.00 元
栽培	20.00 元	提高桃商品性栽培技术	
梨树良种引种指导	7.00 元	问答	14.00 元
优质梨新品种高效栽培	8.50 元	桃大棚早熟丰产栽培技	
怎样提高梨栽培效益	7.00 元	术（修订版）	9.00 元
梨标准化生产技术	12.00 元	桃树保护地栽培	4.00 元
提高梨商品性栽培技术		桃无公害高效栽培	9.50 元
问答	12.00 元	桃园艺工培训教材	10.00 元
梨树高产栽培（修订版）	12.00 元	桃树整形修剪图解	
梨树矮化密植栽培	9.00 元	（修订版）	7.00 元
梨高效栽培教材	4.50 元	桃树病虫害防治(修订版)	9.00 元
图说梨高效栽培关键技		桃病虫害及防治原色	
术	11.00 元	图册	13.00 元
南方早熟梨优质丰产栽		油桃优质高效栽培	10.00 元
培	10.00 元	扁桃优质丰产实用技术	

问答	6.50元	欧李栽培与开发利用	9.00元
葡萄良种引种指导	12.00元	杏标准化生产技术	10.00元
葡萄栽培技术(第二次		杏无公害高效栽培	8.00元
修订版)	12.00元	杏树高产栽培(修订版)	7.00元
葡萄高效栽培教材	6.00元	怎样提高杏栽培效益	10.00元
葡萄优质高效栽培	12.00元	杏大棚早熟丰产栽培技	
葡萄标准化生产技术	11.50元	术	5.50元
图说葡萄高效栽培关键		杏树保护地栽培	4.00元
技术	16.00元	鲜食杏优质丰产技术	7.50元
怎样提高葡萄栽培效益	12.00元	樱桃猕猴桃良种引种指	
提高葡萄商品性栽培技		导	12.50元
术问答	8.00元	樱桃高产栽培(修订版)	7.50元
葡萄无公害高效栽培	16.00元	樱桃保护地栽培	4.50元
葡萄园艺工培训教材	11.00元	樱桃无公害高效栽培	7.00元
葡萄整形修剪图解	6.00元	怎样提高甜樱桃栽培效	
大棚温室葡萄栽培技术	4.00元	益	11.00元
寒地葡萄高效栽培	13.00元	提高樱桃商品性栽培技	
葡萄病虫害防治(修订		术问答	10.00元
版)	11.00元	樱桃标准化生产技术	8.50元
葡萄病虫害诊断与防治		樱桃园艺工培训教材	9.00元
原色图谱	18.50元	大樱桃保护地栽培技术	10.50元
盆栽葡萄与庭院葡萄	5.50元	图说大樱桃温室高效栽	
李树杏树良种引种指导	14.50元	培关键技术	9.00元
杏和李高效栽培教材	4.50元	银杏栽培技术	4.00元
李杏樱桃病虫害防治	8.00元	银杏矮化速生种植技术	5.00元
提高杏和李商品性栽培		柿树良种引种指导	7.00元
技术问答	9.00元	柿树栽培技术(第二次修	
杏和李病虫害及防治原		订版)	9.00元
色图册	18.00元	图说柿高效栽培关键技	
李无公害高效栽培	8.50元	术	18.00元
李树丰产栽培	3.00元	柿无公害高产栽培与加	
引进优质李规范化栽培	6.50元	工	12.00元
怎样提高李栽培效益	9.00元	柿子贮藏与加工技术	5.00元
李树整形修剪图解	6.50元	柿病虫害及防治原色图	

册	12.00 元	怎样提高山楂栽培效益	12.00 元
甜柿标准化生产技术	8.00 元	板栗良种引种指导	8.50 元
三晋梨枣第一村致富经	9.00 元	板栗无公害高效栽培	10.00 元
枣农实践 100 例	5.00 元	怎样提高板栗栽培效益	9.00 元
枣树良种引种指导	12.50 元	提高板栗商品性栽培技	
枣高效栽培教材	5.00 元	术问答	12.00 元
枣树高产栽培新技术		板栗标准化生产技术	11.00 元
（第 2 版）	12.00 元	板栗栽培技术（第 3 版）	8.00 元
枣树优质丰产实用技术		板栗园艺工培训教材	10.00 元
问答	8.00 元	板栗整形修剪图解	4.50 元
枣园艺工培训教材	8.00 元	板栗病虫害防治	11.00 元
枣无公害高效栽培	13.00 元	板栗病虫害及防治原色	
怎样提高枣栽培效益	10.00 元	图册	17.00 元
提高枣商品性栽培技术		板栗贮藏与加工	7.00 元
问答	10.00 元	怎样提高核桃栽培效益	8.50 元
枣树整形修剪图解	7.00 元	优质核桃规模化栽培技	
鲜枣一年多熟高产技术	19.00 元	术	17.00 元
枣树病虫害防治（修订版）	7.00 元	核桃园艺工培训教材	9.00 元
黑枣高效栽培技术问答	6.00 元	核桃高产栽培（修订版）	7.50 元
冬枣优质丰产栽培新技		核桃标准化生产技术	12.00 元
术	11.50 元	核桃病虫害防治	6.00 元
冬枣优质丰产栽培新技		核桃病虫害防治新技术	19.00 元
术（修订版）	16.00 元	核桃病虫害及防治原色	
灰枣高产栽培新技术	10.00 元	图册	18.00 元
我国南方怎样种好鲜食		核桃贮藏与加工技术	7.00 元
枣	6.50 元	大果榛子高产栽培	7.50 元
图说青枣温室高效栽培		美国薄壳山核桃引种及	
关键技术	6.50 元	栽培技术	7.00 元

以上图书由全国各地新华书店经销。凡向本社邮购图书或音像制品，可通过邮局汇款，在汇单"附言"栏填写所购书目，邮购图书均可享受 9 折优惠。购书 30 元（按打折后实款计算）以上的免收邮挂费，购书不足 30 元的按邮局资费标准收取 3 元挂号费，邮寄费由我社承担。邮购地址：北京市丰台区晓月中路 29 号，邮政编码：100072，联系人：金友，电话：（010）83210681、83210682、83219215、83219217（传真）。

沙棘果实

蓝果忍冬植株

蓝果忍冬果实

软枣猕猴桃果实

责任编辑：王绍昱　封面设计：侯少民

本书的出版得到了农业部行业科技和948项目（公益性行业科研专项项目nyhyzx07-028,2006-G25）的支持。

ISBN 978-7-5082-6567-4

定价:19.00元